MANUEL
DE L'INGÉNIEUR

DES PONTS ET CHAUSSÉES

RÉDIGÉ

CONFORMÉMENT AU PROGRAMME

ANNEXÉ AU DÉCRET DU 7 MARS 1868

RÉGLANT L'ADMISSION DES CONDUCTEURS DES PONTS ET CHAUSSÉES
AU GRADE D'INGÉNIEUR

PAR

A. DEBAUVE

INGÉNIEUR DES PONTS ET CHAUSSÉES

PREMIER FASCICULE

—

Algèbre, Notions de calcul différentiel et intégral
Géométrie analytique

PARIS

DUNOD, ÉDITEUR

SUCCESSEUR DE VICTOR DALMONT

LIBRAIRE DES CORPS DES PONTS ET CHAUSSÉES ET DES MINES

Quai des Augustins, 49

—

1871

Sur les demandes réitérées des Conducteurs des ponts et chaussées, nous commençons aujourd'hui la publication du *Manuel de l'Ingénieur des ponts et chaussées*, contenant, outre certaines parties des cours de l'École polytechnique, nécessaires comme introduction, tous les cours de l'École des ponts et chaussées. Nous adressons dans chaque bureau d'ingénieur au chef de bureau, pour qu'il veuille bien le communiquer aux Conducteurs dépendant de ce bureau, le 1er fascicule de cette publication. Nous espérons que la plupart des Conducteurs, pour nous encourager dans cette lourde publication, entreprise sur les instances de beaucoup d'entre eux, voudront bien nous envoyer de suite leur souscription. Le prix sera calculé pour chaque fascicule à raison de 45 centimes par feuille grand in-8° très-compacte ou par 2 planches demi-raisin. Ce qui paraitra chaque mois ne dépassera jamais comme prix 4 fr. 50 c. En tous cas, les souscripteurs pourrront ne nous payer que par à-comptes annuels de 30 francs (ce qui fait une minime dépense de 2 fr. 50 c. par mois).

Prix du premier fascicule, comprenant :

Algèbre, Calcul différentiel et intégral, Géométrie analytique,

3 francs.

PRÉFACE

———

Le décret du 7 mars 1868 a déterminé le mode et les conditions des épreuves que devront subir les conducteurs des ponts et chaussées pour être admis au grade d'Ingénieur. On s'est proposé dans ce décret de rendre les épreuves plus faciles, en débarrassant le programme de tout ce qui est science pure et en y maintenant seulement, en même temps que les notions scientifiques indispensables, tout ce qui touche à l'art de l'Ingénieur.

Bien que réduit dans ce sens, le champ d'études ne laisse point que d'être encore très-vaste, et c'est entreprendre une lourde tâche que de vouloir le parcourir tout entier.

En l'état actuel, cette tâche est d'autant plus lourde que souvent on ne sait où trouver le développement des matières exigées par le programme : sans doute il existe sur chaque partie d'excellents ouvrages, mais ils sont généralement trop étendus pour servir à la préparation d'un examen, ou trop chers pour être abordables à tous.

Les considérations précédentes nous ont porté à croire qu'un traité des connaissances exigées pour l'examen d'Ingénieur des ponts et chaussées pourrait être de quelque utilité, et c'est ce traité que nous présentons au public.

L'ordre suivi sera celui du programme annexé au décret du 7 mars 1868 ; de nombreux dessins accompagneront le texte. Ce n'est pas un simple résumé que nous voulons faire : le format et les caractères adoptés pour l'impression nous permettront de traiter complétement toutes les questions et de condenser en quelques volumes les notions nécessaires.

Les candidats ne doivent pas être interrogés sur les mathématiques ; cependant il est impossible de posséder pleinement l'art de l'Ingénieur si l'on n'a pas quelques notions de calcul différentiel et intégral et de géométrie analytique : aussi jugeons-nous indispensable d'exposer dans la première section de l'ouvrage les principales propriétés algébriques et géométriques dont l'application se présente dans la pratique. Nous nous attacherons surtout à faire comprendre les propositions énoncées, sans nous arrêter aux détails de démonstration et aux discussions de formules : nous imposerons de la sorte au lecteur un mince surcroît de travail qui aura pour effet de rendre plus faciles à traiter et à saisir bien des questions subséquentes.

La publication que nous entreprenons aujourd'hui ne s'adresse pas seulement aux candidats au grade d'Ingénieur ; les fascicules séparés constitueront autant de traités distincts qui peut-être pourront être utiles aux employés des différents services confiés à l'administration des ponts et chaussées.

Pour nous guider dans notre long travail, nous n'avons qu'à consulter les livres et les mémoires dans lesquels, depuis quarante ans, tant d'Ingénieurs ont mis leur expérience, leur science et leur talent; notre mission consistera à classer les faits et à les comparer, en un mot à réunir en faisceau une masse de documents épars. Notre seul mérite, si nous réussissons, sera d'avoir cherché à rendre service au corps laborieux et intelligent des conducteurs des ponts et chaussées.

TABLE DES MATIÈRES

FIN DE LA TABLE.

MANUEL

DE

L'INGÉNIEUR DES PONTS ET CHAUSSÉES

(PREMIÈRE SECTION)

PREMIÈRE PARTIE

—

ALGÈBRE

CALCUL DES VALEURS ARITHMÉTIQUES DES RADICAUX.

D'une manière générale, la racine $n^{ième}$ d'un nombre positif a est un nombre positif, commensurable ou incommensurable, qui, élevé à la $n^{ième}$ puissance reproduit a, et ce nombre est la valeur arithmétique du radical $\sqrt[n]{a}$.

Ceci posé, remarquons que les règles de la multiplication donnent :

$$(abc)^m = abc \times abc \times abc. \ldots = a^m b^m c^m$$
$$\left(\frac{a}{b}\right)^m = \frac{a}{b} \times \frac{a}{b} \times \frac{a}{b} \ldots = \frac{a^m}{b^m}$$
$$(a^m)^n = a^m \times a^m \times a^m \ldots = a^{mn},$$

ce qui signifie : 1° qu'on élève un produit à une certaine puissance en élevant chaque facteur séparément à cette puissance; 2° qu'on élève une fraction à une certaine puissance en élevant séparément les deux termes à cette puissance; 3° qu'on élève un nombre à deux puissances successives en l'élevant au produit de ces puissances.

De là nous déduisons les propositions suivantes :

1° $\sqrt[n]{a} \ \sqrt[n]{b} \ \sqrt[n]{c} = \sqrt[n]{abc}$;

2° $\dfrac{\sqrt[n]{a}}{\sqrt[n]{b}} = \sqrt[n]{\dfrac{a}{b}}$;

1

car en élevant les deux membres de ces égalités à la $n^{ième}$ puissance on obtient des identités :

3° $\qquad (\sqrt[n]{a})^m = \sqrt[n]{a}\ \sqrt[n]{a}\ \sqrt[n]{a} \ldots \ldots = \sqrt[n]{a \times a \times a \times} \ldots \ldots = \sqrt[n]{a^m};$

4° $\qquad \sqrt[n]{a^{np}} = a^p;$

5° $\qquad \sqrt[m]{\sqrt[n]{a}} = \sqrt[mn]{a};$

6° $\qquad \sqrt[n]{a^m} = \sqrt[np]{a^{mp}}.$

Cette dernière relation permet de réduire plusieurs radicaux au même indice, c'est ainsi qu'on a :

$$\sqrt[n]{a}\ \sqrt[p]{b}\ \sqrt[q]{c} = \sqrt[npq]{a^{pq}}\ \sqrt[npq]{b^{nq}}\ \sqrt[npq]{c^{np}} = \sqrt[npq]{a^{pq}b^{nq}c^{np}}.$$

EXPOSANTS FRACTIONNAIRES.

On a vu que $\sqrt[4]{a^{16}}$, par exemple, était égal à a^4, c'est-à-dire à $a^{\frac{16}{4}}$. Généralisons cette notion, et convenons de dire que $\sqrt[n]{a^m}$ s'écrira $a^{\frac{m}{n}}$, $\dfrac{m}{n}$ étant un exposant fractionnaire.

Nous allons montrer que nous pouvons, sans altérer les résultats, appliquer à cet exposant fractionnaire les procédés de calcul qui ont été démontrés pour les exposants entiers.

1° $\qquad\qquad\qquad a^{\frac{p}{q}} \times a^{\frac{p'}{q'}} = a^{\frac{p}{q}+\frac{p'}{q'}}.$

En effet, $\qquad\qquad a^{\frac{p}{q}} = \sqrt[q]{a^p} \qquad a^{\frac{p'}{q'}} = \sqrt[q']{a^{p'}}$

$$a^{\frac{p}{q}} \times a^{\frac{p'}{q'}} = \sqrt[q]{a^p} \times \sqrt[q']{a^{p'}} = \sqrt[qq']{a^{pq'}}\ \sqrt[qq']{a^{p'q}} = \sqrt[qq']{a^{pq'+p'q}} = a^{\frac{p'q+pq'}{qq'}} = a^{\frac{p}{q}+\frac{p'}{q'}}.$$

2° On montre de même que $\qquad \dfrac{a^{\frac{p}{q}}}{a^{\frac{p'}{q'}}} = a^{\frac{p}{q}-\frac{p'}{q'}}.$

3° et que $\qquad\qquad \begin{cases} \left(a^{\frac{p}{q}}\right)^m = a^{\frac{mp}{q}} \\[2mm] \sqrt[m]{a^{\frac{p}{q}}} = a^{\frac{p}{mq}} \\[2mm] \left(a^{\frac{p}{q}}\right)^{\frac{p'}{q'}} = a^{\frac{pp'}{qq'}} \end{cases}$

Exemples : $\qquad \sqrt[3]{a} = a^{\frac{1}{3}} \qquad a^{\frac{1}{3}} \times a^{\frac{1}{6}} = a^{\frac{1}{2}} \qquad \dfrac{a}{a^{\frac{2}{3}}} = a^{\frac{1}{3}} \qquad \left(a^{\frac{2}{3}}\right)^{\frac{3}{2}} = a.$

EXPOSANTS INCOMMENSURABLES.

Les mêmes règles s'appliquent aux exposants incommensurables, car ces nombres sont toujours compris entre deux fractions $\frac{n}{m}$ et $\frac{n+1}{m}$ dont la différence $\frac{1}{m}$ peut devenir aussi petite qu'on le veut.

EXPOSANTS NÉGATIFS.

Nous admettrons par définition que $\frac{1}{a^m} = a^{-m}$, ce qui permettra d'écrire toujours $\frac{a^m}{a^n} = a^{m-n}$ quel que soit le signe de la différence. Nous montrerons que les règles relatives au calcul des exposants entiers s'appliquent aussi aux exposants négatifs.

1° La formule $a^m \times a^n = a^{m+n}$ devient, si n est négatif et égal à $-n'$, $a^{m-n'} = a^m \times a^{-n'}$, en effet, $a^m \times a^{-n'} = \frac{a^m}{a^{n'}} = a^{m-n'}$.

Si m et n sont négatifs et égaux à $-m'$ et $-n'$, il vient alors

$a^{-m'} \times a^{-n'} = a^{-m'-n'}$, en effet, $a^{-m'} \times a^{-n'} = \frac{1}{a^{m'}} \times \frac{1}{a^{n'}} = \frac{1}{a^{m'+n'}} = a^{-m'-n'}$.

2° La règle de la multiplication étant applicable aux exposants négatifs, celle de la division l'est aussi.

3°
$$(a^{-m'})^n = \left(\frac{1}{a^{m'}}\right)^n = \frac{1}{a^{m'n}} = a^{-m'n},$$

$$(a^m)^{-n'} = \frac{1}{(a^m)^{n'}} = \frac{1}{a^{mn'}} = a^{-mn'},$$

$$(a^{-m'})^{-n'} = \frac{1}{(a^{-m'})^{n'}} = \frac{1}{\left(\frac{1}{a^{m'}}\right)^{n'}} = \frac{1}{\left(\frac{1}{a^{m'n'}}\right)} = a^{m'n'}.$$

Exemples : $a^5 \times a^{-3} = a^2$ $a^{-3} \times a^{-2} = a^{-5}$ $\frac{a^{-3}}{a^2} = a^{-5}$ $(a^{-2})^3 = a^{-6}$ $(a^{-3})^{-2} = a^6$.

ARRANGEMENTS. PERMUTATIONS. COMBINAISONS.

ARRANGEMENTS.

On appelle arrangement de m lettres n à n, tous les groupes que l'on peut former avec (n) de ces m lettres; deux groupes devant différer soit par les lettres qui y entrent soit par l'ordre des lettres.

Ainsi il y a six arrangements de trois lettres : $a.b.c$ deux à deux qui sont : $ab.ac.ba.bc.ca.cb.$

Désignons par A_n^m le nombre des arrangements de m lettres n à n; si tous les arrangements de ces m lettres $n-1$ à $n-1$ étaient formés, on obtiendrait des arrangements n à n, en écrivant successivement à la suite de chaque groupe de $n-1$ lettres chacune des $m-n+1$ lettres restantes. Les groupes de lettres ainsi formés ne se confondent point, car ils diffèrent de l'un à l'autre soit par la dernière lettre, soit par l'ordre des $n-1$ premières, et de plus tous les arrangements de n lettres ont été formés, car un de ces arrangements se compose d'un arrangement de $n-1$ lettres suivi d'une autre lettre, donc

$$A_n^m = A_{n-1}^m (m-n+1) \qquad \text{d'où l'on déduit successivement}$$
$$A_{n-1}^m = A_{n-2}^m (m-n+2)$$
$$A_{n-2}^m = A_{n-3}^m (m-n+3)$$
$$\vdots$$
$$A_2^m = A_1^m (m-1)$$
$$A_1^m = m.$$

l'on multiplie toutes ces égalités entre elles, on arrive à

$$A_n^m = m(m-1)(m-2) \ldots \ldots (m-n+1).$$

PERMUTATIONS.

Les permutations de m lettres comprennent les différents groupes que l'on peut former avec ces m lettres ou objets placés sur une ligne droite. C'est le cas particulier des arrangements dans lequel on fait $m=n$. Le nombre des permutations de m objets s'écrit P_m.

Si nous avions les permutations en nombre P^{m-1} de $m-1$ lettres, et que nous placions une $m^{i\text{ème}}$ lettre successivement à tous les rangs de chacune de ces permutations, nous dériverions de chaque groupe m groupes nouveaux, et il est évident que l'ensemble contiendrait toutes les permutations de m lettres, et toutes une seule fois, d'où la relation

$$P^m = m P^{m-1}$$
$$P^{m-1} = (m-1) P^{m-2}$$
$$\vdots$$
$$P^2 = 2 P_1$$
$$P_1 = 1.$$

Si l'on multiplie toutes ces égalités entre elles, on arrive à

$$P^m = 1.2.3 \ldots \ldots m.$$

COMBINAISONS.

On appelle combinaisons de m lettres n à n les produits différents que l'on peut former avec n de ces m lettres. Le nombre en est exprimé par C_n^m.

Si nous avions tous ces groupes, et que nous formions les permutations des n lettres qui composent chacun d'eux, il est évident que nous obtiendrons tous les arrangements de m lettres n à n et que nous aurons $\mathrm{A}_n^m = \mathrm{C}_n^m \times \mathrm{P}_n$.

D'où $\mathrm{C}_n^m = \dfrac{\mathrm{A}_n^m}{\mathrm{P}_n} = \dfrac{m(m-1)(m-2)\ldots(m-n+1)}{1.2.3\ldots n}$, ce qui peut encore s'écrire en multipliant haut et bas par $1.2.3\ldots(m-n)$

$$\mathrm{C}_n^m = \frac{1.2.3\ldots(m-n)(m-n+1)\ldots(m-1)m}{1.2.3\ldots m-n \quad 1.2.3\ldots n}.$$

FORMULE DU BINOME.

On sait que le produit de deux polynomes est égal à la somme des termes que l'on obtient en multipliant chacun des termes du multiplicande par chacun des termes du multiplicateur, et qu'en général le produit de plusieurs polynômes est la somme des produits que l'on obtient en prenant de toutes les manières possibles un terme dans chacun des polynômes proposés.

Appliquant cette règle au produit $(x+a)(x+b)\ldots(x+k)$, nous aurons

$$(x+a)(x+b)\ldots(x+h)(x+k) = x^m + x^{m-1}\Sigma a + x^{m-2}\Sigma ab + x^{m-3}\Sigma abc$$
$$+ x^{m-4}\Sigma abcd\ldots + abc\ldots hk.$$

Le coefficient du 2e terme est la somme des lettres $a.b\ldots h.k$. Le coefficient du 3e terme est la somme de leurs produits deux à deux et ces produits sont au nombre de $\dfrac{m(m-1)}{1.2}$ en admettant qu'il y ait m facteurs tels que $(x+a)$; le coefficient du $n^{ième}$ terme est la somme de leurs produits $n-1$ à $n-1$, et ces produits sont au nombre de $\dfrac{m(m-1)\ldots(m-n+2)}{1.2\ldots(n-1)}$; le dernier terme est le produit des m lettres $a.b.c\ldots h.k$.

On déduit de ce qui précède l'expression de $(x+a)^m$ en faisant $a=b=\ldots=h=k$, et l'on a

$$(x+a)^m = x^m + max^{m-1} + \frac{m(m-1)}{1.2}a^2x^{m-2}\ldots + \frac{m(m-1)(\ldots m-n+1)}{123\ldots n}a^n x^{m-n} + \ldots$$
$$+ \ldots + a^m.$$

Ce qui peut s'écrire encore :

$$(x+a)^m = x^m + \mathrm{C}_1^m\, ax^{m-1} + \mathrm{C}_2^m\, a^2x^{m-2} \ldots + \mathrm{C}_n^m\, a^n x^{m-n}\ldots + \mathrm{C}_{m-1}^m\, a^{m-1}x + a^m.$$

REMARQUES. 1° Les coefficients de deux termes également distants des extrêmes sont égaux, car le nombre des combinaisons de m lettres n à n est égal au nombre des combinaisons de m lettres $m-n$ à $m-n$, puisqu'à chaque groupe des premières correspond un groupe des secondes.

2° Si l'on multiplie le coefficient du dernier terme obtenu par l'exposant de x

dans ce terme et qu'on le divise par le rang de ce terme, on a le coefficient du terme suivant.

3° Les coefficients vont en augmentant des termes extrêmes jusqu'au terme du milieu si m est pair, et jusqu'aux termes du milieu si m est impair. Car on passe d'un terme au suivant en le multipliant par $\frac{m-n+1}{n}$, et si l'on pose l'inégalité $\frac{m-n+1}{n} > 1$, on voit qu'elle sera vérifiée si $n < \frac{m+1}{2}$. Ainsi jusqu'au milieu, les coefficients vont en croissant, et comme on peut renverser le développement, on voit que les coefficients vont aussi en croissant de la fin au milieu.

4° Pour $x = 1$ et $a = 1$, on a

$$2^m = 1 + \frac{m}{1} + \frac{m(m-1)}{1.2} + \dots + \frac{m}{1} + 1,$$

ou bien

$$C_1^m + C_2^m + C_3^m \dots + C_{m-1}^m + C_m^m = 2^m - 1.$$

5° Pour $x = 1$ et $a = -1$, on déduit encore

$$C_1^m + C_3^m + C_5^m \dots = 1 + \left(C_2^m + C_4^m \dots\right).$$

Exemple :

$$(x+a)^8 = x^8 + 8ax^7 + 28a^2x^6 + 56a^3x^5 + 70a^4x^4 + 56a^5x^3 + 28a^6x^2 + 8a^7x + a^8.$$

Développement de $\left(a + b\sqrt{-1}\right)^m$.

Les puissances successives de $\sqrt{-1}$ sont :

$$(\sqrt{-1})^1 = \sqrt{-1}, (\sqrt{-1})^2 = -1, (\sqrt{-1})^3 = -\sqrt{-1}, (\sqrt{-1})^4 = 1, \text{ et en général}$$
$$(\sqrt{-1})^{4n+1} = \sqrt{-1}, (\sqrt{-1})^{4n+2} = -1, (\sqrt{-1})^{4n+3} = -\sqrt{-1}, (\sqrt{-1})^{4n} = 1.$$

D'où l'on déduit

$$\left(a + b\sqrt{-1}\right)^m = a^m - \frac{m(m-1)}{12} a^{m-2}b^2 + \frac{m(m-1)(m-2)(m-3)}{1.2.3.4} a^{m-4}b^4 - \dots$$
$$+ \sqrt{-1}\left[ma^{m-1}b - \frac{m(m-1)(m-2)}{1.2.3} a^{m-3}b^3 + \dots\right]$$

Remarque. Des moyens analogues à ceux que nous avons employés pour le développement d'un binôme donneraient le développement d'un polynôme; mais la théorie du développement d'un polynôme n'a point d'intérêt pratique.

SOMMATION DES PILES DE BOULETS.

Problème : Trouver la somme des carrés des n premiers nombres entiers. On peut dresser le tableau suivant :

$$2^3 = (1+1)^3 = 1^3 + 3 \times 1^2 + 3 \times 1 + 1^3,$$
$$3^3 = (2+1)^3 = 2^3 + 3 \times 2^2 + 3 \times 2 + 1^3,$$
$$4^3 = (3+1)^3 = 3^3 + 3 \times 3^2 + 3 \times 3 + 1^3,$$
$$\vdots$$
$$(n+1)^3 = \qquad n^3 + 3n^2 + 3n + 1^3.$$

Faisant la somme de ces égalités, on a :

$$(n+1)^3 = 1 + 3 \sum_1^n m^2 + 3 \sum_1^n m + n,$$

ou bien $\displaystyle \sum_1^n m^2 = \frac{(n+1)^3 - 1 - n - 3 \dfrac{n(n+1)}{2}}{3}$, car on sait que la somme des

n premiers nombres est égale à $\dfrac{n(n+1)}{2}$. Il en résulte que la somme des carrés des n premiers nombres est égale à

$$\frac{n(n+1)\,(2n+1)}{6}.$$

Pyramide de boulets à base carrée. On construit d'abord une base formée d'un carré ayant m boulets au côté; au-dessus on empile un carré de $m-1$ boulets au côté, et ainsi de suite, de sorte que la somme des boulets de la pyramide est égale à la somme des carrés des m premiers nombres,
Soit à

$$\frac{m(m+1)\,(2m+1)}{6}.$$

Pyramide triangulaire. Elle a pour base un triangle équilatéral de (m) boulets au côté; cette base comprend donc une série de tranches formées de m, $m-1$, $m-2\ldots 2, 1$ boulets. Soit un total de $\dfrac{m(m+1)}{2}$ boulets, que l'on peut écrire $\dfrac{m^2}{2} + \dfrac{m}{2}$. La seconde assise de la pyramide a un boulet de moins au côté. Elle comprend donc

$$\frac{(m-1)^2}{2} + \frac{m-1}{2} \text{ boulets.}$$

La masse de la pyramide comprend donc un nombre de boulets égal à $\dfrac{\Sigma_1^m m^2}{2} + \dfrac{\Sigma_1^m m}{2}$. Soit

$$\frac{m(m+1)\,(2m+1)}{12} + \frac{m(m+1)}{4} = \frac{m(m+1)\,(m+2)}{6}.$$

Pile à base rectangulaire. Si les côtés de la base sont de m et n boulets, cette base comprendra mn boulets, la 2ᵉ assise $(m-1)(n-1)$ boulets, etc..., et si l'on pose $m-n=k$ ou $m=n+k$ le nombre cherché sera

$$X = mn + (m-1)(n-1) + (m-2)(n-2)\dots$$
$$= n(n+k) + (n-1)(n-1+k) + (n-2)(n-2+k)\dots + 1(1+k)$$
$$= n^2 + (n-1)^2 \dots + 1^2 + k(n + (n-1) + n-2)\dots + 2+1)$$
$$= \Sigma_1^n p^2 + k\Sigma_1^n p = \frac{n(n+1)(2n+1)}{6} + k\frac{n(n+1)}{2}$$
$$= \frac{n(n+1)(2n+3k+1)}{6}.$$

SÉRIES.

On appelle série une suite indéfinie de quantités qui se forment successivement d'après une loi déterminée. La série est convergente lorsque la somme d'un nombre de plus en plus grand de ses termes tend vers une limite finie, divergente dans le cas contraire. Les progressions sont un cas particulier des séries, et la progression géométrique $a \cdot aq \cdot aq^2 \cdot aq^3 \dots$ décroissante est une série convergente dont la limite est $\frac{a}{1-q}$.

Il faut évidemment pour qu'une série à termes positifs soit convergente que ces termes tendent vers zéro ; mais ce n'est pas suffisant, car la série

$$1 + \frac{1}{2} + \frac{1}{3} + \frac{1}{4} \dots + \frac{1}{n+1} + \frac{1}{n+2} + \dots \frac{1}{2n} + \dots$$

est convergente. En effet, la somme $\frac{1}{n+1} + \frac{1}{n+2} + \dots \frac{1}{2n}$ est plus grande que n fois son dernier terme, c'est-à-dire plus grande que $n \times \frac{1}{2n}$ ou $\frac{1}{2}$. On peut donc toujours ajouter une demi-unité à la somme des n premiers termes.

Il a été donné diverses règles destinées à faire reconnaître la convergence d'une série ; nous n'en citerons que deux qui sont sans exception :

Règle I. Une série à termes positifs est convergente lorsqu'à partir d'un certain terme le rapport d'un terme au précédent est constamment inférieur à un nombre fixe k plus petit que l'unité. Elle est divergente dans le cas contraire.

Soit la série $u_0 + u_1 + u_2 \dots + u_n + \dots$, dans laquelle on a

$\dfrac{u_{n+1}}{u_n} < k$	Ce qui peut s'écrire :	$u_{n+1} < ku_n$
$\dfrac{u_{n+2}}{u_{n+1}} < k$		$u_{n+2} < ku_{n+1} < k^2 u_n$
$\dfrac{u_{n+3}}{u_{n+2}} < k$		$u_{n+3} < ku_{n+2} < k^3 u_n$
$\vdots$		$\vdots$

Donc la somme des termes à partir du $n^{ième}$ est moindre que $ku_n + k^2 u_n + k^3 u_n \dots$, ce qui est la somme des termes d'une progression géométrique décroissante dont la limite est $\frac{ku_n}{1-k} \dots$

RÈGLE II. Si les termes d'une série sont alternativement positifs et négatifs, et qu'ils décroissent indéfiniment, la série est convergente.

Soit la série $\quad u_0 - u_1 + u_2 - u_3 + u_4 - u_5 + \ldots + u_{2n} - u_{2n+1} + \ldots$

Les sommes d'indice pair $\quad S_2 = (u_0 - u_1), \quad S_4 = (u_0 - u_1) + (u_2 - u_3),$
$S_6 = (u_0 - u_1) + (u_2 - u_3) + (u_4 - u_5)$ sont toutes positives et vont en croissant, car les quantités entre parenthèses sont positives. Les sommes d'indice impair sont $\quad S_3 = S_2 + u_2, \quad S_5 = S_4 + u_4 \ldots\ldots;$ elles sont donc supérieures aux sommes d'indice pair; on peut encore les écrire: $\quad S_1 = u_0, \quad S_3 = u_0 - (u_1 - u_2),$
$S_5 = u_0 - (u_1 - u_2) - (u_3 - u_4),$ et l'on voit qu'elles vont constamment en diminuant. Donc, les sommes d'indice pair croissent sans cesse tout en restant inférieures à l'une quelconque des sommes d'indice impair; celles-ci, au contraire, diminuent sans cesse et sont toujours supérieures à l'une quelconque des sommes d'indice pair. Chacune de ces sommes tend donc vers une limite, et, comme leur différence u_n diminue indéfiniment, les deux limites se confondent et la série est convergente. Exemple:

$$1 - \frac{1}{2} + \frac{1}{3} - \frac{1}{4} + \frac{1}{5} - \frac{1}{6} + \ldots \quad \text{ou bien} \quad \frac{1}{1.2} - \frac{1}{1.2.3} + \frac{1}{1.2.3.4} - \frac{1}{1.2.3.4.5} - \ldots$$

qui converge très-rapidement.

DU NOMBRE (e).

On appelle e la limite de l'expression $\left(1 + \dfrac{1}{m}\right)^m$ lorsque (m) augmente indéfiniment. Si m est entier, on peut poser

$$\left(1 + \frac{1}{m}\right)^m = 1 + m \cdot \frac{1}{m} + \frac{m(m-1)}{1.2} \frac{1}{m^2} + \frac{m(m-1)(m-2)}{1.2.3} \frac{1}{m^3} + \ldots$$
$$\ldots + \frac{m(m-1)(m-2)\ldots(m-n+1)}{1.2.3\ldots n} \frac{1}{m^n} + \ldots$$
$$= 1 + 1 + \frac{1 - \dfrac{1}{m}}{1.2} + \frac{\left(1 - \dfrac{1}{m}\right)\left(1 - \dfrac{2}{m}\right)}{1.2.3} + \ldots$$
$$\ldots + \frac{\left(1 - \dfrac{1}{m}\right)\left(1 - \dfrac{2}{m}\right)\left(1 - \dfrac{3}{m}\right)\ldots\left(1 - \dfrac{n-1}{m}\right)}{1.2.3\ldots n} + \ldots$$

et si m croît indéfiniment, on a

$$\lim \left(1 + \frac{1}{m}\right)^m = e = 1 + 1 + \frac{1}{1.2} + \frac{1}{1.2.3} + \frac{1}{1.2.3.4} + \ldots + \frac{1}{1.2.3\ldots n},$$

ce qui représente une série convergente dont la limite est comprise entre 2 et 3. En effet, l'expression précédente est moindre que

$$1 + 1 + \frac{1}{2} + \frac{1}{2^2} + \frac{1}{2^3} + \ldots + \frac{1}{2^n} \ldots = 1 + 1 + \frac{\dfrac{1}{2}}{1 - \dfrac{1}{2}} = 3.$$

On démontre que la limite de $\left(1 + \dfrac{1}{m}\right)^m$ est la même quand on donne à m des valeurs fractionnaires ou incommensurables.

Valeur de e : $\qquad\qquad e = 2.71828 \quad 18284 \quad 59045\ldots$

THÉORIE DES LOGARITHMES.

1° Les puissances successives d'un nombre plus grand que l'unité vont en croissant au delà de toute limite.

Soit $\qquad a = 1 + \alpha, \qquad a^m = (1 + \alpha)^m = 1 + \dfrac{m}{1}\alpha + \dfrac{m(m-1)}{1.2}\alpha^2 + \ldots,$

donc $\quad a^m > 1 + m\alpha$, . et si l'on veut que a^m soit plus grand qu'une quantité donnée A, il suffira d'avoir $\quad 1 + m\alpha > \Lambda$, $\quad$ ou de prendre pour m une valeur supérieure à $\dfrac{A - 1}{\alpha}$. ,

2° Les puissances successives d'un nombre plus petit que l'unité vont en décroissant au-dessous de toute limite donnée. Soit $\quad a = \dfrac{1}{1 + \alpha}$, on a $\quad a^m = \dfrac{1}{(1 + \alpha)^m}$ et $(1 + \alpha)^m$ peut devenir aussi grand qu'on le veut, donc $\dfrac{1}{(1+\alpha)^m}$ ou a^m peut s'approcher de zéro autant qu'on le veut.

3° Si (a) est plus grand que l'unité, $\sqrt[n]{a}$ décroît quand n augmente, et peut s'approcher autant qu'on le veut de l'unité.

En effet, on peut toujours trouver $\sqrt[n]{a} < 1 + \alpha$, car nous avons vu plus haut que l'on pouvait toujours avoir $(1 + \alpha)^n > a$.

4° Si a est plus petit que l'unité, $\sqrt[n]{a}$ croît avec n et s'approche de l'unité aussi près qu'on le veut. En effet, a peut se représenter par $\dfrac{1}{a'}$, a' étant plus grand que l'unité, et $\sqrt[n]{a} = \dfrac{1}{\sqrt[n]{a'}}$.

5° La fonction a^x varie d'une manière continue avec x. Si a est > 0 et > 1, a^x croît avec x; en effet, donnons un accroissement h à x, la différence $a^{x+h} - a^x = a^x(a^h - 1)$ est positive, car si $h = \dfrac{m}{n}$, $a^h = \sqrt[n]{a^m}$, quantité supérieure à l'unité. Ainsi $a^{x+h} - a^x$ est toujours positif.

Je dis, en outre, qu'il y a toujours une valeur de h assez petite pour que $a^{x+h} - a^x$ soit $< \alpha$. En effet, soit $h < \dfrac{1}{n}$, on peut prendre n assez grand pour que $a^{\frac{1}{n}}$ ou $\sqrt[n]{a}$ diffère de l'unité d'une quantité moindre que $\dfrac{x}{a^x}$; la quantité a^h étant moindre que $a^{\frac{1}{n}}$, puisque $h < \dfrac{1}{n}$ différera de l'unité d'une quantité plus petite que $\dfrac{\alpha}{a^x}$; par suite $\qquad a^h - 1 < \dfrac{\alpha}{a^x} \qquad$ et $\qquad a^{x+h} - a^x < a^x \cdot \dfrac{\alpha}{a^x} \qquad$ ou $\qquad < \alpha.$

Nous avons vu qu'on trouve toujours une valeur de x assez grande pour que a^x dépasse un nombre donné. On voit, d'après cela, que pour x variant de 0 à $+\infty$, a^x varie de 1 à $+\infty$ en passant par toutes les valeurs intermédiaires. L'expression a^x est donc une fonction continue, c'est-à-dire une quantité formée avec la variable x, et qui passe d'une valeur à une autre en prenant toutes les valeurs intermédiaires.

Si x varie de 0 à $-\infty$, et que l'on en désigne la valeur par $-m$, on peut écrire $\quad a^x = \dfrac{1}{a^m}$, $\quad m$ variant de 0 à ∞. On voit, d'après cela, que pour x allant de 0 à $-\infty$, a^x ira de 1 à 0 en passant par toutes les valeurs intermédiaires.

Si $a > 0$ et < 1, pour x variant de 0 à $+\infty$, a^x variera de 1 à 0, x variant de 0 à $-\infty$, a^x variera de 1 à $+\infty$.

Logarithmes. Si nous avons la relation $a^x = b$, nous appellerons x le logarithme de b dans la base (a), et l'on écrit $\quad x = \log_a b$. A chaque base correspond un système de logarithmes.

1° Logarithme d'un produit est égal à la somme des logarithmes des facteurs

$$a^x = b, \quad a^y = c, \quad a^z = d, \quad \text{d'où} \quad a^{x+y+z} = bcd,$$

et
$$\log bcd = x + y + z = \log b + \log c + \log d.$$

2° Logarithme d'un quotient est égal à la différence des logarithmes des facteurs.

$$a^x = b, \quad a^y = c, \quad \text{d'où} \quad \frac{a^x}{a^y} = \frac{b}{c} = a^{x-y}, \quad \log\frac{b}{c} = x - y = \log b - \log c.$$

3° $\log a^m = m \cdot \log a$, $\quad$ car $\quad \log a^m = \log(a.a.a.a...) = \log a + \log a = m.\log.a.$

4°
$$\log \sqrt[n]{a} = \frac{1}{n}\log a.$$

5° L'unité a toujours pour logarithme 0, $\quad$ car $\quad a^0 = 1$.

6° La base du système a pour logarithme l'unité, car $a^1 = a$.

Identité des logarithmes algébriques et des logarithmes arithmétiques. En arithmétique on prend deux progressions,

l'une géométrique $\quad$ (1) $\quad 1 . a . a^2 . a^3 ...$
l'autre arithmétique $\quad$ (2) $\quad 0 . b . 2b . 3b ...$

et l'on appelle logarithme d'un terme de (1) le terme correspondant de (2). Pour les nombres non compris dans les deux séries, on insère un pareil nombre de moyens entre deux termes correspondants de chacune de ces deux séries. Considérons les deux séries

$$1 . a . a^2 . a^3 . a^4 ...$$
$$0 . 1 . 2 . 3 . 4 ...$$

et insérons $n - 1$ moyens entre deux termes consécutifs de chacune d'elles, elles deviennent :

$$1 . a^{\frac{1}{n}} . a^{\frac{2}{n}} . a^{\frac{3}{n}} ... \; a^{\frac{m}{n}} ...,$$
$$0 \quad \frac{1}{n} \quad \frac{2}{n} \quad \frac{3}{n} ... \quad \frac{m}{n} ...$$

On voit bien sous cette forme l'identité des deux genres de logarithmes, car un nombre quelconque $a^{\frac{m}{n}}$ de la progression géométrique a pour logarithme l'exposant $\frac{m}{n}$ de la puissance à laquelle il faut élever la base (a) pour avoir le nombre proposé.

Passer d'un système à l'autre. Les logarithmes changent avec la base, on aura par exemple $a^x = b$, $a'^{x'} = b$. Dans cette dernière égalité, si nous prenons les logarithmes par rapport à la base (a) nous aurons

$$x' \log_a a' = \log_a b, \quad \text{d'où} \quad x' \text{ ou } \log_{a'} b = \log_a b \times \frac{1}{\log_a a'}.$$

Logarithmes népériens. Néper prit pour base de son système de logarithmes le nombre incommensurable e. Ce système est peu commode et fut remplacé par le système de Briggs, dans lequel la base est le nombre dix. Le module d'un système de logarithmes est le nombre constant par lequel il faut multiplier le logarithme népérien L de ce nombre pour avoir le logarithme dans le système considéré. Le module du système vulgaire est $M = \frac{1}{L_{10}} = 0,434294...$ C'est en cherchant le système dont le module est l'unité que Néper avait été conduit à prendre pour base le nombre (e).

Logarithmes négatifs. Si la base est > 1, ce qui est le cas du système vulgaire, les nombres plus petits que l'unité ont des logarithmes négatifs comme nous l'a montré l'étude des variations de la fonction a^x.

Usage des logarithmes. Les logarithmes sont un puissant moyen de calcul : c'est par un exercice soutenu qu'on arrive à le posséder pleinement.

DES DÉRIVÉES.

Lorsque deux quantités x et y sont liées entre elles, de telle sorte que les variations de l'une entraînent les variations de l'autre, on dit que ces deux quantités sont fonctions l'une de l'autre. Si l'on regarde y comme fonction de x, on écrit $y = f(x)$, et l'on appelle x la variable. Nous ne considérerons que les fonctions continues.

Ceci posé, nous appellerons dérivée d'une fonction la limite du rapport de l'accroissement positif ou négatif de cette fonction à l'accroissement positif de la variable, lorsque cet accroissement diminue de plus en plus. La dérivée d'une fonction $y = f(x)$ s'écrit $y' = f'(x)$. La dérivée de la dérivée est la dérivée seconde de la fonction; la dérivée de la dérivée seconde est la dérivée tierce de la fonction, et ainsi de suite. Les dérivées successives sont représentées par $f'(x)\, f''(x)\, f'''(x)...$ Nous verrons plus tard comment les dérivées sont liées aux courbes par lesquelles on peut représenter la fonction. Les accroissements d'une lettre a, se représentent par cette lettre précédée du delta grec : Δa.

Exemples : 1° $y = x^2$, on aura $y + \Delta y = (x + \Delta x)^2$,

d'où $\Delta y = (x + \Delta x)^2 - x^2 = 2x \cdot \Delta x + \Delta^2 x,$

la dérivée est la limite de $\frac{\Delta y}{\Delta x} = 2x + \Delta x$, lorsque Δx diminue indéfiniment cette dérivée est donc $y' = 2x$.

2° Dérivée de la fonction logarithmique $y = a^x$.

(1) $y' = \lim \left(\dfrac{a^{x+\Delta x} - a^x}{\Delta x} \right) = \lim a^x \dfrac{a^{\Delta x} - 1}{\Delta x}$ posons $a^{\Delta x} - 1 = \alpha$; comme Δx est très-petit, $a^{\Delta x}$ différera très-peu de l'unité et α tendra vers zéro. Donc $a^{\Delta x} = 1 + \alpha$, d'où $\Delta x \log a = \log (1 + \alpha)$ $\Delta x = \dfrac{\log (1 + \alpha)}{\log a}$ et l'expression (1) devient

$y' = \lim a^x \dfrac{\alpha \log a}{\log (1 + \alpha)}$ ou bien $y' = \lim \dfrac{a^x \log a}{\frac{1}{\alpha} \log (1 + \alpha)}$ dont le numérateur est

constant et dont le dénominateur peut s'écrire en posant $\alpha = \dfrac{1}{n}$.

$$\frac{1}{\alpha} \log (1 + \alpha) = \log (1 + \alpha)^{\frac{1}{\alpha}} = \log \left(1 + \frac{1}{n} \right)^n = \text{à la limite } \log (e).$$

La dérivée de a^x est donc $a^x \dfrac{\log a}{\log e}$, ou $a^x La$ en prenant les logarithmes népériens.

3° Dérivée de $y = \log x$. On a $\log (x + \Delta x) - \log x = \log \dfrac{x + \Delta x}{x}$ par suite

$y' = \lim \dfrac{\log \left(1 + \dfrac{\Delta x}{x} \right)}{\Delta x}$. Posons $\dfrac{\Delta x}{x} = \alpha$, α tendra vers zéro avec Δx, il vient

$\Delta x = \alpha x$, et $y' = \lim . \dfrac{\log (1 + \alpha)}{\alpha x} = \dfrac{1}{x} \lim \dfrac{\log (1 + \alpha)}{\alpha} = \dfrac{1}{x} \lim . \log (1 + \alpha)^{\frac{1}{\alpha}}$; or α

tendant vers zéro peut s'écrire $\dfrac{1}{n}$, donc $y' = \dfrac{1}{x} \lim . \log \left(1 + \dfrac{1}{n} \right)^n = \dfrac{\log e}{x}$. La

dérivée de $y = L . x$ serait $y' = \dfrac{1}{x}$.

RÈGLES GÉNÉRALES. I. La dérivée d'une constante est nulle.

II. La dérivée d'une somme de fonctions d'une même variable x est la somme des dérivées partielles. Soit $S = u + v + w$, on aura :

$$S + \Delta S = u + \Delta u + v + \Delta v + w + \Delta w$$
$$\Delta S = \Delta u + \Delta v + \Delta w$$

$$\frac{\Delta S}{\Delta x} = \frac{\Delta u}{\Delta x} + \frac{\Delta v}{\Delta x} + \frac{\Delta w}{\Delta x} \quad \text{et à la limite} \quad S' = u' + v' + w'.$$

III. La dérivée d'une fonction de fonction est le produit des dérivées des fonctions simples qui la composent, prises chacune par rapport à la variable dont la fonction dépend immédiatement.

Définitions : 1° Une fonction est explicite, si la manière dont sont liées la fonction et la variable est connue et définie; elle est implicite dans le cas contraire. Ainsi :

x^4, $\sin x$, $\log \dfrac{\operatorname{tg} x}{(1 + x)^2}$, $a\sqrt[3]{1 + x^2}$ sont des fonctions explicites,

$f(xy) = 0$ est une fonction implicite.

2° Si l'on a $y = f(u)$ et $u = \varphi(x)$, on dit que y est une fonction de fonction par rapport à la variable x dont y ne dépend que par l'intermédiaire de la fonction u. On comprend maintenant l'énoncé de la proposition III; soit : $y = f(u)$ et $u = \varphi(x)$, on a identiquement $\dfrac{\Delta y}{\Delta x} = \dfrac{\Delta y}{\Delta u} \cdot \dfrac{\Delta u}{\Delta x}$, et si l'on passe à la limite $y'_x = y'_u \times u'_x$.

Exemple : soit $y = \log u$ et $u = x^2$, on aura :

$$y' = \frac{\log e}{u} \times 2x = \frac{\log e}{x^2} 2x = \frac{2}{x} \log e.$$

Généralisation de cette règle : soit $y = f(u)$ $u = \varphi(v)$ $v = \psi(w)$ $w = \chi(x)$, on aura : $\dfrac{\Delta y}{\Delta x} = \dfrac{\Delta y}{\Delta u} \cdot \dfrac{\Delta u}{\Delta v} \cdot \dfrac{\Delta v}{\Delta w} \cdot \dfrac{\Delta w}{\Delta v}$ et à la limite $y'_x = f'(u) \times \varphi'(v) \times \psi'(w) \times \chi'(x)$.

IV. La dérivée d'un produit est la somme des produits obtenus en multipliant la dérivée de chaque facteur par l'ensemble de tous les autres facteurs.

$$y = u.v \qquad y + \Delta y = (u + \Delta u)(v + \Delta v) = u.v + v\Delta u + u\Delta v + \Delta u.\Delta v$$

$$\frac{\Delta y}{\Delta x} = v\frac{\Delta u}{\Delta x} + u\frac{\Delta v}{\Delta x} + \frac{\Delta u}{\Delta x}\Delta v, \quad \text{et à la limite,} \quad y' = vu' + uv';$$

prenons trois facteurs $y = u.v.w$, on peut considérer uv comme un seul facteur
$$y' = (uv)w' + w(uv)' = uvw' + w(uv' + vu') = uvw' + wuv' + wvu'.$$

V. Dérivée d'un quotient $\quad y = \dfrac{u}{v} \qquad y + \Delta y = \dfrac{u + \Delta u}{v + \Delta v}$

$$\Delta y = \frac{u + \Delta u}{v + \Delta v} - \frac{u}{v} = \frac{uv + v\Delta u - uv - u\Delta v}{v(v + \Delta v)} = \frac{v\Delta u - u\Delta v}{v(v + \Delta v)};$$

d'où $\quad \dfrac{\Delta y}{\Delta x} = \dfrac{v\dfrac{\Delta u}{\Delta x} - u\dfrac{\Delta v}{\Delta x}}{v(v + \Delta v)}$ et à la limite $\quad y' = \dfrac{vu' - uv'}{v^2}$, résultat qu'il est facile d'énoncer en langage vulgaire.

V. Dérivée d'une puissance. $\quad y = u^m = u \times u \times u \times \ldots$, en appliquant la règle de la dérivée d'un produit on a $\quad y' = u'u^{m-1} + u'u^{m-1} + \ldots$, ou en faisant la somme $\quad y' = mu^{m-1}u'$.

EXEMPLES. Il est bon d'éclaircir par quelques exemples les notions précédentes, et comme il est nécessaire de posséder parfaitement toutes les règles de dérivation, nous engageons le lecteur à se créer une quantité de cas particuliers dont il cherchera lui-même la solution.

$$y = x^3(x^2 + 1)(3x - 1) \qquad y' = 18x^5 - 5x^4 + 12x^5 - 3x^2$$

$$y = \frac{5x^2 - 3x + 4}{x^2 - 1} \qquad y' = \frac{3x^2 - 18x + 3}{(x^2 - 1)^2}$$

$$y = \sqrt{x} = x^{\frac{1}{2}} \qquad y' = \frac{1}{2}x^{-\frac{1}{2}} = \frac{1}{2\sqrt{x}}$$

$$y = \frac{1}{x^2} = x^{-2} \qquad y' = -2x^{-3} = -\frac{2}{x^3}$$

$$y = (a + bx^m)^n \qquad y' = n(a + bx^m)^{n-1} \times mbx^{m-1}.$$

Dérivées des fonctions circulaires.

I.
$$y = \sin x,$$

$$\frac{\Delta y}{\Delta x} = \frac{\sin(x+\Delta x) - \sin x}{\Delta x} = \frac{2\sin\frac{\Delta x}{2}\cos\left(x+\frac{\Delta x}{2}\right)}{\Delta x} = \frac{\sin\frac{\Delta x}{2}}{\frac{\Delta x}{2}}\cos\left(x+\frac{\Delta x}{2}\right),$$

à la limite, comme un arc indéfiniment petit se confond avec son sinus, il vient

$$y' = \cos x.$$

II. $y = \cos x$ ou bien $y = \sin\left(\frac{\pi}{2} - x\right)$, et, en prenant la dérivée de cette

fonction de fonction $y' = \cos\left(\frac{\pi}{2} - x\right) \times \left(\frac{\pi}{2} - x\right)' = -\cos\left(\frac{\pi}{2} - x\right) = -\sin x.$

III. $y = \operatorname{tang} x$ ou $y = \dfrac{\sin x}{\cos x}$, on a :

$$y' = \frac{\cos x(\sin x)' - \sin x(\cos x)'}{\cos^2 x} = \frac{\cos^2 x + \sin^2 x}{\cos^2 x} = \frac{1}{\cos^2 x}.$$

IV. $y = \operatorname{cotang} x = \dfrac{\cos x}{\sin x}$ $\qquad y' = -\dfrac{1}{\sin^2 x}.$

V. $y = \sec x = \dfrac{1}{\cos x}$ $\qquad y' = \dfrac{\sin x}{\cos^2 x}.$

Dérivées des fonctions circulaires inverses.

I. Dérivée de $y = \arcsin x$. On déduit de cette équation $x = \sin y$, et, prenant la dérivée des deux membres d'après la règle des fonctions de fonctions, on a : $\qquad 1 = \cos y \times y'$, d'où $y' = \dfrac{1}{\cos y} = \dfrac{1}{\sqrt{1-\sin^2 y}} = \dfrac{1}{\sqrt{1-x^2}}.$

II. Dérivée de $\qquad\qquad y = \arccos x,$

$\cos y = x \qquad -\sin y \times y' = 1 \qquad y' = -\dfrac{1}{\sin y} = -\dfrac{1}{\sqrt{1-x^2}}.$

III. Dérivée de $y = \arctan x$

$\operatorname{tang} y = x,\quad \dfrac{1}{\cos^2 y}\, y' = 1,\quad y' = \cos^2 y = \dfrac{1}{1+\operatorname{tang}^2 y} = \dfrac{1}{1+x^2}.$

DE LA VARIATION DES FONCTIONS.

Soit une fonction $y = f(x)$, sa dérivée $f'(x)$ est la limite de $\dfrac{\Delta y}{\Delta x}$ quand Δx diminue indéfiniment, donc $\Delta y = \Delta x(f'(x) + \varepsilon)$, ε étant une quantité que l'on peut rendre moindre que toute quantité donnée en prenant Δx assez petit. Or l'accroissement Δx étant positif, $f'(x)$ étant fini, et ε aussi petit que l'on veut, il en résulte que le second membre, et par suite le premier, ont le signe de $f'(x)$. Donc, si $f'(x)$ est > 0, Δy sera positif et la fonction ira en croissant quand x augmente à partir de la valeur considérée. Si la dérivée est < 0, la fonction décroît.

D'après cela, si la dérivée d'une fonction reste > 0 pour x compris entre x_0 et x_1, la fonction ira sans cesse croissant dans le même intervalle. Ceci subsiste même si la dérivée s'annule dans l'intervalle, pourvu qu'elle ne change pas de signe. On appelle maximum d'une fonction une valeur de cette fonction plus grande que les valeurs voisines, et minimum une valeur plus petite que les valeurs voisines. Parmi les maximum et les minimum, les uns sont relatifs et les autres absolus.

Avant le maximum, la fonction va en croissant, et après, elle va en diminuant, donc sa dérivée passe du positif au négatif. Pour un minimum, la dérivée passe du négatif au positif. Quand il s'agit de fonctions continues, les dérivées sont ordinairement continues et par suite ne changent de signe qu'en passant par zéro. On obtiendra donc les maximum et minimum en cherchant les valeurs de x, qui annulent la dérivée en la faisant changer de signe.

Exemples : 1° On donne $x + y = 2a$, trouver le maximum ou le minimum de $x^m + y^m = u$. On a : $u' = mx^{m-1} + my^{m-1}y'$. D'autre part : $x + y = 2a$ donne $1 + y' = 0$, $y' = -1$, d'où $u' = mx^{m-1} - my^{m-1}$, et la dérivée sera nulle pour $x = y$. En étudiant la dérivée u', on voit que lorsque x en croissant passe par la valeur a, la dérivée passe du négatif au positif. C'est donc à un maximum que nous avons à faire, du moins en supposant que m soit > 1.

2° Chercher les valeurs maxima et minima de $y = \dfrac{x^2 - 5x + 6}{x^2 + x + 1}$. On a $y' = \dfrac{6x^2 - 10x - 11}{(x^2 + x + 1)^2}$. Le signe de cette dérivée est celui du trinôme $6x^2 - 10x - 11$, trinôme qui est positif quand x est en dehors des racines de l'équation $6x^2 - 10x - 11 = 0$, et négatif quand x est compris entre les deux racines. Les maximum ou minimum correspondent donc à chacune de ces deux racines.

3° Trouver la variation du volume d'un cylindre circulaire droit dont la surface totale est constante. Si l'on appelle x le rayon de la base et y la hauteur, on aura : $2\pi x^2 + 2\pi xy = 2\pi a^2$ ou (1) $x^2 + xy = a^2$, et le volume $V = \pi x^2 y = \pi x^2 \dfrac{a^2 - x^2}{x} = \pi(a^2 x - x^3)$, car l'équation (1) donne $y = \dfrac{a^2 - x^2}{x}$. Si nous admettons que y doit être > 0, il en résulte que x ne peut varier que de 0 à a; pour ces deux valeurs 0 et a, le volume $\pi(a^2 x - x^3)$ est nul, dans l'intervalle il passe donc par un maximum. La dérivée de ce volume égalée à zéro, est : $\pi(a^2 - 3x^2) = 0$. Équation vérifiée pour $x = \dfrac{a}{\sqrt{3}}$. A cette valeur de x, correspond le volume maximum $V = \pi\left(\dfrac{a^3}{\sqrt{3}} - \dfrac{a^3}{3\sqrt{3}}\right)$, et la valeur de y est alors $y = \dfrac{2a}{\sqrt{3}}$, c'est-à-dire que la hauteur est égale au diamètre de la base.

Remarque : Deux fonctions qui ont même dérivée ne diffèrent que par une constante.

DÉRIVÉES D'UNE FONCTION DE PLUSIEURS VARIABLES.

Soit $z = f(x.y)$ une fonction de deux variables indépendantes x et y, si dans cette fonction on considère y comme constant et que l'on prenne la dérivée par rapport à x, on aura la dérivée partielle de la fonction z par rapport à x, soit f'_x. On aura de même f'_y si l'on dérive par rapport à y en supposant x constant.

Exemple : $\qquad\qquad y^2 - 5xy + 3x^2 + 2y - 3x = z.$

On a : $\qquad\quad z'_x = -5y + 6x - 3, \quad z'_y = -5x + 2y + 2.$

DÉRIVÉES DES FONCTIONS COMPOSÉES.

La fonction $y = f(u.v)$ est dite fonction composée lorsque u et v dépendent d'une variable x. On peut écrire :

$$\Delta y = f(u+\Delta u, v+\Delta v) - f(u.v) = f(u+\Delta u, v+\Delta v) - f(u, v+\Delta v) + f(u, v+\Delta v) - f(u.v)$$

$$\frac{\Delta y}{\Delta x} = \frac{f(u+\Delta u, v+\Delta v) - f(u, v+\Delta v)}{\Delta u} \cdot \frac{\Delta u}{\Delta x} + \frac{f(u.v+\Delta v) - f(u.v)}{\Delta v} \frac{\Delta v}{\Delta x}.$$

Si Δx tend vers zéro, les quantités $\dfrac{\Delta y}{\Delta x}, \dfrac{\Delta u}{\Delta x}, \dfrac{\Delta v}{\Delta x}$ tendent vers y', u', v';

$$\frac{f(u.v+\Delta v) - f(u.v)}{\Delta v},$$

tend vers la dérivée partielle f'_v par rapport à v de la fonction $f(u.v)$, puisque c'est le rapport de l'accroissement de cette fonction à l'accroissement de la variable v lorsque la variable u reste constante. De même, le coefficient de $\dfrac{\Delta u}{\Delta x}$ a pour limite $f'_u(uv)$.

Donc, en résumé, $\quad y' = f'_u(u.v) \times u' + f'_v(u.v) \times v'.$

D'une manière générale, si l'on a $\quad y = f(u.v.w...)$, on calculera la dérivée y' en prenant $\quad f'_u \times u' + f'_v \times v' + f'_w \times w' + ...$

DÉRIVÉE DES FONCTIONS IMPLICITES.

Nous avons déjà dit plus haut ce qu'était une fonction implicite; c'est une fonction liée à la variable par une équation non résolue $f(x.y) = 0$. Si l'on pouvait résoudre l'équation et la mettre sous la forme $y = \varphi(x)$, la fonction deviendrait explicite.

Étant donné $f(xy) = 0$, trouver y'. En appliquant le théorème des fonctions composées que nous venons de démontrer, nous aurons :

$$f'_x + y'f'_y = 0, \quad \text{ou bien} \quad y' = -\frac{f'_x}{f'_y}.$$

DES FONCTIONS PRIMITIVES.

On appelle fonctions primitives d'une fonction donnée celles qui ont pour dérivée cette fonction donnée. Toutes les fonctions primitives d'une fonction diffèrent entre elles seulement par une constante. On conçoit toujours l'existence de pareilles fonctions, mais la recherche en est souvent fort difficile. Il n'y a pour ainsi dire pas de règle générale à suivre : c'est la plus ou moins grande habileté, la plus ou moins grande expérience de l'opérateur, qui le plus souvent décident du succès et conduisent à des résultats souvent fort remarquables.

Voici la solution dans les cas les plus simples :

La fonction primitive de Ax^m... est... $\dfrac{Ax^{m+1}}{m+1}$ + une constante B,

    id. $\cos mx$ *id.* $\dfrac{\sin mx}{m}$ + B,

    id. $\sin mx$ *id.* $\dfrac{-\cos mx}{m}$ + B,

    id. a^x *id.* $\dfrac{a^x \log e}{\log a}$,

La fonction primitive de $\tan gx$ est... $-\log \cos x$ + B,

   id. $\dfrac{1}{x}$,   *id.* Lx + B,

   id. $\dfrac{1}{1+x^2}$ *id.* arc $\tan gx$ + B,

   id. $\dfrac{1}{\sqrt{1-x^2}}$,   *id.* arc $\sin x$ + B,

   id. $\dfrac{x}{\sqrt{a^2+x^2}}$,   *id.* $\sqrt{a^2+x^2}$ + B,

   id. $\dfrac{e^x}{1+e^{2x}}$,   *id.* arc $\tan ge$ + B.

DÉVELOPPEMENT DES FONCTIONS EN SÉRIES.

Dans un polynôme entier par rapport à x et mis sous la forme

$$f(x) = A_0 x^m + A_1 x^{m-1} + A_2 x^{m-2} \ldots + A_{m-1} x + A_m,$$

on donne à x un accroissement h, et l'on a :

$$f(x+h) = A_0 (x+h)^m + A_1 (x+h)^{m-1} \ldots + A_{m-1}(x+h)x + A_m,$$

ou, en développant, par la formule du binôme et ordonnant par rapport à h comme le montre le tableau suivant :

$$
\begin{array}{l|l|l|l}
A_0 x^m + h & mA_0 x^{m-1} + \dfrac{h^2}{1.2} & m(m-1)A_0 x^{m-2} + \ldots + \dfrac{h^{m-1}}{1..2(m-1)} & m(m-1)\ldots 2.1A_0 x + A_0 h^m \\
+ A_1 x^{m-1} & (m-1)A_1 x^{m-2} & (m-1)(m-2)A_1 x^{m-3} & \\
+ A_2 x^{m-2} & (m-2)A_2 x^{m-3} & & \\
\;\;\vdots & \;\;\vdots & \;\;\vdots & \\
+ A_{m-1} x & A_{m-1} & A_{m-2} & \\
+ A_m & & &
\end{array}
$$

Ce qui peut s'écrire :

(1) $f(x+h) = f(x) + hf'(x) + \dfrac{h^2}{1.2}f''(x) \ldots + \dfrac{h^{m-1}}{1.2\ldots(m-1)}f^{m-1}(x) + \dfrac{h^m}{1.2\ldots m}f^m(x)$;

car chaque coefficient de (h) est la dérivée du coefficient précédent, et les coefficients successifs sont les dérivées successives de la fonction $f(x)$. Cette égalité (1) pourrait servir à trouver la dérivée d'un polynôme entier, car elle montre bien que $\dfrac{f(x+h)-f(x)}{h}$ a pour limite $f'(x)$.

La forme de développement que nous venons de trouver s'applique à une fonction continue quelconque; mais alors la suite se prolonge indéfiniment et constitue une série qui est connue sous le nom de *série de Taylor;* c'est ce que nous allons démontrer.

Supposons que la fonction $f(x)$ et ses $n+1$ premières dérivées restent fixes et continues quand x varie de x_0 à $x_0 + h$, nous pouvons toujours poser :

$$f(x_0 + h) = f(x_0) + \frac{h}{1} f'(x_0) + \frac{h^2}{1.2} f''(x_0) + \ldots \frac{h^n}{1.2\ldots n} f^n(x_0) + \frac{h^{n+1}}{1.2\ldots(n+1)} R ,$$

R étant déterminé de façon à ce que cette égalité soit vérifiée.

Posons maintenant $x_1 = x_0 + h$, d'où $h = x_1 - x_0$, l'égalité précédente deviendra :

$$f(x_1) - f(x_0) - \frac{x_1 - x_0}{1} f'(x_0) - \frac{(x_1 - x_0)^2}{1.2} f''(x_0) \ldots \frac{(x_1 - x_0)^n}{1.2\ldots n} f^n(x_0) - \frac{(x_1 - x_0)^{n+1}}{1.2.3\ldots n+1} R = 0,$$

le nombre R dépendant de x_1 et de x_0. Considérons la fonction $\varphi(x)$ représentée par le premier membre de la série précédente où l'on remplace le nombre constant x_0 par la variable x, excepté dans R, nous aurons :

$$\varphi(x) = f(x_1) - f(x) - \frac{x_1 - x}{1.} f'(x) - \frac{(x_1 - x)^2}{1.2} f''(x) \ldots - \frac{(x_1 - x)^{n+1}}{1.2\ldots(n+1)} R.$$

Si l'on prend la dérivée $\varphi'(x)$ de cette fonction, on voit que les termes de cette dérivée se détruisent deux à deux, sauf les deux derniers, et l'on a :

$$\varphi'(x) = - \frac{(x_1 - x)^n}{1.2\ldots n} f^{n+1}(x) + \frac{(x_1 - x)^n}{1.2.3\ldots n} R = \frac{(x_1 - x)^n}{1.2.3\ldots n} \left\{ R - f^{n+1}(x) \right\} \qquad (1)$$

D'après les hypothèses de plus haut, $\varphi(x)$ et $\varphi'(x)$ restent fixes et continues quand x varie de x_0 à x_1; or, pour $x = x_0$, nous avons vu que $\varphi(x)$ est nul, et que pour $x = x_1$, $\varphi(x)$ est encore nul; donc de x_0 à x_1, la fonction $\varphi(x)$ passe par un maximum, par suite la dérivée change de signe en passant par zéro puisqu'elle est finie et continue. La valeur de x, qui annule $\varphi'(x)$ entre x_0 et $x_1 = x_0 + h$, peut se représenter par $x_0 + \theta h$, θ étant < 1, et l'on a $\varphi'(x_0 + \theta h) = 0$, et l'équation (1) donne $R - f^{n+1}(x_0 + \theta h) = 0$ ou $R = f^{n+1}(x_0 + \theta h)$. Par suite, il vient :

$$f(x_0 + h) = f(x_0) + \frac{h}{1} f'(x_0) + \frac{h^2}{1.2} f''(x_0) + \ldots + \frac{h^n}{1.2\ldots n} f^n(x_0) +$$
$$+ \frac{h^{n+1}}{1.2\ldots n+1} f^{n+1}(x_0 + \theta h).$$

Si le dernier terme tend vers zéro lorsque (n) augmente indéfiniment, on a une série convergente.

Dans la série précédente, si nous faisons $x_0 = 0$, l'accroissement h de x sera alors représenté précisément par x, et nous obtiendrons la série de Mac-Laurin :

$$f(x) = f(o) + \frac{x}{1} f'(o) + \frac{x^2}{1.2} f''(o) \ldots + \frac{x^n}{1.2\ldots n} f^n(o) + \frac{x^{n+1}}{1.2\ldots n + 1} f^{n+1}(\theta x).$$

Application. Développement de e^x; toutes les dérivées de e^x sont e^x, et pour $x = 0$, toutes ces dérivées sont égales à 1, donc

$$e^x = 1 + \frac{x}{1} + \frac{x^2}{1.2} + \ldots + \frac{x^n}{1.2\ldots n} + \frac{x^{n+1}}{1.2\ldots(n+1)} e^{\theta x}.$$

Le terme complémentaire tend vers zéro, et la quantité e^x est représentée par la série indéfinie $\quad 1 + \dfrac{x}{1} + \dfrac{x^2}{1.2} + \dfrac{x^3}{1.2.3} + \dfrac{x^4}{1.2.3.4} + \ldots$

Développements de $\sin x$ *et* $\cos x$ *et de* $L(1 + x)$.

$$\sin x = \frac{x}{1} - \frac{x^3}{1.2.3} + \frac{x^5}{1.2.3.4.5} \ldots - \frac{x^{2n+1}}{1.2\ldots 2n+1} + \frac{x^{2n+3}}{1.2\ldots 2n+3} + \ldots$$

$$\cos x = 1 - \frac{x^2}{1.2} + \frac{x^4}{1.2.3.4} \ldots\ldots - \frac{x^{2n}}{1.2\ldots 2n} + \frac{x^{2n+2}}{1.2\ldots 2n+2} - \ldots\ldots$$

En cherchant les dérivées successives de $L(1 + x)$ et y faisant $x = 0$, on arrive encore à la série

$$L(1 + x) = \frac{x}{1} - \frac{x^2}{2} + \frac{x^3}{3} - \frac{x^4}{4} + \ldots$$

Il est facile de comprendre, sans plus de détails, qu'à l'aide de cette série convergente dont on peut prendre autant de termes que l'on voudra, on arrivera à calculer la valeur arithmétique des logarithmes népériens. De ces derniers on passe aux logarithmes vulgaires par le module **M**.

NOTIONS SOMMAIRES SUR LA THÉORIE GÉNÉRALE DES ÉQUATIONS

Une équation est l'expression d'une égalité qui, n'ayant lieu que pour certaines valeurs des lettres qu'elle renferme, sert à déterminer ces valeurs.

La théorie générale des équations renferme des aperçus ingénieux, des propositions fort remarquables : elle offre un vaste champ d'études au mathématicien, mais on peut dire qu'au point de vue de la pratique de l'art de l'Ingénieur, elle est restée à peu près sans usage. Dans quelques cas où il faut recourir à des équations de degré supérieur au troisième, il existe généralement des méthodes particulières d'arriver à la solution, et souvent il est plus commode de traiter le problème au moyen de courbes que l'on construit par points, comme nous le verrons dans la suite. Nous n'hésiterons donc pas à laisser presque absolument de côté la théorie générale des équations, qui, du reste, pour être de quelque utilité, demanderait à être traitée d'une manière complète et fort étendue.

Nous nous contenterons d'énoncer quelques résultats de cette théorie, résultats qu'on ne saurait ignorer.

ÉQUATIONS NUMÉRIQUES DE DEGRÉ QUELCONQUE.

La forme la plus générale de ces équations est :

$$A_0 x^m + A_1 x^{m-1} + A_2 x^{m-2} + \ldots + A_{m-1} x + A_m = 0.$$

$A_0\ A_1 \ldots A_m$ sont des coefficients constants; m est le degré de l'équation.

Théorème fondamental. Une équation de degré m, dans laquelle les coeffi-cients sont des nombres donnés réels ou imaginaires, admet toujours précisé-ment m racines réelles ou imaginaires.

Les racines imaginaires sont des nombres de la forme $a + b\sqrt{-1}$ dont nous dirons plus loin quelques mots. Parmi les m racines il peut y en avoir un cer-tain nombre d'égales entre elles, de même que l'on a vu l'équation du deuxième degré avoir deux racines égales lorsque le premier membre de cette équation est un carré parfait.

Si une équation à coefficient réels admet une racine imaginaire de la forme $a + b\sqrt{-1}$, elle admet nécessairement et un même nombre de fois la racine conjuguée $a - b\sqrt{-1}$, ce qu'on peut vérifier sur l'équation du deuxième degré.

Relations entre les coefficients d'une équation et ses racines. Une équation admettant les (m) racines $a.b.c \ldots k$, son premier membre peut se mettre sous la forme

$$(x - a)(x - b)(x - c) \ldots (x - k) = x^m + A_1 x^{m-1} \ldots + A_{m-1} x + A_m = 0.$$

En développant le produit des m facteurs, cette identité nous montre que

$$A_1 = -(a + b + c \ldots + k) = -\Sigma a$$
$$A_2 = (ab + ac + bc \ldots + gk) = \Sigma ab$$
$$A_3 = -(abc + abd \ldots + abk \ldots) = -\Sigma abc.$$
$$\vdots$$
$$A_m = \pm\, a.b.c. \ldots k.$$

Des racines égales. Si une équation admet n racines égales entre elles, elle peut se mettre sous la forme $(x - a)^n \varphi(x) = 0$, et l'on voit que sa dérivée $n(x - a)^{n-1}\varphi(x) + (x - a)^n \varphi'(x)$, égalée à zéro, admet $n - 1$ fois la même racine. D'après cela, si une équation a n racines égales, la $(n - 1)^{ième}$ dérivée du pre-mier membre admettra aussi cette racine une fois.

Il est évident que pour avoir les racines égales entre elles dans une équation, il suffit de chercher le plus grand commun diviseur entre le premier membre de l'équation et sa dérivée. Ce plus grand communn diviseur, égalé à zéro, renfermera toutes les racines égales une fois de moins que ne les renferme l'équation donnée.

On pourra le considérer comme le premier membre d'une nouvelle équation dont il s'agira de trouver les racines égales, lesquelles seront les racines triples, quartes, etc., de l'équation primitive. On conçoit bien comment on peut arriver de la sorte, par de longues opérations, à la connaissance des racines égales.

Recherche des racines réelles. La règle des signes de Descartes, les théorèmes de Rolle et de Sturm ont pour but de séparer les racines réelles de l'équation, c'est-à dire de trouver une série de nombres tels que dans l'intervalle de l'un à l'autre soit comprise une seule racine de l'équation donnée. On comprend que de la sorte on n'a plus qu'à faire quelques essais numériques pour déterminer une valeur approchée de la racine.

Équations transcendantes. On appelle équations transcendantes celles qui renferment les fonctions trigonométriques, logarithmiques ou exponentielles. Telles sont, par exemple, $e^x \cos mx = 0$ $\text{L} \sin x + a^{\cos x} = 0$.   Il est évident qu'ici il n'y a plus à considérer le degré; les premiers membres sont souvent discontinus, et l'on ne peut leur appliquer les théorèmes démontrés pour les équations ordinaires. En général, on cherche à résoudre ces équations par le moyen de courbes plus ou moins faciles à construire, et l'on recourt, par exemple en astronomie, à des procédés particuliers à chaque cas. Nous ne nous y arrêterons pas plus longtemps.

CALCUL DES QUANTITÉS IMAGINAIRES.

Nous avons déjà vu que les équations numériques admettaient des racines dites imaginaires, et qui sont de la forme $a + \sqrt{-\text{B}}$,   B étant un nombre posotif. On peut donc les écrire $a + \sqrt{-b^2}$ ou $a + b\sqrt{-1}$,   ou bien $a + bi$.

Deux expressions $a + b\sqrt{-1}$ $a - b\sqrt{-1}$ sont dites conjuguées; du moment que l'une est racine de l'équation, sa conjuguée est aussi racine de cette équation.

Nous avons cherché, en parlant du binôme, le développement de $(a + b\sqrt{-1})^m$ et les puissances successives de $\sqrt{-1}$ ..... qui sont :

$$i^{4n} = 1 \qquad i^{4n+1} = \sqrt{-1} \qquad i^{4n+2} = -1 \qquad i^{4n+3} = - \sqrt{-1}.$$

Les opérations d'addition, de soustraction, de multiplication et de division démontrées pour les quantités réelles s'appliquent aux binômes imaginaires

$$a + b\sqrt{-1} + a' + b'\sqrt{-1} = a + a' + (b + b')\sqrt{-1},$$
$$(a + b\sqrt{-1})(c + d\sqrt{-1}) = ac - bd + (ad + bc)\sqrt{-1},$$
$$(a + b\sqrt{-1})(a - b\sqrt{-1}) = a^2 + b^2.$$

On peut donner aux expressions imaginaires une forme plus commode que $a + b\sqrt{-1}$ en posant $a = \rho\cos\varphi$, $b = \rho\sin\varphi$; d'où $a^2 + b^2 = \rho^2$ et $\tang\varphi = \dfrac{b}{a}$, équations qui donnent les valeurs de ρ et de φ et permettent d'écrire :

$$a + b\sqrt{-1} = \rho(\cos\varphi + \sqrt{-1}\sin\varphi).$$

MULTIPLICATION ET DIVISION DES EXPRESSIONS IMAGINAIRES.

$\rho(\cos\varphi + \sqrt{-1}\sin\varphi) \times \rho'(\cos\varphi' + \sqrt{-1}\sin\varphi')$ est égal à

$$\rho\rho'[\cos\varphi\cos\varphi' - \sin\varphi\sin\varphi' + \sqrt{-1}(\sin\varphi\cos\varphi' + \sin\varphi'\cos\varphi)] =$$
$$= \rho\rho'[\cos(\varphi + \varphi') + \sqrt{-1}\sin(\varphi + \varphi')].$$

De là résulte que $\dfrac{\rho(\cos\varphi + \sqrt{-1}\,\sin\varphi)}{\rho'(\cos\varphi' + \sqrt{-1}\,\sin\varphi')} = \dfrac{\rho}{\rho'}[\cos(\varphi - \varphi') + \sqrt{-1}\,\sin(\varphi - \varphi')]$.

La règle du produit permet de passer immédiatement à la règle des puissances d'un nombre imaginaire :

$$[\rho(\cos\varphi + \sqrt{-1}\,\sin\varphi)]^m = \rho^m(\cos m\varphi + \sqrt{-1}\,\sin m\varphi).$$

Il est facile d'étendre cette formule au cas où m est fractionnaire et négatif,

$$[\rho(\cos\varphi + \sqrt{-1}\,\sin\varphi)]^{\frac{m}{n}} = \rho^{\frac{m}{n}}\left(\cos\frac{m\varphi}{n} + \sqrt{-1}\,\sin\frac{m\varphi}{n}\right).$$

PROBLÈME. Exprimer $\cos m\varphi$ en fonction de $\cos\varphi$ et de $\sin\varphi$.

On a $\quad(\cos\varphi + \sqrt{-1}\,\sin\varphi)^m = \cos m\varphi + \sqrt{-1}\,\sin m\varphi,\quad$ et en développant le premier membre, puis, égalant entre elles les parties réelles et les parties imaginaires,

$$\cos m\varphi = \cos^m\varphi - \frac{m(m-1)}{1.2}\cos^{m-2}\varphi\,\sin^2\varphi + \frac{m(m-1)(m-2)(m-3)}{1.2.3.4}\cos^{m-4}\varphi\,\sin^4\varphi\ldots$$

$$\sin m\varphi = m\cos^{m-1}\varphi\,\sin\varphi - \frac{m(m-1)(m-2)}{1.2.3}\cos^{m-3}\varphi\sin^3\varphi + \ldots$$

C'est ce qui constitue le développement de Moivre.

RÉSOLUTION DES ÉQUATIONS DU 3ᵉ DEGRÉ.

La forme la plus générale des équations du 3ᵉ degré est :

$$x^3 + ax^2 + bx + c = 0.$$

Si dans cette équation nous remplaçons x par $x' + h$, nous pouvons déterminer (h) de manière à annuler le coefficient de x^2 dans l'équation résultante; en effet, $(x'+h)^3 + a(x'+h)^2 + b(x'+h) + c = x'^3 + x'^2(3h+a) + x'(3h^2+2ah+b) + h^3 + ah^2 + bh + c = 0$.

Si l'on pose $3h + a = 0$, ou bien $h = -\dfrac{a}{3}$, nous n'aurons plus qu'à résoudre une équation de la forme

$$x^3 + px + q = 0.$$

Remarque. Un nombre quelconque admet trois racines cubiques. Soit d'abord l'équation $x^3 - 1 = 0$, elle admet d'abord la racine $x = 1$, puis deux racines imaginaires données par $\dfrac{x^3-1}{x-1} = 0 = x^2 + x + 1$; ces deux racines sont $\dfrac{-1 \pm \sqrt{-3}}{2}$, quantités imaginaires dont le cube est l'unité; l'un de ces nombres étant représenté par α, l'autre le sera par α^2; car $\left(\dfrac{-1+\sqrt{-3}}{2}\right)^2 = \dfrac{-1-\sqrt{-3}}{2}$.

D'après cela l'équation $x^3 = A$ admet trois racines, x', $x'\alpha$ et $x'\alpha^2$.

Si dans l'équation $x^3 + px + q = 0$, on remplace x par $y + z$, cette équation deviendra (1) $y^3 + z^3 + (3yz + p)(y + z) + q = 0$.

Nous avons évidemment le droit d'établir entre y et z telle relation que nous voudrons, par exemple (2) $3yz + p = 0$, et alors (1) devient (3) $y^3 + z^3 + q = 0$. Ce système d'équations (2) et (3) peut s'écrire $y^3 z^3 = -\left(\dfrac{p}{3}\right)^3$ et $y^3 + z^3 = -q$; donc y^3 et z^3 sont les racines de l'équation du 2ᵉ degré $u^2 + qu - \dfrac{p^3}{27} = 0$, c'est-à-dire

$$-\frac{q}{2} + \sqrt{\frac{q^2}{4} + \frac{p^3}{27}} \quad \text{et} \quad -\frac{q}{2} - \sqrt{\frac{q^2}{4} + \frac{p^3}{27}}.$$

On en déduit $\quad x = y + z = \sqrt[3]{-\dfrac{q}{2} + \sqrt{\dfrac{q^2}{4} + \dfrac{p^3}{27}}} + \sqrt[3]{-\dfrac{q}{2} - \sqrt{\dfrac{q^2}{4} + \dfrac{p^3}{27}}}.$

NOTIONS

SUR LES INFINIMENT PETITS, SUR LE CALCUL DIFFÉRENTIEL ET SUR LE CALCUL INTÉGRAL

L'étude à peu près complète que nous avons faite des dérivées nous permettra de glisser rapidement sur le calcul différentiel et le calcul intégral; nous nous contenterons d'en indiquer les principes, sans nous préoccuper des applications aux courbes et aux surfaces, applications qui seront mieux à leur place dans la partie réservée à la géométrie analytique.

DES INFINIMENT PETITS.

On nomme infiniment petit une variable dont la limite est zéro.

Lorsque, dans une question, on doit considérer à la fois plusieurs infiniment petits, on considère ordinairement l'un d'entre eux comme infiniment petit principal, le choix en étant d'ailleurs absolument arbitraire. Ceci posé, on appelle infiniment petit du 1er ordre toute quantité dont le rapport à l'infiniment petit principal a une limite finie, infiniment petit du 2e ordre toute quantité dont le rapport au carré de l'infiniment petit principal a une limite finie, et ainsi de suite...

Soit $\varphi(x)$ une fonction. Si l'on donne à x un accroissement h qui sera l'infiniment petit principal, l'accroissement de la fonction $\varphi(x+h) - \varphi(x)$ sera un infiniment petit du 1er ordre, car nous avons vu que la limite du rapport $\dfrac{\varphi(x+h) - \varphi(x)}{h}$ a généralement une valeur finie qui est la dérivée de la fonction $\varphi(x)$. Nous verrons en géométrie d'autres exemples d'infiniment petits du 1er ordre et du 2e ordre.

Dans la recherche de la limite d'un rapport ou de la limite d'une somme, on peut remplacer un infiniment petit par un autre dont le rapport au premier ait pour limite l'unité. Exemple : Un arc infiniment petit peut se remplacer par sa corde.

DE LA DIFFÉRENTIELLE.

Si $\varphi(x)$ désigne une fonction de la variable x, on sait que la dérivée $\varphi'(x)$ est la limite de $\dfrac{\varphi(x+h) - \varphi(x)}{h}$, et que l'on peut écrire

$$\varphi(x+h) - \varphi(x) = h[\varphi'(x) + \varepsilon] = h\varphi'(x) + h\varepsilon,$$

expression dans laquelle $h\varepsilon$ est infiniment petit par rapport à $h\varphi'(x)$. Il en résulte que, dans tout problème où il s'agit de calculer un rapport ou une somme, on peut remplacer l'accroissement de la fonction par la quantité $h\varphi'(x)$ dont le rapport avec $\varphi(x + h) - \varphi(x)$ a pour limite l'unité. On appelle cette quantité $h\varphi'(x)$ différentielle de la fonction $\varphi(x)$, et on la représente au moyen de la lettre d placée devant la fonction.

Conformément à cette notation, la différentielle de x se confond avec l'accroissement de cette variable, et s'écrit dx. Si l'on a $y = \varphi(x)$, on aura :

$$dy = d.\varphi(x) = \varphi'(x).dx.$$

La différentielle n'est pas rigoureusement égale à l'accroissement de $\varphi(x)$, nous l'avons vu plus haut; mais elle peut le remplacer sans que cela entraîne à aucune erreur dans les limites de sommes ou de rapports.

La différentielle d'une fonction est, d'après ce qui précède, le produit de la dérivée par la différentielle de la variable. Il semble, d'après cela, que l'emploi de la différentielle, identique à celui de la dérivée, ne puisse présenter aucun avantage spécial. Cela est vrai pour la plupart des questions que nous aurons à étudier, aussi ne nous appesantirons-nous point sur l'étude des différentielles; toutefois nous ferons quelques remarques qui montrent souvent un avantage sérieux à la considération des différentielles.

Si y est une fonction de x, x est par la même raison une fonction de y, et rien n'oblige à prendre l'une des deux variables plutôt que l'autre ou que toute fonction de l'une ou de l'autre pour variable principale. Or, l'emploi des dérivées exige absolument que l'on fasse un pareil choix, la dérivée n'ayant de sens déterminé que lorsqu'on indique la variable par rapport à laquelle on dérive. Au contraire, si l'on considère la différentielle de y, $dy = \varphi'(x).dx$, elle fait connaître une relation entre deux quantités dy et dx proportionnelles aux accroissements infiniment petits que l'on peut simultanément attribuer à x et à y. L'une de ces quantités dy et dx est nécessairement arbitraire, mais rien n'indique que ce soit dx plutôt que dy, la relation pouvant aussi bien s'écrire $dx = \dfrac{1}{\varphi'(x)}.dy$ et donnant sous cette forme la différentielle de x considérée comme fonction de y et correspondant à une valeur arbitraire de dy.

Il y a plus, la différentielle d'une fonction reste la même quelle que soit la variable par rapport à laquelle cette fonction soit exprimée. En effet, soit $x = \psi(u)$ une fonction dans laquelle la lettre u désigne elle-même une fonction de x, $u = \varphi(x)$, la différentielle de y est $dy = \psi'(u)\,\varphi'(x).dx$, ou bien $\psi'(u).du$ en la prenant par rapport à u. Les deux quantités sont identiques pourvu que l'on attribue dans le dernier cas à la différentielle arbitraire du la valeur qui résulte de la définition même lorsque u est regardé comme fonction de x $du = \varphi'(x)\ dx$.

On voit d'après cela que, x, y, u désignant trois variables dont deux peuvent s'exprimer au moyen de l'autre, les relations $du = \varphi'(x).dx$ et $dy = \psi'(u).du$ font connaître trois quantités dx, dy, du dont l'une au choix est arbitraire, et qui sont proportionnelles aux accroissements infiniment petits que peuvent prendre simultanément les trois variables x, y, u.

Différentielle d'une fonction de plusieurs variables.

Soit $z = \varphi(x.y)$, la théorie des dérivées nous a montré que

$$\varphi(x+h,\ y+k) - \varphi(x.y) = h\,\varphi'_x(x.y) + k\,\varphi'_y(x.y),$$

ce qui avec les notations des différentielles se transforme en :

$$d.\,\varphi(xy) = \frac{d\varphi}{dx}\,dx + \frac{d\varphi}{dy}.\,dy.$$

Il est évident que dans le second nombre, les numérateurs $d\varphi$ des fonctions $\frac{d\varphi}{dx}, \frac{d\varphi}{dy}$ ont des significations différentes, puisque ces deux fonctions sont les dérivées partielles de φ, et que pour la première on suppose y constant et pour la seconde au contraire on suppose x constant.

Dérivée d'une fonction composée y = f (u.v).

Appliquant à cette dérivée que nous connaissons la notation différentielle, il vient :

$$\frac{dy}{dx} = \frac{df}{du}.\frac{du}{dx} + \frac{df}{dv}.\frac{dv}{dx}.$$

Dérivée ou différentielle d'une fonction implicite $\varphi(\text{x}.\text{y}) = 0$.

On a : $\varphi'_x + y' \times \varphi'_y = 0$, ce qui peut s'écrire $\frac{d\varphi}{dx} + \frac{dy}{dx}.\frac{d\varphi}{dy} = 0$,

ou bien
$$\frac{dy}{dx} = -\frac{\left(\frac{d\varphi}{dx}\right)}{\left(\frac{d\varphi}{dy}\right)}.$$

Dérivées et différentielles de divers ordres.

Si l'on considère une fonction $y = \varphi(x)$, la différentielle dy est par définition $dy = \varphi'(x).dx$, en sorte que y dépend à la fois de x et de la quantité arbitraire dx, différentielle que nous regardons comme une constante; dy devient alors une fonction de x qui peut être différentiée. La différentielle de dy se nomme différentielle seconde de y; en la désignant par d^2y et nommant $\varphi''(x)$ la dérivée de $\varphi'(x)$, on a évidemment $d^2y = \varphi''(x).dx^2$. Regardant encore dx comme constante, nous pouvons différentier d^2y, et il viendra $d^3y = \varphi'''(x).dx^3$, et en général $d^ny = \varphi^n(x).dx^n$. Les fonctions $\varphi'(x)\ \varphi''(x)...\varphi^n(x)$ sont les dérivées successives de $\varphi(x)$, et l'expression d'une dérivée quelconque en fonction de la différentielle correspondante se trouve dans le tableau suivant :

$$\varphi'(x) = \frac{dy}{dx} \quad \varphi''(x) = \frac{d^2y}{dx^2} \quad \varphi'''(x) = \frac{d^3y}{dx^3} \ldots \varphi^n(x) = \frac{d^ny}{dx^n}.$$

DU CALCUL INTÉGRAL.

Le calcul intégral est l'inverse du calcul différentiel; le but qu'on s'y propose est de remonter de la différentielle d'une fonction ou, plus généralement, d'une propriété de cette différentielle à la connaissance de la fonction elle-même.

C'est l'opération que nous connaissons déjà sous le nom de recherche des fonctions primitives ; et les cas où l'on est parvenu à résoudre la question sont encore bien peu nombreux. La fonction primitive d'une différentielle se désigne par le signe $\int$, corruption de l'initiale du mot somme ; ainsi $\int \varphi(x) \, . \, dx$ désigne d'une manière générale toute fonction dont $\varphi(x)dx$ est la différentielle. Nous reproduirons ici quelques intégrales tellement simples, qu'on les trouve immédiatement à la simple inspection de leur différentielle, pourvu qu'on ait quelque habitude du calcul :

$$\int x^m dx = \frac{x^{m+1}}{m+1} + C \qquad \int \frac{dx}{x} = L \, . \, x + C$$

$$\int a^x dx = \frac{a^x}{la} + C \qquad \int \cos x \, dx = \sin x + C$$

$$\int \tan g \, x \, . \, dx = \int \frac{\sin x}{\cos x} dx = - \, l \, \cos x + C$$

$$\int \frac{dx}{\sqrt{1 - x^2}} = \text{arc} \sin x + C$$

$$\int \frac{dx}{1 + x^2} = \text{arc} \tan g \, x + C$$

$$\int \frac{(x+1)dx}{\sqrt{1 - x^2}} = \int \frac{x \, dx}{\sqrt{1 - x^2}} + \int \frac{dx}{\sqrt{1 - x^2}} = - \, \sqrt{1 - x^2} + \text{arc} \sin x + C$$

$$\int \cos^2 x \, . \, dx = \int \frac{(1 + \cos 2x)dx}{2} = \int \frac{dx}{2} + \frac{1}{4} \int \cos 2x \, . \, d2x = \frac{x}{2} + \frac{1}{4} \sin 2x.$$

Intégration par partie.

La règle de la dérivée d'un produit permet d'écrire $d(u \, . \, v) = u \, . \, dv + v \, . \, du$; on en conclut, en intégrant les deux membres, $uv = \int u dv + \int v du$, et par conséquent

$$\int u dv = uv - \int \, . \, v \, . \, du.$$

Si donc on peut intégrer la différentielle $v du$, on saura, par cela même, intégrer $u dv$ puisque la formule précédente donnera immédiatement cette intégrale. D'après cela, une expression différentielle étant donnée, on la partagera, pour l'intégrer, en deux facteurs dont l'un soit choisi de manière à ce que l'on sache l'intégrer ; en nommant u le premier facteur et dv le second, la formule précédente nous donnera l'expression de l'intégrale cherchée, qui sera ramenée à l'intégrale nouvelle $\int v du$. L'habileté du calculateur consiste à choisir les deux facteurs de la différentielle proposée, de telle sorte que l'opération simplifie autant que possible le résultat.

EXEMPLE : Trouver $\int x^3 lx \, dx$, posons $x^3 dx = d \, . \, \frac{x^4}{4} = dv$ et $lx = u$, ou aura :

$$\int x^3 l \, dx = \frac{x^4}{4} lx - \int \frac{x^4}{4} \, . \, \frac{dx}{x} = \frac{x^4}{4} lx - \frac{x^4}{16} + C.$$

Intégrales définies.

Nous avons vu qu'à toute intégrale il fallait ajouter une constante arbitraire, de façon à comprendre dans une seule formule toutes les fonctions primitives de la différentielle donnée. Les intégrales que nous avons trouvées jusqu'ici sont donc des intégrales non définies ou indéfinies. Si l'on veut déterminer complétement une intégrale, il faut lui imposer une condition qui permette de déterminer la constante, et l'on se trouve alors en présence d'une intégrale dite définie. Par exemple, si l'on veut que l'intégrale trouvée $F(x) + C$ s'annule pour une valeur (a) de la variable, on posera $F(a) + C = 0$, d'où $C = -F(a)$, et l'intégrale définie cherchée sera $F(x) - F(a)$, que l'on indique généralement par la notation suivante :

$$\int_a^x \varphi(x)\, dx = F(x) - F(a).$$

Les quantités a et x se nomment les deux limites de l'intégration.

Il n'est nullement nécessaire que la limite supérieure que nous désignons par x soit une variable; elle peut recevoir une valeur numérique quelconque, la définition n'exige évidemment qu'une seule chose, c'est que la fonction $F(x)$ varie d'une manière continue entre les limites a et x, qui peuvent être des nombres arbitrairement choisis; il faut, par exemple, que dans l'intervalle cette fonction ne devienne pas infinie.

Nous terminerons ici la partie théorique du calcul intégral, remettant à la géométrie analytique les applications géométriques de ce calcul.

QUELQUES NOTIONS DU CALCUL DES PROBABILITÉS.

La probabilité d'un fait est une fraction dont le dénominateur est le nombre de toutes les chances également possibles, parmi lesquelles est compris le fait considéré, et le numérateur est le nombre des chances favorables à l'événement dont il s'agit. Si le fait est impossible, la probabilité est nulle; s'il est certain, la probabilité est l'unité. Elle peut prendre toutes les valeurs possibles entre 0 et 1.

On admet comme une notion primitive celle de l'égalité de deux probabilités, c'est-à-dire que chacun comprend ce que l'on veut dire en affirmant que deux probabilités sont égales entre elles.

Lorsqu'un événement est composé, c'est-à-dire lorsqu'il résulte du concours de deux événements simples qui doivent avoir lieu en même temps, sa probabilité est le produit de celles qui correspondent aux deux événement simples. En effet, soient deux urnes renfermant, la première $m+n$ boules dont m blanches et n noires, la deuxième $m' + n'$ boules dont m' blanches et n' noires. Si l'on tire une boule de chaque urne, le nombre des combinaisons possibles est évidemment $(m + n)(m' + n')$, et celui des combinaisons favorables à la sortie de deux boules blanches est mm'; la probabilité est donc

$$\frac{mm'}{(m+n)(m'+n')} = \frac{m}{m+n} \cdot \frac{m'}{m'+n'},$$

ce qui prouve la proposition énoncée.

Théorème de Bernouilli.

Le théorème de Bernouilli sert de fondement à toutes les recherches statistiques; il consiste en ce que la répétition indéfinie des événements, que l'on regarde comme fortuits, fait disparaître ce qu'ils ont de variable, de telle sorte que dans une série d'un nombre immense de faits, qui ne semblent régis que par le hasard, il ne subsiste plus que les rapports constants et nécessaires qui résultent de leurs probabilités respectives.

Par exemple, si une urne renferme un million de boules blanches et un million de boules noires, il est extrêmement probable qu'après un grand nombre d'épreuves on aura tiré autant de boules blanches que de boules noires, et l'on peut toujours assez augmenter le nombre des épreuves pour que cette probabilité approche de la certitude d'aussi près qu'on le voudra.

Tables de mortalité. Si l'on considère le mouvement de la population d'un pays pendant un nombre d'années peu considérable, on peut, sans erreur sensible, le regarder comme uniforme, et regarder comme constant le nombre des naissances annuelles et le nombre des décès survenus à chaque âge. D'après cela, les registres de l'état civil permettent de former une table indiquant, pour un nombre donné d'individus nés dans la même année, combien il en reste encore après un nombre connu d'années; cette table, dite *Table de mortalité,* permet de calculer toutes les probabilités relatives à la vie humaine; mais il faut bien se dire que ces tables ne s'appliquent qu'à une grande collection d'individus et non pas à un seul homme soumis à tant d'influences variables.

Vie probable. La vie probable à un âge donné est le nombre d'années après lequel on a autant de chances de vivre que d'être mort; pour la déterminer, il suffit de voir à quelle époque le nombre des individus de l'âge considéré sera réduit de moitié.

Vie moyenne. La vie moyenne, à partir d'un âge donné, est le nombre d'années qu'un individu de cet âge aurait encore à vivre, si le nombre total des années de vie se répartissait également entre tous les individus de l'âge considéré. La vie moyenne se calcule sans peine au moyen des tables de mortalité; on peut encore l'avoir au moyen du théorème suivant :

« La vie moyenne, à partir de la naissance, est égale à la population divisée par le nombre des naissances annuelles. » Il faut admettre une population constante. Si N est le nombre des naissances et que parmi ses N enfants il y en ait v_1 qui meurent dans la première année, v_2 dans la seconde, v_3 dans la troisième, v_{100} dans la centième, je dis que la vie moyenne est représentée par

$$\frac{v_1 + 2v_2 + 3v_3 \ldots + 100v_{100}}{N}.$$

En effet, car le nombre total des années vécues par le groupe de ces N individus se compose du nombre des individus qui ne vivent qu'un an, plus deux fois le nombre des individus qui vivent deux ans, plus trois fois le nombre des individus qui vivent trois ans, plus cent fois...

Or, le numérateur de la fraction précédente représente la population, car elle se compose du nombre v_1 des individus qui naissent et qui meurent dans l'année, du nombre v_2 de l'année actuelle, plus le nombre v_2 d'individus de l'année précédente qui ne sont pas morts, soit $2v_2$, du nombre v_3 de l'année actuelle, plus les v_3 individus de chacune des deux années précédentes et qui ne sont pas encore morts, soit $3v_3$...; de sorte que la population P est bien égale à

$$v_1 + 2v_2 + 3v_3 + ... + 100v_{100} + ...,$$

et la vie moyenne se représente par $\frac{P}{N}$.

Rentes viagères. Un individu d'un certain âge dépose un capital à une compagnie qui lui assure une certaine rente jusqu'au jour de sa mort; après sa mort, le capital appartient à la compagnie. Ou bien encore, un individu s'engage à donner à une compagnie une certaine somme annuelle pendant n années, à l'expiration desquelles la compagnie donnera à l'individu un certain capital.

Pour calculer la rente viagère à faire par la compagnie dans le premier cas, par l'individu dans le second cas, on suppose que tous les individus du même âge s'assurent à la fois, et l'on calcule, d'après le chiffre connu des décès successifs, combien le banquier devra recevoir et combien il devra payer; en égalant ces deux sommes, on obtient la valeur de la pension à payer si l'avantage devait être égal de chaque côté. Avec de pareilles bases, une compagnie qui aurait affaire à beaucoup d'individus serait certaine de n'avoir que très-peu perdu ou très-peu gagné après un long temps; mais il est évident que les compagnies modifieront les résultats du calcul, de telle façon qu'avec ce système d'assurances, ce qu'il y ait de mieux assuré, ce soit leur propre bénéfice.

GÉOMÉTRIE ANALYTIQUE.

La géométrie analytique s'occupe de la représentation des figures au moyen de symboles algériques.

GÉOMÉTRIE PLANE.

CONSIDÉRATIONS GÉNÉRALES.

La position d'un point dans un plan se détermine au moyen de deux quantités qu'on appelle les coordonnées du point.

Le nombre des systèmes de coordonnées est infini, car un point est donné par l'intersection de deux lignes variables, et l'on peut choisir tel système de lignes que l'on voudra.

Le système le plus commun est celui des coordonnées rectilignes :

Fig. 1.

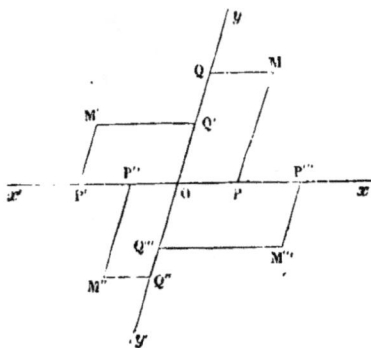

Soient deux droites xx', yy' se coupant sous un angle quelconque; d'un point donné M on mène des parallèles à ces droites xx', yy' que l'on appelle axes de coordonnées, et l'on forme ainsi un parallélogramme $MQOP$. Il est clair que le point M sera facile à déterminer si l'on nous donne les deux quantités OP, OQ, car on construira le parallélogramme dont le quatrième sommet sera le point M. Les deux longueurs OP et OQ sont les coordonnées du point M; OP est l'abscisse et OQ l'ordonnée.

Afin de pouvoir représenter tous les points de l'espace, nous donnerons un signe aux coordonnées, les x ou abscisses seront positifs sur ox et négatifs sur ox', les y ou ordonnées seront positifs sur oy et négatifs sur oy'. De la sorte, tous les points du plan sont compris dans quatre régions qui sont les angles des deux axes, et un point

du 1ᵉʳ angle *xoy* a pour coordonn. une abscisse positive et une ordonn. positive,
du 2ᵉ   *yox'*   *id.*   négative   *id.*   positive,
du 3ᵉ   *x'oy'*   *id.*   négative   *id.*   négative,
du 4ᵉ   *y'ox*   *id.*   positive   *id.*   négative.

Il est évident que deux coordonnées étant données, on connaît immédiatement par leur signe à quel angle appartient le point qu'elles représentent, et inversement un point étant donné, la position de ce point indique immédiatement le signe de ses coordonnées.

Généralement, les deux axes de coordonnées sont perpendiculaires entre eux, et l'on opère alors avec un système de coordonnées rectilignes rectangulaires.

Un point peut encore être déterminé par ses distances à deux points fixes ; c'est un système peu employé, car le point ne se trouve pas complétement déterminé, les deux coordonnées pouvant s'appliquer aussi bien à ce point qu'à son symétrique par rapport à la ligne joignant les deux points fixes.

Le second système usuel est le système de coordonnées polaires dont nous dirons plus loin quelques mots.

Mais revenons au système des coordonnées rectilignes et montrons comment dans ce système les lignes planes sont représentées par des équations.

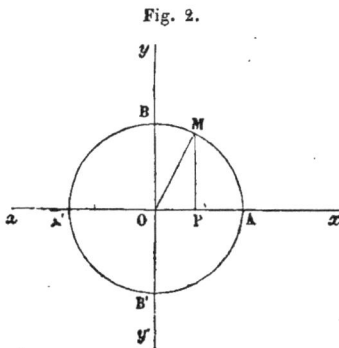

Fig. 2.

Soit une ligne plane quelconque ABA'B', traçons dans son plan deux axes *ox* et *oy*, et soient *x* et *y* ou OP et MP l'abscisse et l'ordonnée d'un point M de la ligne donnée ; quand le point M se meut sur la ligne, les deux coordonnées varient simultanément, et si l'on prend une valeur quelconque OP pour l'abscisse, l'ordonnée MP est déterminée, puisqu'il suffit, pour l'avoir, de mener une parallèle du point P à l'axe de *y*. Ainsi *y* est fonction de *x*, et la nature de la fonction dépend de la nature de la ligne. Dans le cas actuel, la figure représente un cercle, et les axes de coordonnées sont deux diamètres rectangulaires entre eux, le triangle rectangle MOP donne la relation $y^2 + x^2 = R^2$, et *y* est une fonction de *x* que l'on peut mettre sous la forme $y = \sqrt{R^2 - x^2}$.

Réciproquement, si l'on donne une équation $f(xy) = 0$ entre deux variables, chaque couple de valeurs réelles de *x* et *y* vérifiant cette équation détermine un point x_0, y_0; et si, à partir d'une valeur déterminée x_0, *x* va en croissant de quantités infiniment petites, *y* variera de même d'une façon continue en passant d'une valeur à l'autre, et sera en général réelle tant que *x* sera compris dans de certaines limites. Il en résulte que la série de points déterminée par les valeurs successives de *x* et *y* formera une ligne continue. L'équation $f(x.y) = 0$ peut donc se représenter par une courbe.

D'après cela, on peut se poser deux questions différentes : 1° Étant donnée une ligne définie géométriquement, trouver l'équation de cette ligne ; 2° étant donné une équation, construire la ligne qu'elle représente et trouver les propriétés de cette ligne.

Tels sont les deux problèmes que nous nous proposons d'étudier sommairement.

Homogénéité.

Quelques mots d'abord sur l'homogénéité des formules en géométrie :

Une fonction F $(a.b.c...)$ de plusieurs quantités est dite homogène par rapport à ces quantités lorsque, en remplaçant $a.b.c...$ par $ka, kb, kc...$, la nouvelle fonction F $(ka, kb, kc)...$ est égale à $k^m \times$ F $(a.b.c...)$

Ainsi la fonction $a^2 + b^2 + c^2$ est homogène par rapport à $a.b.c$ et du degré 2 ; car le nombre m exprime le degré.

De même $\dfrac{ab}{c} - \sqrt{dc}$ est homogène et du degré 1,

$$\sqrt{a} - \sqrt{b} \qquad id. \qquad id. \qquad \frac{1}{2}.$$

Une fonction peut être homogène par rapport à plusieurs des quantités qu'elle renferme et ne l'être pas par rapport aux autres. Ex. : $a^2 + nb^2$ est homogène par rapport à a et b, mais ne l'est pas par rapport à a, n, b.

Une équation $f(a.b.c...) = 0$ est homogène quand son premier membre est homogène.

Les équations que l'on obtient en géométrie sont nécessairement homogènes par rapport aux lettres qui représentent des grandeurs de même espèce, pourvu que l'unité à laquelle on rapporte ces grandeurs, reste indéterminée, et c'est ce qui arrive le plus souvent. Ainsi, le théorème du carré de l'hypoténuse donne lieu à une équation homogène de degré 2, $a^2 + b^2 = c^2$.

En général, dans les relations géométriques, on n'a guère à considérer que des longueurs, puisqu'on ramène à des longueurs la considération des volumes et des surfaces, et la loi de l'homogénéité peut s'énoncer comme il suit :

Toute équation qui exprime une propriété d'après laquelle plusieurs longueurs sont liées entre elles est homogène par rapport aux lettres qui représentent les longueurs tant que l'unité demeure indéterminée.

Si une équation géométrique n'est pas homogène parce que l'on a pris l'une des lettres comme unité, il est facile de rétablir l'homogénéité, car si l'on appelle a la longueur prise pour unité, il suffira de poser les relations $\dfrac{1}{a} = \dfrac{b'}{b} = \dfrac{c'}{c}...$ et de remplacer dans l'équation b' par $\dfrac{b}{a}$, c' par $\dfrac{c}{a}$, . et de suite.

Transformation des coordonnées rectilignes.

Il est souvent utile de changer d'axes de coordonnées, par exemple de rapporter un cercle à deux diamètres rectangulaires quand il est rapporté à deux lignes quelconques du plan. Nous nous proposerons d'établir les formules donnant les valeurs des nouvelles coordonnées par rapport aux anciennes quand on passe d'un système d'axes à un autre.

Fig. 3.

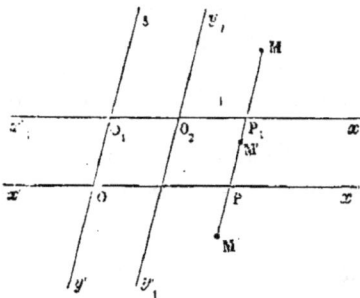

1° Changement d'origine.

Soient deux axes Ox et Oy, on suppose que l'origine est transportée en O_2, c'est-à-dire que les deux axes se transportent parallèlement à eux-mêmes, de manière à venir en O_2x_1 O_2y_1 et on demande quelles seront les nouvelles coordonnées x_1y_1 du point M en fonction des anciennes coordonnées xy du point M et a, b du point O_2.

Il est évident que l'on a :

$$x = x_1 + a \qquad y = y_1 + b,$$

et ces formules sont générales pourvu qu'on donne à a et b le signe convenable. On en déduit

$$x_1 = x - a \qquad y_1 = y - b.$$

2° Changement de direction des axes.

On conserve la même origine. Soient θ l'angle yox des anciens axes entre eux, α et α' les angles des nouveaux axes ox_1 et oy_1 avec l'ancien axe ox; pour un point M, on a $OP = x$ $MP = y$ $OP_1 = x_1$ $MP_1 = y_1$.

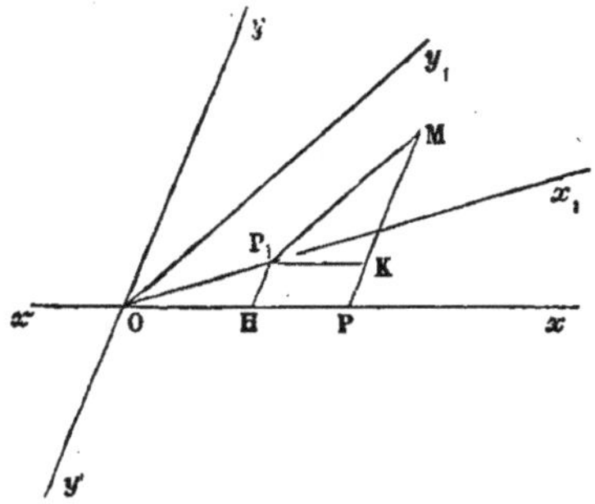

Menons P_1K et P_1H parallèles à Ox et à Oy; on aura :

$$OP = OH + HP = OH + P_1K = x,$$

$$MP = MK + PK = P_1H + MK = y.$$

Fig. 4.

Le triangle OP_1H donne

$$\frac{OH}{OP_1} \quad \text{ou} \quad \frac{OH}{x_1} = \frac{\mathrm{Sin}\ OP_1H}{\mathrm{Sin}\ OHP_1} = \frac{\mathrm{Sin}\ (\theta - \alpha)}{\mathrm{Sin}\ \theta},$$

et

$$\frac{P_1H}{OP_1} \quad \text{ou} \quad \frac{P_1H}{x_1} = \frac{\mathrm{Sin}\ \alpha}{\mathrm{Sin}\ \theta};$$

on tire de là

$$OH = \frac{x_1\ \mathrm{Sin}\ (\theta - \alpha)}{\mathrm{Sin}\ \theta} \quad \text{et} \quad P_1H = \frac{x_1\ \mathrm{Sin}\ \alpha}{\mathrm{Sin}\ \theta}.$$

Le triangle MP_1K donnera de même $P_1K = \dfrac{y_1\ \mathrm{Sin}\ (\theta - \alpha')}{\mathrm{Sin}\ \theta}$ et $MK = \dfrac{y_1\ \mathrm{Sin}\ \alpha'}{\mathrm{Sin}\ \theta}$,

et par suite $x = \dfrac{x_1\ \mathrm{Sin}\ (\theta - \alpha) + y_1\ \mathrm{Sin}\ (\theta - \alpha')}{\mathrm{Sin}\ \theta}$ $y = \dfrac{x_1\ \mathrm{Sin}\ \alpha + y_1\ \mathrm{Sin}\ \alpha'}{\mathrm{Sin}\ \theta}$.

Ces formules sont générales, ainsi qu'on peut le vérifier en étudiant toutes les dispositions relatives des deux systèmes d'axes yox, $y'ox'$.

3° Si l'on change à la fois et l'origine et la direction des axes, il est évident qu'il suffit d'ajouter les deux résultats précédents et les formules générales de transformation seront

$$x = a + \frac{x_1\ \mathrm{Sin}\ (\theta - \alpha) + y_1\ \mathrm{Sin}\ (\theta - \alpha')}{\mathrm{Sin}\ \theta} \qquad y = b + \frac{x_1\ \mathrm{Sin}\ \alpha + y_1\ \mathrm{Sin}\ \alpha'}{\mathrm{Sin}\ \theta},$$

équations d'où l'on peut déduire x_1 et y_1 si l'on connaît x et y.

Cas particulier des coordonnées rectangulaires.

On a $\theta = 90°$ $\mathrm{Sin}\ \theta = 1$, et les formules générales de transformation deviennent

$$x = a + x_1 \cos \alpha + y_1 \mathrm{Cos}\ \alpha' \qquad y = b + x_1\ \mathrm{Sin}\ \alpha + y_1\ \mathrm{Sin}\ \alpha'.$$

CLASSIFICATION DES LIGNES ALGÉBRIQUES.

Nous avons fait en algèbre la distinction des équations algébriques pures et des équations transcendantes, on distingue aussi les lignes représentées par ces équations en algébriques et transcendantes.

Les lignes algébriques peuvent toujours se mettre sous forme entière puisqu'il suffit de chasser les dénominateurs de tous les termes. Le degré de l'équation ainsi obtenue représente le degré de la ligne.

Le degré d'une ligne ne change pas avec les axes de coordonnées, puisque les relations qui permettent de passer d'une coordonnée à une autre sont du premier degré.

Le degré d'une ligne représente le nombre maximum de points d'intersection de cette ligne avec une droite. En effet, soit $f(x \cdot y) = 0$, une équation de degré m, et soit une droite donnée; on peut toujours prendre cette droite pour un axe des x par exemple, et l'équation devient $F(xy) = 0$; si l'on veut avoir l'intersection de la courbe avec l'axe des x, il suffit évidemment de faire $y = o$, et l'équation $F(x \cdot o) = o$ a pour racines les abscisses des points d'intersection; l'équation étant au plus du degré m, elle a donc au plus m racines, par suite il y a au plus m points d'intersection. On distingue les points d'intersection en points réels simples ou multiples et en points imaginaires suivant qu'ils correspondent à des racines réelles simples ou multiples ou à des racines imaginaires.

D'après cela, les lignes du premier degré ne pouvant être coupées qu'en un point, par une droite, sont des lignes droites. Les lignes du deuxième degré sont rencontrées par une droite en deux points réels ou imaginaires.

LIGNE DROITE.

Construction de l'équation du premier degré.

L'équation la plus générale du premier degré à deux variables est de la forme $Ax + By + C = o$. Elle représente une ligne droite, comme nous l'avons vu plus haut. Cherchons à construire cette droite :

1° L'un des coefficients des variables est nul, A par exemple, l'équation déduite est $By + C = o$, qui peut se mettre sous la forme $y = -\dfrac{C}{B}$; donc tous les points dont l'ordonnée y sera constante et égale à $-\dfrac{C}{B}$ appartiendront à la ligne cherchée qui par suite est une parallèle à l'axe des x.

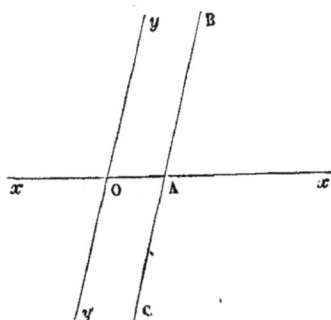

Fig. 5.

Si B était nul au lieu de A, l'équation $Ax + C = o$ serait satisfaite pour $x = -\dfrac{C}{A}$ et représenterait une parallèle à l'axe des y.

2° Supposons que le terme constant C soit nul, l'équation $Ax + By = o$ peut alors se mettre sous la forme $y = -\dfrac{A}{B}x$ ou bien $y = ax$, ou encore $\dfrac{y}{x} = a$, c'est-à-dire que le rapport de l'ordonnée à l'abscisse est constant. Il est évident que l'équation représente une droite passant par l'origine, et, si (a) est positif les deux ordonnées y et x sont toujours de même signe, donc la droite est dans les angles $yox\ y'ox'$, tandis que si a est négatif, y et x sont toujours de signes contraires, donc la droite est dans les angles $yox'\ y'ox$.

Fig. 6.

Fig. 7.

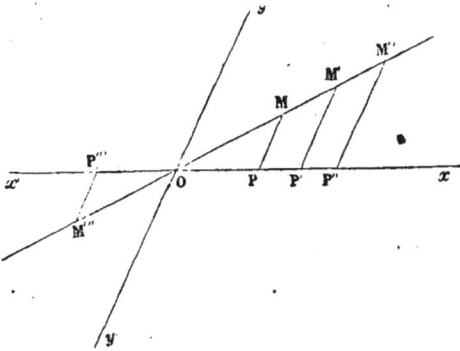
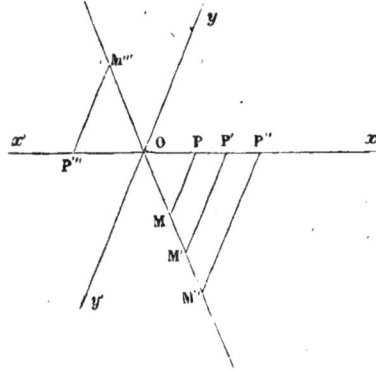

3° Enfin dans le cas où l'équation du premier degré a sa forme la plus générale $Ax + By + C = o$, elle peut se mettre sous la forme $y = -\dfrac{A}{B}x - \dfrac{C}{B}$ ou bien $y = ax + b$. Si maintenant l'on compare les deux équations $y = ax + b$ et $y = ax$, on voit que les ordonnées correspondantes à une même abscisse diffèrent d'une quantité constante b; on augmentera donc ou l'on diminuera, suivant le signe de b, les ordonnées de la droite OM de quantités égales à la valeur absolue de b, et il est évident qu'on obtiendra de la sorte une droite parallèle à OM, ainsi que le montrent les figures ci-jointes.

Fig. 8.

Fig. 9.

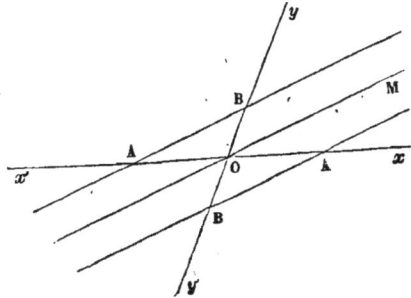
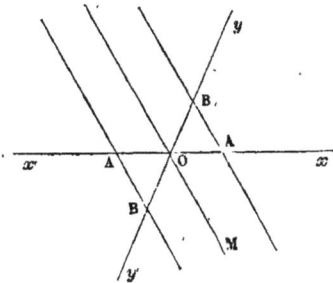

Donc toute équation du premier degré entre deux variables représente une ligne droite. Il est facile de voir que, réciproquement, une droite étant donnée, ainsi que deux axes de coordonnées, la droite peut être représentée par une équation du premier degré $y = ax + b$.

Signification des coefficients.

Si dans l'équation d'une droite mise sous la forme $y = ax + b$, on fait $x = o$, on a $y = b$, on voit donc que la quantité constante b est égale à l'ordonnée à l'origine.

Si, de plus, on considère la droite $y = ax$ parallèle à la droite donnée et passant

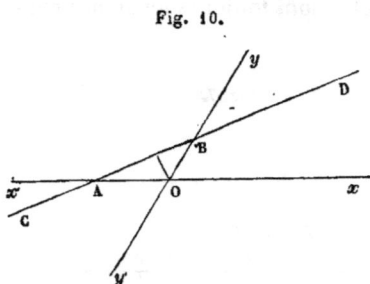

Fig. 10.

à l'origine, on voit que la quantité (a) est la même pour toutes les droites parallèles, elle ne dépend que de la direction, et c'est l'élément qu'on appelle coefficient angulaire de la droite.

Dans le cas où il s'agit d'axes rectangulaires, le coefficient angulaire $a = \frac{y}{x}$ est évidemment égal à la tangente de l'angle de la droite avec l'axe des x et l'on a

$$a = \tang \alpha.$$

PROBLÈMES.

L'équation d'une droite $y = ax + b$ renferme deux quantités ou paramètres arbitraires. Il faut donc, pour déterminer une droite, deux équations, c'est-à-dire deux conditions géométriques distinctes. Exemples :

1° Si l'on veut exprimer qu'une droite $y = ax + b$ passe par un point donné M', il suffira d'écrire $y' = ax' + b$. Cette relation permet de déterminer b, et en retranchant les deux équations $y = ax + b$ et $y' = ax' + b$ membre à membre, on trouve $y - y' = a(x - x')$, ce qui représente l'équation générale des droites passant par un point donné.

2° Si l'on veut que la droite contienne deux points donnés $x'y'$, $x''y''$, on sait qu'une droite passant par $x'y'$ est de la forme $y - y' = a(x - x')$, et il suffira d'exprimer, pour déterminer a, que cette équation est vérifiée si l'on remplace x et y par x'' et y''. On aura donc $y'' - y' = a(x'' - x')$ ou bien $a = \frac{y'' - y'}{x'' - x'}$, et l'équation de la droite passant par les deux points donnés sera

$$y - y' = \frac{y'' - y'}{x'' - x'}(x - x').$$

3° Par un point donné, mener une parallèle à une droite donnée.

Puisque la direction est donnée, le coefficient angulaire a l'est aussi, et la droite cherchée est représentée par l'équation $y - y' = a(x - x')$.

Distance de deux points $x'y'$ $x''y''$.

Si les axes sont rectangulaires, on a dans le triangle rectangle M'M''K

$$\overline{M'M''}^2 = (x' - x'')^2 + (y' - y'')^2 = d^2.$$

Fig. 11.

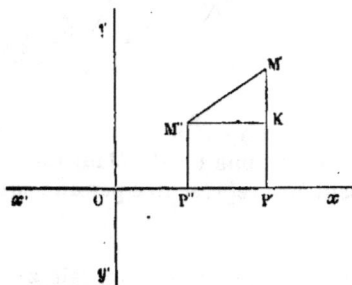

Fig. 12.

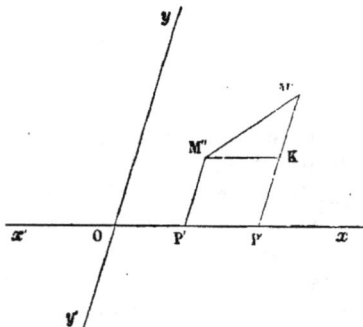

Si les axes sont obliques, et que θ soit l'angle *yox* de ces axes, on a un triangle dont il faut calculer un côté opposé à un angle donné, les deux côtés qui comprennent cet angle étant connus; la formule fondamentale de trigonométrie nous donne alors $\overline{M'M''}^2 = \overline{M''K}^2 + \overline{M'K}^2 - 2M''K \times M'K \times \text{Cos } M''KM'$,

ou bien $d^2 = (x' - x'')^2 + (y' - y'')^2 + 2(x' - x'')(y' - y'') \text{ Cos } θ.$

Intersection de deux droites.

Il s'agit de résoudre le système d'équation $y = ax + b \quad y = a'x + b'$; on en tire immédiatement la solution $x = \dfrac{b' - b}{a - a'}$ et $y = \dfrac{ab' - ba'}{a - a'}$.

Si $a = a'$, on voit que l'intersection s'en va à l'infini et en effet les deux droites sont parallèles.

L'équation générale des droites qui passent par le point d'intersection de deux droites données $Ax + By + C = 0$, $A'x + B'y + C' = 0$, est de la forme $Ax + By + C + λ(A'x + B'y + C') = 0$, $λ$ étant un paramètre variable qui sera déterminé si l'on impose à la droite une seconde condition.

Angle de deux droites.

L'angle de deux droites est le même que celui de leurs parallèles, menées dès l'origine. Il suffit donc de calculer l'angle des droites $y = ax$ et $y' = a'x$.

Soit $BOB' = V$ l'angle de ces deux droites AB, A'B' et soient $α$ et $α'$ les angles

Fig. 13.

BO*x*, B'O*x*, on aura : $V = α - α'$, et si l'on veut recourir aux formules trigonométriques $\text{tang } V = \dfrac{\text{tang } α - \text{tang } α'}{1 + \text{tang } α \text{ tang } α'}$, ce qui peut s'écrire d'après une remarque que nous avons faite plus haut

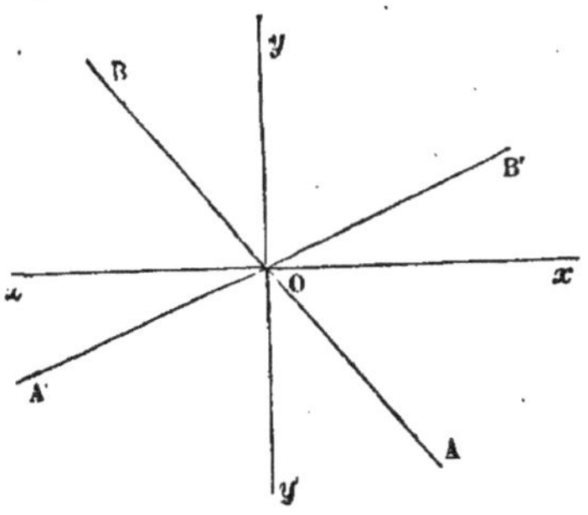

$$\text{tang } V = \dfrac{a - a'}{1 + aa'}.$$

L'angle V sera droit, si sa tangente est infinie, c'est-à-dire si $1 + aa' = 0$, ce qui donne $a' = -\dfrac{1}{a}$.

Equation de la perpendiculaire menée par un point à une droite donnée.

Soit $x'y'$ le point donné et $y = ax + b$ la droite donnée; l'équation d'une droite passant par $x'y'$ est de la forme $y - y' = a'(x - x')$ et si cette droite est perpendiculaire à la première, on aura $1 + aa' = 0$; la droite cherchée a donc pour équation $y - y' = -\dfrac{1}{a}(x - x')$.

Distance d'un point à une droite.

Si $y = ax + b$ est la droite et $x'y'$ le point, la perpendiculaire abaissée du point sur la droite est $y - y' = -\dfrac{1}{a}(x - x')$. Le pied de la perpendiculaire est l'intersection xy de ces deux droites, et la distance $d = \sqrt{(x - x')^2 + (y - y')^2}$.

Or l'équation $y = ax + b$ peut s'écrire $y - y' = a(x - x') - (y' - ax' - b)$, ce qui permet d'éliminer $y - y'$ entre les deux équations à résoudre.

On déduit de là :

$$x - x' = \dfrac{a(y' - ax' - b)}{1 + a^2} \quad \text{et} \quad y - y' = -\dfrac{y' - ax' - b}{1 + a^2}$$

Et en définitive

$$d = \sqrt{(x - x')^2 \times (y - y')^2} = \sqrt{\frac{(y' - ax' - b)^2(1 + a^2)}{(1 + a^2)^2}} = \frac{y' - ax' - b}{\sqrt{1 + a^2}}.$$

On prendra pour le radical un signe tel que la distance soit positive; on voit que la distance d'un point à une droite est, à un facteur constant près, égale au premier membre de l'équation de la droite $y - ax - b = 0$ dans lequel on remplace x et y par les coordonnées du point donné.

THÉORIE DES TANGENTES.

La tangente en un point M d'une courbe est la limite des positions d'une droite passant par M et par un point voisin de la courbe lorsque ce dernier point se rapproche indéfiniment du point M.

On voit d'après cela qu'un point de tangence représente deux points d'intersection; la tangente à une courbe du 2e degré ne rencontre pas cette courbe en d'autre point que le point de tangence; la tangente à une courbe du 3e degré coupe la courbe en un point et la touche en un autre, ce qui représente en tout trois points d'intersection.

Fig. 14.

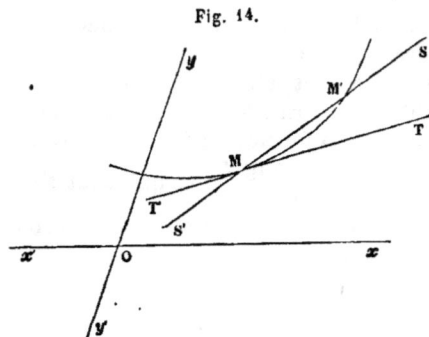

Si x et y sont les coordonnées du point de contact M, et $x + h$, $y + k$ les coordonnées du point voisin M′, la sécante MM′ a pour coefficient angulaire $\alpha = \dfrac{(y + k) - y}{(x + h) - x} = \dfrac{k}{h}$ et, quand la sécante devient tangente, α est la limite du rapport de l'accroissement de la fonction à l'accroissement de la variable, $\dfrac{k}{h}$ se confond avec $\dfrac{dy}{dx}$ ou encore avec la dérivée de y par rapport à x.

Si l'équation de la courbe est sous la forme explicite $y = f(x)$, la tangente au point $x_0 y_0$ aura pour coefficient angulaire $f'(x_0)$.

Si l'équation de la courbe est sous une forme implicite $f(x.y) = 0$, on obtient la dérivée y' de la fonction au moyen de l'équation $f'_x + y'f'_y = 0$, qui donne $y' = -\dfrac{f'_x}{f'_y}$, et l'équation de la tangente au point $x_0 y_0$ est $\dfrac{y - y_0}{x - x_0} = -\dfrac{f'_{x_0}}{f'_{y_0}}$ qui peut s'écrire $(y - y_0)f'_{y_0} + (x - x_0)f'_{x_0} = 0$.

ASYMPTOTES.

Lorsqu'une courbe a une branche infinie AB, il peut arriver que la distance d'un point M de cette branche à une droite fixe CD aille en diminuant indéfiniment à mesure que l'on s'éloigne du point M; on dit alors que la ligne CD est asymptote de la courbe.

Pour que la distance du point M à la droite CD tende vers zéro, il suffit évidemment d'exprimer que la portion d'ordonnée MN tend vers zéro (on sous-entend le cas où l'asymptote est parallèle à l'axe des y).

La droite CD est de la forme $y = ax + b$, et les points de la courbe pourront se représenter par la formule (1) $y = ax + b + \varphi(x)$, $\varphi(x)$ étant une fonction qui s'annule pour $x = \infty$; de cette équation

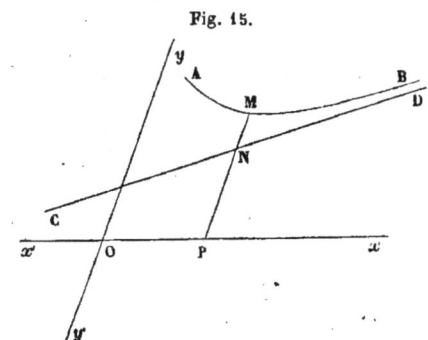

Fig. 15.

(1) on tire $a = \dfrac{y}{x} - \dfrac{b + \varphi(x)}{x}$ et $b = y - ax - \varphi(x)$, et si l'on passe à la limite, c'est-à-dire si l'on fait $x = \infty$, on voit que le coefficient angulaire de l'asymptote est donné par $a = \lim \left(\dfrac{y}{x}\right)$, et l'ordonnée à l'origine par $b = \lim (y - ax)$.

Les asymptotes parallèles à l'axe des y sont des lignes telles que y soit infini pour une valeur finie de x; généralement on pourra mettre l'équation de la courbe sous une forme telle que les valeurs α, α_1, ... de x pour lesquelles y est infini, se trouvent presque en évidence, et les droites $x = \alpha$, $x = \alpha_1$, ... seront asymptotes de la courbe donnée.

Calcul des asymptotes pour les courbes algébriques.

1° Asymptotes parallèles à l'axe des y.

On ordonne l'équation par rapport à y de manière à la mettre sous la forme

$$y^n \varphi(x) + y^{n-1} \psi(x) + y^{n-2} \chi(x) + \ldots = 0,$$

ce qui peut s'écrire

$$\varphi(x) + \frac{1}{y} \psi(x) + \frac{1}{y^2} \chi(x) + \ldots = 0.$$

On voit que si y est infini pour une valeur finie de x, tous les termes autres que le premier s'annuleront, et l'équation se réduira à $\varphi(x) = 0$.

Donc, s'il y a des asymptotes parallèles à l'axe des y, elles seront données par les racines de l'équation $\varphi(x) = 0$, $\varphi(x)$ étant le coefficient de la plus forte puissance de y dans l'équation.

Pour avoir les asymptotes parallèles à l'axe des x, il faudrait inversement égaler à zéro le plus haut coefficient de x dans l'équation de la courbe.

2° Asymptotes quelconques.

Considérons maintenant une courbe $F(x.y) = 0$, et réunissons ensemble tous les termes de degré m que nous appellerons $\varphi(x.y)$, tous les termes de degré $m - 1$ que nous appellerons $\psi(x.y)$; et ainsi de suite, l'équation de la courbe s'écrira

(1) $$F(x.y) = \varphi(x.y) + \psi(x.y) + \chi(x.y) \ldots = 0.$$

Soit k le rapport $\dfrac{y}{x}$, remplaçons dans l'équation (1) y par kx; les polynomes $\varphi(xy)$, $\psi(xy)$, $\chi(xy)$, ..., étant homogènes et de degrés m, $m - 1$, ..., pourront s'écrire

$$x^m . \varphi(1.k), \quad x^{m-1} \psi(1.k), \quad x^{m-2} \chi(1.k) \ldots,$$

et finalement en divisant l'équation (1) par x^m, on aura :

(2) $$\varphi(1 . k) + \frac{1}{x}\psi(1 . k) + \frac{1}{x^2}\chi(1 . k) + \ldots = 0.$$

Lorsque x augmente indéfiniment, et qu'il y a pour k une valeur finie, on voit que l'équation précédente ne conservera plus que son premier terme et deviendra $\varphi(1 . k) = 0$.

Soit a une racine réelle de cette équation, posons $y - ax = v$; la quantité $\frac{y}{x}$ que nous avons appelée k pourra se remplacer par $a + \frac{v}{x}$, et si dans l'équation (2) nous remplaçons k par cette valeur, il viendra en développant chaque terme par la série de Taylor [et écrivant tout simplement $\varphi(k)$ au lieu de $\varphi(1 . k)$] :

$$\left. \begin{array}{c} \varphi(a) + \varphi'(a)\dfrac{v}{x} + \varphi''(a)\dfrac{v^2}{x^2}\dfrac{1}{1 . 2} + \varphi'''(a)\dfrac{v^3}{x^3}\dfrac{1}{123} \cdots \\[2mm] + \psi(a)\dfrac{1}{x} + \psi'(a)\dfrac{v}{x^2} + \psi''(a)\dfrac{v^2}{x^3}\dfrac{1}{1 . 2} \\[2mm] + \chi(a)\dfrac{1}{x^2} + \cdots \end{array} \right\} = 0.$$

Mais nous savons que $\varphi(a)$ est nul, et si nous multiplions tous les autres termes par x, nous aurons

$$v\varphi'(a) + \psi(a) + \mathrm{M}\frac{1}{x} + \mathrm{N}\frac{1}{x^2} + \ldots = 0,$$

et l'on voit qu'à la limite lorsque x est infini la quantité v ou l'ordonnée à l'origine b de l'asymptote est donnée par la formule $v = -\frac{\psi(a)}{\varphi'(a)}$.

Centre d'une courbe. Le centre d'une courbe est un point qui divise en deux parties égales toutes les cordes qui y passent. Si l'origine est centre de la courbe, et que M en soit un point, que l'on joigne OM et qu'on prolonge cette droite d'une quantité OM′=OM, le point M′ sera par définition un autre point de la courbe. Or ce point M′ a des coordonnées égales en valeur absolue à celles de M ou de signe contraire. Donc, pour que l'origine soit centre d'une courbe donnée, il faut et il suffit que l'équation ne change pas quand on change x en $-x$ et y en $-y$. La réciproque de cette proposition est vraie.

Fig. 16

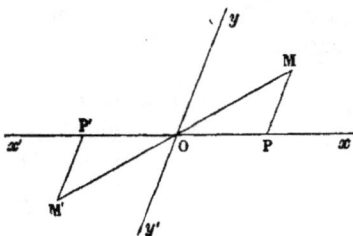

D'après cela, dans une équation algébrique, il faut que tous les termes soient de degré pair ou tous de degré impair, afin que l'équation ne change pas quand on change x en $-x$ et y en $-y$.

Diamètre d'une courbe. Un diamètre d'une courbe est une ligne qui partage en deux parties égales toutes les cordes parallèles à une direction donnée.

Soit une courbe $f(x.y) = 0$, et $y = mx$ la parallèle aux cordes considérées menée par l'origine. Si NN' est une de ces cordes et M son milieu, que l'on trans-porte les axes parallèlement à eux-mêmes au point M, en nommant x', y' les coordonnées de ce point, l'équation de la courbe viendra $f(x + x', y + y') = 0$, et la corde NN' sera précisément représentée par $y = mx$. Les intersections de la courbe et de la droite ont pour abscisses les racines de $f(x + x', mx + y') = 0$, équation qui devra avoir deux racines égales et de signe contraire x et $-x$.

Fig. 17.

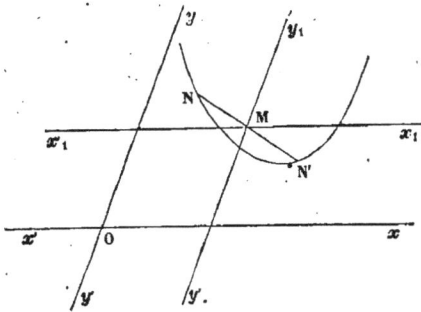

Appliquons aux courbes du second degré, dont l'équation générale est

$$f(x.y) = Ay^2 + Bxy + Cx^2 + Dy + Ex + F = 0.$$

En développant le calcul, on verra que l'équation $f(x + x', mx + y') = 0$ a pour coefficient du terme en x le polynôme $(2Am + B)y' + (Bm + 2C)x' + Dm + E$. Or pour que l'équation du 2ᵉ degré $f(x + x', mx + y) = 0$ ait deux racines égales et de signe contraire, il faut qu'elle soit de la forme $Mx^2 + P = 0$, c'est-à-dire que le coefficient de x soit nul. La relation qui existe entre les coordonnées $x'y'$ du point M, milieu de la corde, est donc

$$(2Am + B)y' + (Bm + 2C)x' + Dm + E = 0,$$

et, si l'on supprime les accents, on aura l'expression du diamètre des cordes parallèles à la direction $y = mx$. Ce diamètre est une ligne droite.

Cette équation des diamètres des courbes du second degré peut se mettre sous la forme

$$(2Ay + Bx + D)m + By + 2Cx + E = 0 = mf'_y + f'_x.$$

COURBES DU SECOND DEGRÉ.

CONSTRUCTION DES LIGNES DU SECOND DEGRÉ.

L'équation générale du second degré à deux variables est

(1) $$Ay^2 + Bxy + Cx^2 + Dy + Ex + F = 0.$$

Supposons que A ne soit pas nul, nous pourrons résoudre cette équation par rapport à y et la mettre sous la forme

$$y = -\frac{Bx + D}{2A} \pm \frac{1}{2A} \sqrt{(B^2 - 4AC)x^2 + 2(BD - 2AE)x + D^2 - 4AF},$$

ou bien pour abréger, en posant $M = B^2 - 4AC$, $N = BD - 2AE$, $P = D^2 - 4AF$,

$$y = -\frac{Bx + D}{2A} \pm \frac{1}{2A} \sqrt{Mx^2 + 2Nx + P}.$$

Construisons d'abord la droite représentée par l'équation $y = -\dfrac{Bx + D}{2A}$,

Fig. 18.

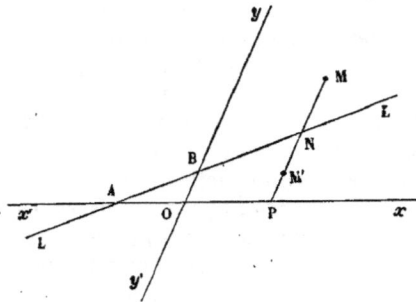

et soit LL' cette droite. Pour chaque valeur de x, il faudra, afin de trouver les points de la courbe, porter de part et d'autre du point N sur l'ordonnée une longueur égale à

$$Y = \frac{1}{2A}\sqrt{Mx^2 + 2Nx + P}.$$

On voit d'après cela que la ligne LL' est un diamètre, et que l'étude de la courbe est ramenée à l'étude du trinôme $Mx^2 + 2Nx + P$.

1° *Genre ellipse.* Supposons M ou $B^2 4AC < 0$. Le trinôme peut avoir ses racines réelles et inégales ou imaginaires.

Si les racines sont réelles et inégales (c'est le cas où $N^2 - MP$ est > 0), appelons

Fig. 19.

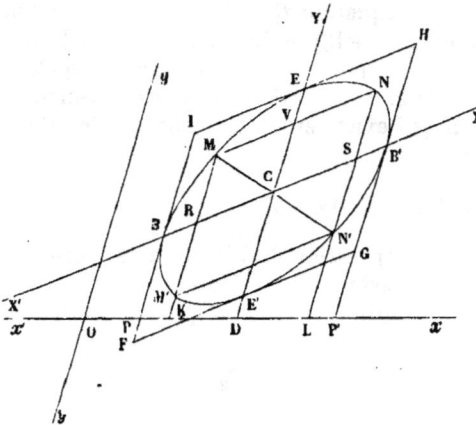

les racines x' et x'', et soit x' la plus petite. Construisons le diamètre XX' qui a pour équation $y = -\dfrac{Bx + D}{2A}$; le radical pouvant se mettre sous la forme $Y = \dfrac{1}{2A}\sqrt{M(x - x')(x - x'')}$, s'annule pour $x = x'$ et $x = x''$, c'est donc précisément à ces deux abscisses x' et x'' que correspondent les points d'intersection du diamètre avec la courbe, et les ordonnées BP, B'P' n'ayant chacune avec la courbe qu'un point commun seront tangentes à la courbe.

Ceci posé, l'ordonnée Y peut s'écrire $Y = \dfrac{1}{2A}\sqrt{-M(x - x')(x'' - x)}$, — M étant > 0, et cette forme montre que Y sera réel tant que x sera compris entre x' et x''. Ainsi, la courbe est entièrement comprise entre les ordonnées BP, B'P'. D'autre part, des deux facteurs $x - x'$, $x'' - x$ vont l'un en croissant, l'autre en décroissant, leur somme est constante, le maximum a donc lieu pour $x - x' = x - x''$, ou pour $x = \dfrac{x' + x''}{2}$. C'est donc au milieu C du diamètre BB' que correspondent les ordonnées Y maxima.

Si l'on prend pour x deux valeurs $x' + \alpha$ et $x'' - \alpha$, ces abscisses correspondent aux points R et S également distants du milieu C du diamètre, ils donnent des valeurs égales pour Y, la figure MNM'N' est donc un parallélogramme, dont le centre est le point C. Ce point C partage la corde MN' en deux parties égales, c'est donc le centre de la courbe. Il résulte de la discussion que la courbe est une figure fermée inscrite dans le parallélogramme IHGF. La corde MN parallèle au diamètre BB' est partagée en deux parties égales par l'ordonnée EE' qui se trouve être aussi un diamètre de la courbe : les deux diamètres BB′, EE′, dont chacun partage en deux parties égales les cordes parallèles à l'autre, sont dits diamètres conjugués. Le point C est le centre de la courbe.

Si le trinôme a ses deux racines égales, la valeur de Y deviendra $Y = \frac{1}{2A} \sqrt{M(x - x')^2}$, quantité imaginaire, et la courbe se réduira à un point donné par les deux équations $x - x' = 0$ et $y = -\frac{Bx + D}{2A}$.

On dit alors que l'ellipse est réduite à un point qui est à la fois et la courbe et son centre.

Si le trinôme a ses racines imaginaires, M étant négatif, le trinôme sous-radical est toujours négatif et l'on est en présence d'une ellipse imaginaire.

2° *Genre hyperbole* ($B^2 - 4AC > 0$). Si $B^2 - 4AC > 0$, nous aurons encore trois cas à considérer, suivant que le trinôme $Mx^2 + 2Nx + P$ aura des racines réelles et inégales, égales, ou imaginaires, c'est-à-dire suivant que $N^2 - MP$ sera > 0, $= 0$ ou < 0.

Si les deux racines x' et x'' sont réelles et inégales, on construira XX′ diamètre de la courbe, et l'on aura sur chaque ordonnée à porter de chaque côté du diamètre l'ordonnée

Fig. 20.

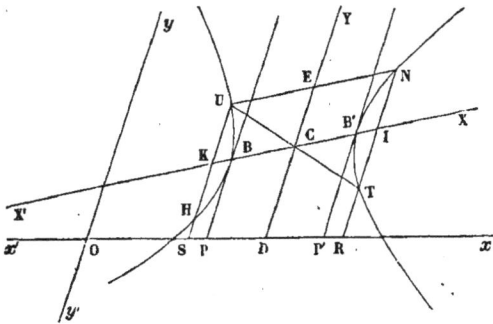

$$Y = \frac{1}{2A} \sqrt{Mx^2 + 2Nx + P} =$$
$$= \frac{1}{2A} \sqrt{M(x - x')(x - x'')}.$$

M étant positif, la quantité sous-radicale sera positive si les deux facteurs $x - x'$, $x - x''$ sont de même signe, ce qui exige que x soit inférieur à x' ou supérieur à x''. Il n'y a donc pas de point de la courbe entre B et B′. A mesure qu'on s'éloigne à gauche de B ou à droite de B′, les facteurs $x - x'$, $x - x''$ augmentent indéfiniment et l'on a deux parties de courbe à branches infinies. On verra comme pour l'ellipse que le point C est centre de la courbe, et que les lignes XX′, ED sont deux diamètres conjugués.

Si le trinôme sous-radical a ses deux racines égales à x', la valeur de l'ordonnée de la courbe devient

Fig. 21.

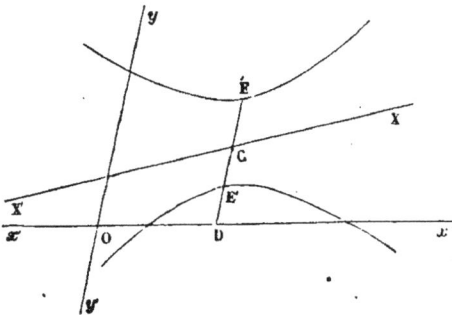

$$y = -\frac{Bx + D}{2A} \pm \frac{\sqrt{M}}{2A}(x - x'),$$

et la courbe se réduit à deux droites se coupant au point C qui a pour abscisse x'.

Si le trinôme sous-radical a ses racines imaginaires, il est toujours du signe du coefficient M, c'est-à-dire positif. La valeur de Y est

$$Y = \frac{1}{2A} \sqrt{ M \left(x + \frac{N}{M} \right)^2 + \frac{MP - N^2}{M} },$$

elle ne s'annule jamais, et acquiert sa valeur minima quand $x + \frac{N}{M} = 0$, ou

$x = -\frac{N}{M}$. Cette abscisse correspond au point D; on voit que XX′ est toujours un diamètre de la courbe, EE′ son diamètre conjugué, C le centre, et que cette courbe a deux branches infinies.

3° *Genre parabole* · (B² — 4AC = 0).

Construisons toujours le diamètre XX′ dont l'équation est $y = -\dfrac{Bx + D}{2A}$,

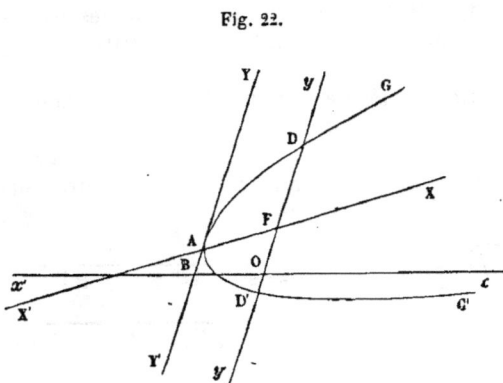

Fig. 22.

et l'ordonnée complémentaire $Y = \frac{1}{2} \sqrt{2Nx + P}$. Supposons d'abord N positif; si l'on fait croître x de $-\infty$ à $-\dfrac{P}{2N}$, Y est imaginaire et aucun point de la courbe ne correspond à ces abscisses; mais si x varie de $-\dfrac{P}{2N}$ à $+\infty$, Y est réel et va croissant indéfiniment. A partir du point du diamètre XX′ qui a pour abscisse $-\dfrac{P}{2N}$, la courbe se compose de deux branches infinies qui constituent la parabole. On voit que l'axe des y rencontre la courbe en deux points D et D′, dont les ordonnées sont $Y = \pm \dfrac{\sqrt{P}}{2A}$. Si P est nul, les deux points D, D′ viennent se confondre avec A et la courbe est tangente à l'axe des y.

Lorsque N est < 0, on obtient la figure inverse du cas où N est > 0, c'est-

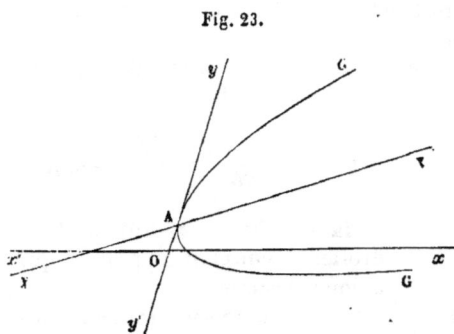

Fig. 23.

à-dire que la courbe présente deux branches infinies du côté des x négatifs au lieu de les présenter du côté des x positifs. Enfin lorsque N est nul, $Y = \frac{1}{2A} \sqrt{P}$, c'est-à-dire que l'ordonnée complémentaire est constante, et par suite la courbe se compose de deux droites parallèles au diamètre XX′.

4° Nous avons, dans toute cette discussion, laissé de côté le cas où le coefficient A de y^2 est nul. Si A est nul, B² — 4AC ne peut évidemment être < 0, il faut donc que B² — 4AC soit positif ou nul, ce qui revient à dire que B n'est pas nul, alors B² est positif, ou que B est nul et B² l'est aussi.

Si B diffère de zéro, l'équation de la courbe se met sous la forme

$$Bxy + Cx^2 + Dy + Ex + F = 0 ;$$

or cette équation est du premier degré par rapport à y et donne :

$$y = - \frac{Cx^2 + Ex + F}{Bx + D}.$$

En divisant le numérateur par le dénominateur, nous trouverons évidemment

$$y = Mx + N + \frac{R}{Bx + D},$$

et si nous construisons la droite $y = Mx + N$ représentée par XX', l'ordonnée complémentaire à porter sur chaque ordonnée à partir de la droite XX' sera :

$$Y = \frac{R}{Bx + D},$$

c'est la fonction qu'il faut étudier.

Supposons R, B, D positifs et faisons croître x de $-\infty$ à $-\dfrac{D}{B}$, Y reste né-

Fig. 24.

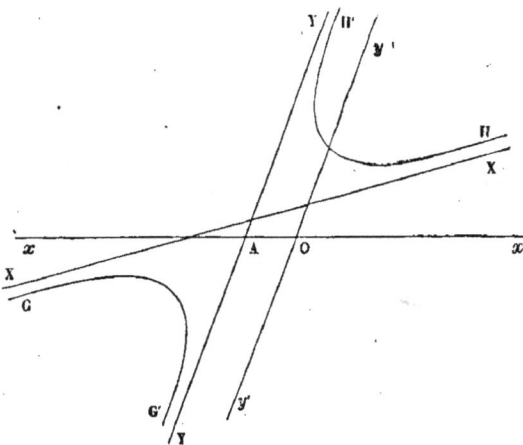

gatif et décroît de zéro à $-\infty$, valeur que y atteint pour le point A, dont l'abscisse est $-\dfrac{D}{B}$. Si x continue à croître de $-\dfrac{D}{B}$ à $+\infty$, Y varie de $+\infty$ à zéro. Il résulte de là que la droite XX' est une asymptote de la courbe, et l'ordonnée passant au point A, dont l'abscisse est $-\dfrac{D}{B}$, est une autre asymptote de la courbe.

Si maintenant on suppose A = 0 et $B^2 - 4AC = 0$, c'est que B = 0 ; l'équation devient $Cx^2 + Dy + Ex + F = 0$; et comme D ne saurait être nul, sans quoi la courbe se réduirait à deux points puisque y n'y existerait plus, on pourra tirer de cette équation :

$$y = - \frac{C}{D}\left(x^2 + \frac{E}{C}x + \frac{F}{C}\right).$$

Admettons que le coefficient $-\dfrac{D}{C}$ est positif, nous aurons trois cas à étudier :

1° Le trinôme entre parenthèses a deux racines réelles et inégales x' et x'',

Fig. 25.

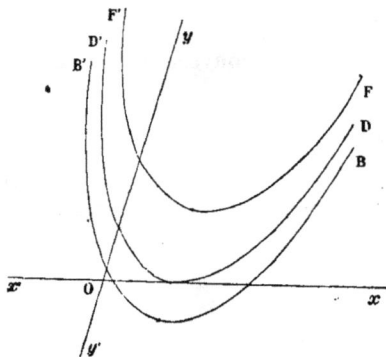

alors $y = -\dfrac{C}{D}(x-x')(x-x'')$. Si x croît de $-\infty$ à x', y décroît de $+\infty$ à zéro. Si x croît de x' à x'', y part de zéro pour revenir à zéro en restant négatif dans l'intervalle et prend un maximum en valeur absolue correspondant à l'abscisse $\dfrac{x'+x''}{2}$. On obtient alors la courbe BB'.

2° Le trinôme entre parenthèses a deux racines égales, $y = -\dfrac{C}{D}(x-x')^2$, x variant de $-\infty$ x', y décroît de $+\infty$ à zéro, et x variant de x' à $+\infty$, y croît de zéro à $+\infty$. La courbe est tangente au point x' à l'axe des abscisses.

3° Le trinôme entre parenthèses a ses racines imaginaires, $y = -\dfrac{C}{D}[(x-\alpha)^2+\beta^2]$, x variant de $-\infty$ à α, y décroît de $+\infty$ à $-\dfrac{C\beta^2}{D}$, et x variant de α à $+\infty$, y croît de $-\dfrac{C\beta^2}{D}$ à $+\infty$. Dans les trois cas, la courbe est une parabole.

Ainsi, d'une manière générale, si B^2-4AC est négatif, la courbe est une courbe fermée appelée ellipse; si $B^2-4AC > 0$, la courbe se compose de deux parties formées chacune de deux branches infinies et s'appelle hyperbole; si $B^2-4AC = 0$, la courbe se compose d'une seule partie à deux branches infinies, et l'on se trouve en face d'une parabole. Comme cas particulier de l'ellipse, on peut avoir un point ou une ellipse imaginaire; comme cas particulier de l'hyperbole, on peut avoir deux droites qui se coupent; comme cas particulier de la parabole, on peut avoir deux droites parallèles. Ces quelques mots résument complètement la discussion de l'équation générale du second degré à deux variables.

Exemples d'équations à discuter :

$$\begin{cases} 4y^2 - 12xy + 17x^2 + 8y - 28x - 20 = 0, \\ y^2 - 2xy - x^2 + x = 0, \\ x^2 - 3y + 5x + 4 = 0. \end{cases}$$

Centre des courbes du second degré. — Soit l'équation

(1) $$Ay^2 + Bxy + Cx^2 + Dy + Ex + F = 0,$$

supposons que cette courbe ait un centre $x'y'$, et transportons les axes des coordonnées parallèlement à eux-mêmes de façon que l'origine coïncide avec le centre. Dans l'équation (1), il faudra pour avoir la nouvelle équation remplacer x par $x + x'$ et y par $y + y'$, et l'on aura alors :

$$Ay^2 + Bxy + Cx^2 + (2Ay' + Bx' + D)y + (By' + 2Cx' + E)x + Ay'^2 + Bx'y' + Cx'^2 + Dy' + Ex' + F = 0.$$

Si $x'y'$ est le centre, il faut que l'équation ne change pas quand on change x en $-x$ et y en $-y$, et pour cela il faut, et il suffit que les coefficients de y et de x soient nuls, ce qui donne pour déterminer les coordonnées du centre les deux équations du 1er degré

$$2Ay' + Bx' + D = 0, \quad By' + 2Cx' + E = 0,$$

d'où l'on tire :

$$x' = \frac{2AE - BD}{B^2 - 4AC}, \quad y = \frac{2CD - BE}{B^2 - 4AC}.$$

Pour l'ellipse et l'hyperbole, $B^2 - 4AC$ diffère de zéro et la courbe a un centre unique. Pour la parabole, il n'y a pas de centre ou l'on peut dire que le centre est à l'infini.

Diamètres des courbes du second degré. — Nous avons vu que pour les courbes du second degré $f(x.y) = 0$, les diamètres se mettaient sous la forme $mf'_y + f'_x = 0$, m est le coefficient angulaire des cordes correspondant au diamètre. L'équation générale des diamètres est donc

$$(1) \qquad (2Ay + Bx + D)m + By + 2Cx + E = 0.$$

Les cordes parallèles à l'axe des x ou à l'axe des y, ont des diamètres qui s'obtiennent en faisant $m = 0$ ou $m = \infty$ dans l'équation (1), leurs équations sont donc :

$$2Ay + Bx + D = 0, \quad \text{et} \quad By + 2Cx + E = 0,$$

et, si l'on cherche le point d'intersection de ces deux diamètres, on voit, d'après les équations du paragraphe précédent, que c'est précisément le centre. Ainsi, tous les diamètres passent par le centre. Dans la parabole, pour laquelle le centre est à l'infini, tous les diamètres sont parallèles.

Les diamètres conjugués sont tels que chacun d'eux divise en deux parties les cordes parallèles à l'autre ; il est évident que la parabole n'a point de diamètres conjugués puisque tous ses diamètres sont parallèles. Le coefficient angulaire m' des diamètres donnés par l'équation (1) est, en mettant cette équation sous la forme $y = ax + b$, $m' = -\dfrac{Bm + 2C}{2Am + B}$, or le coefficient m des cordes sera précisément le coefficient angulaire du diamètre conjugué du premier ; il y a donc entre les coefficients angulaires de deux diamètres conjugués la relation

$$(2) \qquad 2Amm' + B(m + m') + 2C = 0.$$

Les axes sont les diamètres perpendiculaires à leurs cordes ; les axes sont des diamètres conjugués. En admettant que les axes des coordonnées soient rectangulaires, si les deux axes de la courbe ont pour coefficients angulaires m et m', comme ces axes sont perpendiculaires entre eux, on aura $m = -\dfrac{1}{m'}$, ou $mm' = -1$: or l'équation (2) n'en existe pas moins et elle donnera $m + m' = 2\dfrac{A - C}{B}$, ainsi m et m' sont les racines de l'équation du second degré $Bu^2 + 2(C - A)u - B = 0$.

L'ellipse et l'hyperbole ont deux axes. La parabole n'a qu'un axe. Si l'on avait $B = 0$ et $A = C$, le premier membre de l'équation précédente serait identiquement nul, la courbe aurait une infinité d'axes, ce serait un cercle. En effet, avec

4

des axes de coordonnées rectangulaires, un cercle de rayon R et de centre a, b a pour équation

$$(x - a)^2 + (y - b)^2 = R^2,$$

et l'on voit que cette équation n'a pas de terme en xy et que les coefficients des termes en x^2 et y^2 sont égaux.

Les sommets d'une courbe sont les points où la courbe est rencontrée par les axes.

Réduction de l'équation du second degré à la forme la plus simple.

1° Évanouissement des termes du premier degré. Soit l'équation générale

$$(1) \qquad Ay^2 + Bxy + Cx^2 + Dy + Ex + F = 0;$$

si la courbe n'est pas une parabole, c'est-à-dire si $B^2 - 4AC$ est différent de zéro, on peut transporter l'origine des coordonnées au centre de la courbe, alors les termes du premier degré disparaissent, comme nous l'avons vu à la théorie des centres, et l'équation prend la forme plus simple

$$Ay^2 + Bxy + Cx^2 + F' = 0.$$

2° Évanouissement du terme rectangle en xy.

Admettons, pour simplifier les calculs, que la courbe représentée par l'équation (1) soit rapportée à des axes rectangulaires; rapportons-la à de nouveaux axes rectangulaires ayant même origine que les premiers, les formules de transformation sont $x = x_1 \cos\alpha - y_1 \sin\alpha$ et $y = x_1 \sin\alpha + y_1 \cos\alpha$, et l'équation de la courbe devient

$$A'y_1^2 + B'x_1y_1 + C'x_1^2 + D'y_1 + E'x_1 + F = 0,$$

dans laquelle les coefficients ont les valeurs ci-après :

$$A' = A\cos^2\alpha - B\sin\alpha\cos\alpha + C\sin^2\alpha,$$
$$B' = 2(A - C)\sin\alpha\cos\alpha + B(\cos^2\alpha - \sin^2\alpha),$$
$$C' = A\sin^2\alpha + B\sin\alpha\cos\alpha + C\cos^2\alpha,$$
$$D' = D\cos\alpha - E\sin\alpha,$$
$$E' = D\sin\alpha + E\cos\alpha.$$

Dans tout cela, nous avons une indéterminée α, dont nous pouvons disposer pour annuler le coefficient B' de xy; nous poserons donc :

$$(A - C)\sin 2\alpha + B\cos 2\alpha = 0, \quad \text{d'où} \quad \tan 2\alpha = \frac{-B}{A - C}.$$

Réduction de l'équation du second degré dans le cas de l'ellipse et de l'hyperbole.

On rapporte d'abord la courbe à des axes rectangulaires, puis on fait disparaître les termes du 1er degré en transportant l'origine au centre de la courbe; enfin, on fait évanouir le coefficient du rectangle xy en faisant tourner les axes de coordonnées d'un angle α autour de l'origine, et l'équation de la courbe apparaît définitivement sous la forme $My^2 + Nx^2 = H$, qu'il est impossible de réduire davantage, puisqu'elle ne renferme qu'un terme en x et un terme en y.

Réduction de l'équation de la parabole.

On rapporte la courbe à des axes rectangulaires, et on fait disparaître le rectangle xy; en même temps un des carrés x^2 ou y^2 disparaît aussi, puisque $B^2 - 4AC = 0$, et que $B = 0$.
L'équation prendra par exemple la forme :

$$A'y^2 + D'y + E'x + F = 0.$$

On pourra ensuite faire disparaître le terme en y et le terme constant en transportant l'origine en un point $x'y'$ tel que l'on ait :

$$2A'y' + D' = 0,$$
$$A'y'^2 + D'y' + E'x' + F = 0,$$

et l'équation de la courbe aura définitivement la forme $My^2 + Px = 0$; l'axe des x est alors évidemment l'axe de la parabole.

ÉTUDE DE L'ELLIPSE.

Nous avons vu que dans le cas de l'ellipse, l'équation générale du 2ᵉ degré à deux variables se ramenait à la forme simple $My^2 + Nx^2 = H$.
$B^2 - 4AC$, c'est-à-dire $- 4MN$ est < 0, donc M et N sont de même signe, par exemple tous deux positifs. Si maintenant H est positif, on a : $My^2 = -Nx^2 + H$, ce qui donne pour y une valeur imaginaire : l'ellipse est imaginaire. Si H est nul, l'ellipse se réduit à un point qui est l'origine, ou bien encore à deux droites imaginaires $(My + Nx\sqrt{-1})(My - Nx\sqrt{-1})$. Enfin, si H est positif, l'ellipse est réelle, et l'équation peut s'écrire $y^2\frac{M}{H} + x^2\frac{N}{H} = 1$, ou bien (1) $\frac{y^2}{b^2} + \frac{x^2}{a^2} = 1$.
Telle est la forme sous laquelle on considère d'ordinaire l'ellipse.

On tire de (1) $y = \pm\frac{b}{a}\sqrt{a^2 - x^2}$, et l'on voit que y n'est réel que si x varie

Fig. 26.

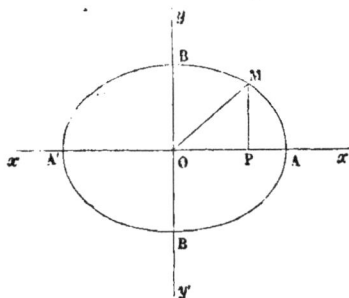

de $+a$ à $-a$, qu'elle part de zéro pour revenir à zéro en passant par un maximum qui correspond à $x = 0$, c'est-à-dire à l'origine, et ce maximum est égal à b; les axes de coordonnées sont les axes de la courbe, et leur longueur est $2a$ et $2b$. L'ellipse est formée de quatre arcs égaux, ainsi que l'indique la figure.

De l'équation $y^2 = \frac{b^2}{a^2}(a^2 - x^2)$, on tire

$$\frac{y^2}{(a+x)(a-x)} = \frac{b^2}{a^2}; \text{ or } a + x = A'P,$$

$a - x = AP$; donc $\dfrac{y^2}{AP \times A'P} = \dfrac{b^2}{a^2}$. Ainsi le carré de l'ordonnée est au produit des segments formés sur l'axe dans un rapport constant. Cette proposition est vraie aussi pour les abscisses par rapport à l'axe des y.

Distance d'un point de la courbe au centre.

Cette distance est donnée par $R^2 = x^2 + y^2$, d'où $y^2 = R^2 - x^2$, et si dans l'équation $\frac{x^2}{a^2} + \frac{y^2}{b^2} = 1$, ou, ce qui revient au même, $a^2y^2 + b^2x^2 = a^2b^2$, on remplace y^2 par cette valeur, on aura : $a^2(R^2 - x^2) + b^2x^2 = a^2b^2$,   d'où l'on tire

$R = \sqrt{b^2 + \dfrac{a^2 - b^2}{a^2} x^2}$;   et l'on voit que cette distance maxima pour le point A va en décroissant jusqu'à B, où elle est minima : le grand axe est le plus grand diamètre, et le petit axe est le plus petit.

Si $b = a$, R est constant et l'ellipse devient un cercle. Pour tout point extérieur à l'ellipse $\dfrac{x^2}{a^2} + \dfrac{y^2}{b^2} - 1$ est > 0,   pour tout point intérieur $\dfrac{x^2}{a^2} + \dfrac{y^2}{b^2}$ est < 0.

Théorème. Les ordonnées perpendiculaires au grand axe de l'ellipse sont aux ordonnées correspondantes du cercle décrit sur cet axe comme diamètre dans le rapport constant du petit axe au grand axe.

L'ordonnée NP de l'ellipse est $y = \dfrac{b}{a}\sqrt{a^2 - x^2}$,   l'ordonnée MP du cercle est

Fig. 27.

$Y = \sqrt{a^2 - x^2}$,   car l'équation du cercle est

$x^2 + Y^2 = a^2$;   donc $\dfrac{NP}{MP} = \dfrac{b}{a} \cdot \dfrac{\sqrt{a^2 - x^2}}{\sqrt{a^2 - x^2}} = \dfrac{b}{a}$.

Cette propriété permet de construire facilement l'ellipse par points lorsqu'on connaît les deux axes OA, OB. Décrivons les cercles de rayon OA, OB ; menons un rayon OM, et l'ordonnée MP du point I ; menons IN parallèle au grand axe, on obtiendra le point N de l'ellipse, car

$$\frac{NP}{MP} = \frac{OI}{OM} = \frac{b}{a} \; (fig.\ 28).$$

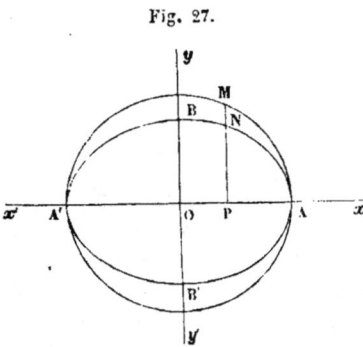

FOYERS DE L'ELLIPSE.

Le foyer d'une courbe du second degré est un point tel que la distance de ce point à chaque point de la courbe est une fonction linéaire (c'est-à-dire de la forme $Ax + By + C$) des coordonnées de ce point.

Fig. 28.

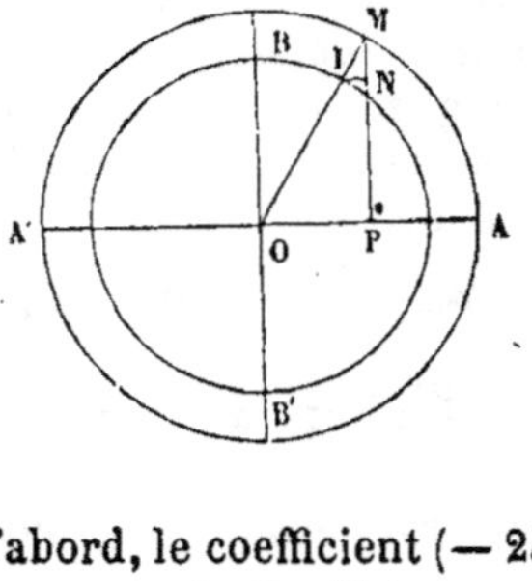

Si $\alpha \cdot \beta$ est le foyer, la distance ρ de ce point à un point xy de la courbe est $\rho = \sqrt{(x - \alpha)^2 + (y - \beta)^2}$,   et par définition $\sqrt{(x - \alpha)^2 + (y - \beta)^2} = lx + my + n$.

L'équation   (1) $(x - \alpha)^2 + (y - \beta)^2 - (lx + my + n)^2 = 0$ s'appliquant à tous les points de la courbe, devra coïncider avec l'équation même de cette courbe. Faisons donc l'assimilation de (1) avec $\dfrac{x^2}{a^2} + \dfrac{y^2}{b^2} = 1$.

D'abord, le coefficient $(-2lm)$ du terme en xy dans (1) devra être nul ; faisons donc $m = 0$, la distance ρ sera donc une fonction linéaire de x seul, et si nous développons $\rho^2 = (x - \alpha)^2 + (y - \beta^2)$, et que dans le résultat nous remplacions y par $\dfrac{b}{a}\sqrt{a^2 - x^2}$,   nous aurons

$$\rho^2 = x^2 - 2\alpha x + \alpha^2 + \frac{b^2}{a^2}(a^2 - x^2) - 2\beta \frac{b}{a}\sqrt{a^2 - x^2} + \beta^2.$$

Or, ρ doit être rationnel, et à plus forte raison ρ^2 le sera; il est donc nécessaire que β soit nul. Les foyers sont situés sur le grand axe.

L'expression précédente devient alors :

(3) $\quad \rho^2 = \dfrac{a^2 - b^2}{a^2} x^2 - 2\alpha x + \alpha^2 + b^2$, et pour que ρ soit linéaire, l'expression

Fig. 29.

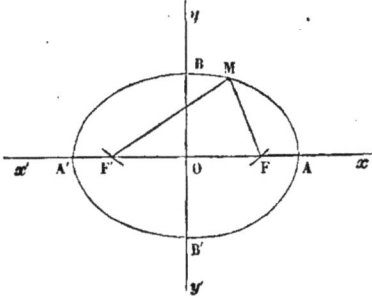

de ρ^2 doit être un carré parfait, ce qui exige qu'on ait $\quad \alpha^2 = \dfrac{a^2 - b^2}{a^2}(\alpha^2 + b^2)$, d'où l'on tire $\quad \alpha^2 = a^2 - b^2$, $\quad \alpha = \pm \sqrt{a^2 - b^2}$; α est donc réel si a est $> b$. Ainsi l'ellipse a deux foyers situés sur le grand axe à égale distance du centre et à une distance $\alpha = \sqrt{a^2 - b^2}$, distance que l'on désigne d'ordinaire par la lettre c. Les foyers se construiront en décrivant du point B comme centre un arc de cercle de rayon a, et l'on obtiendra ainsi les points F et F'.

Nous avons vu que la distance FM est linéaire en x et de la forme $lx + n$; on obtiendra cette distance en remplaçant dans l'équation (3), qui donne ρ^2, α par $+c$ et $-c$, ou $+\sqrt{a^2 - b^2}$ et $-\sqrt{a^2 - b^2}$, ce qui donne :

$$\overline{FM}^2 = \left(a - \dfrac{cx}{a}\right)^2 \qquad \overline{F'M}^2 = \left(a + \dfrac{cx}{a}\right)$$

$$FM = a - \dfrac{cx}{a} \qquad F'M = a + \dfrac{cx}{a} \qquad et \qquad FM + F'M = 2a.$$

Ainsi l'ellipse est une courbe telle que les rayons vecteurs menés d'un point aux deux foyers ont une somme constante. Telle est la définition géométrique de l'ellipse, définition d'où l'on peut déduire presque toutes les propriétés de la courbe.

Fig. 30.

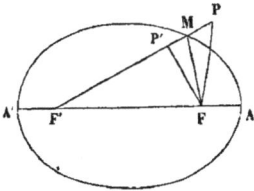

Pour un point extérieur à l'ellipse

$$FP + F'P > 2a,$$

et pour un point intérieur

$$FP + F'P < 2a.$$

Construction de l'ellipse par points : Décrire du point F' avec A'C comme rayon un arc de cercle, et en décrire un autre du point F avec AC comme rayon, les points M et M' seront des points de l'ellipse, car

Fig. 31.

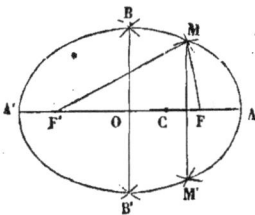

$$MF + MF' = AC + A'C = AA' = 2a.$$

On peut décrire l'ellipse d'un mouvement continu en prenant un fil de longueur $2a$ dont on fixe les bouts en F et F', on tend le fil avec un crayon qui décrit la courbe (méthode des jardiniers).

Directrices de l'ellipse. Construisons les droites $a - \dfrac{cx}{a} = 0$, $a + \dfrac{cx}{a} = 0$; ce sont les droites GH et G'H'. La distance MP du point M(xy) de la courbe à

Fig. 32.

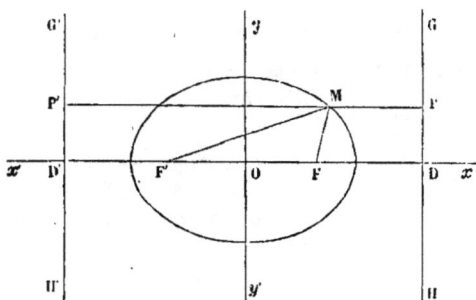

la droite GH est $\quad MP = \dfrac{a - \dfrac{cx}{a}}{\left(\dfrac{c}{a}\right)}$,

de même $\quad MP' = \dfrac{a + \dfrac{cx}{a}}{\left(\dfrac{c}{a}\right)}$, $\quad$ or

$FM = a - \dfrac{cx}{a}\quad$ et $\quad F'M = a + \dfrac{cx}{a}$;

nous en concluons que $\dfrac{FM}{MP} = \dfrac{c}{a}$,

$\dfrac{F'M}{MP'} = \dfrac{c}{a}$. $\quad$ Le rapport $\dfrac{c}{a}$ est ce

qu'on appelle l'excentricité de l'ellipse, elle indique le plus ou moins grand aplatissement de la courbe; si l'excentricité $\quad e = \dfrac{c}{a} = \dfrac{\sqrt{a^2 - b^2}}{a}\quad$ est nulle (a restant constant), c'est que $a = b$ et la courbe est un cercle; si l'excentricité est maxima et égale à a, c'est que b est nul, et l'ellipse en s'aplatissant peu à peu s'est réduite à une ligne droite. Le théorème précédent nous a montré que : le rapport des distances d'un point de la courbe au foyer et à la directrice voisine de ce foyer est constant et égal à l'excentricité de l'ellipse.

Tangente à l'ellipse. Normale.

Soit $\dfrac{x^2}{a^2} + \dfrac{y^2}{b^2} = 1$ l'ellipse; la tangente au point $x'y'$ a pour équation :

$$y - y' = -\dfrac{f'_x(x'y')}{f'_y(x'y')}(x - x') = -\dfrac{\dfrac{x'}{a^2}}{\dfrac{y'}{b^2}}(x - x').$$

ou en développant : $\quad \dfrac{yy'}{b^2} + \dfrac{xx'}{a^2} = \dfrac{y'^2}{b^2} + \dfrac{x'^2}{a^2} = +1.$

La tangente est donc $\quad \dfrac{xx'}{a^2} + \dfrac{yy'}{b^2} - 1 = 0.$

La normale étant perpendiculaire à la tangente a pour coefficient angulaire $\dfrac{f'_y}{f'_x}$, son équation est donc :

$$y - y' = \dfrac{\dfrac{y'}{b^2}}{\left(\dfrac{x'}{a^2}\right)}(x - x') = \dfrac{a^2 y'}{b^2 x'}(x - x').$$

La tangente $\dfrac{yy'}{b^2} + \dfrac{xx'}{a^2} - 1 = 0$ rencontre l'axe des x en un point dont les ordonnées sont $y = 0$ et $\dfrac{xx'}{a^2} - 1 = 0$ ou $x = \dfrac{a^2}{x'}.$

Ainsi, si nous considérons une série d'ellipses ayant le même axe AA', les tangentes à ces diverses ellipses ayant leur point de contact sur une même ordonnée PM iront couper le prolongement de l'axe en un même point T.

Fig. 33.

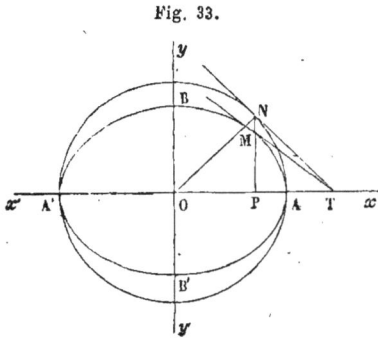

Cette circonstance permet de construire facilement la tangente au point M ; en effet, parmi toutes ces ellipses ayant AA' pour axe se trouve le cercle décrit sur AA' comme diamètre. Au point N de ce cercle, nous mènerons la tangente qui nous donnera le point T, et la tangente à l'ellipse sera la droite TM.

THÉORÈME. *Les deux rayons vecteurs en un point d'une ellipse font des angles égaux avec la tangente en ce point* M(x'y').

L'équation de MF est $y = \dfrac{y'}{x'-c}(x-c)$, et l'équation de MF' est $y = \dfrac{y'}{x'+c}(x+c)$.

Fig. 34.

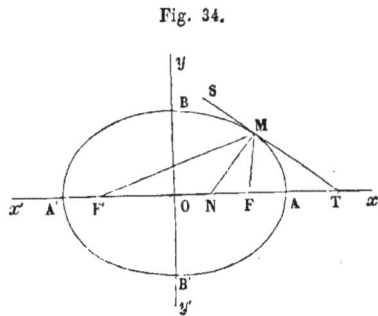

Le point T, dont les coordonnées sont O et $\dfrac{a^2}{x'}$, est à une distance de MF égale à

$\left(\text{en appliquant la formule } d = \dfrac{y-ax-b}{\sqrt{1+a^2}}\right)$,

$\dfrac{ay'}{x'}\dfrac{a-\dfrac{cx'}{a}}{\sqrt{y'^2+(x'-c)^2}}$, et à une distance

de MF' égale à $\dfrac{ay'}{x'}\dfrac{a+\dfrac{cx'}{a}}{\sqrt{y'^2+(x'+c)^2}}$;

or $a-\dfrac{cx'}{a} = \sqrt{y'^2+(x'-c)^2}$ et $a+\dfrac{cx'}{a} = \sqrt{y'^2+(x'+c)^2}$. Il en résulte que

les distances à MF et MF' sont égales entre elles et à $\dfrac{ay'}{x'}$. La tangente est donc bissectrice de l'angle formé par FM et par F'M prolongée. Ainsi la tangente en un point est également inclinée sur les deux rayons vecteurs; il en est de même de la normale qui est perpendiculaire à la tangente et divise l'angle FMF' en deux parties égales.

Construction de la tangente à l'ellipse.

Fig. 35.

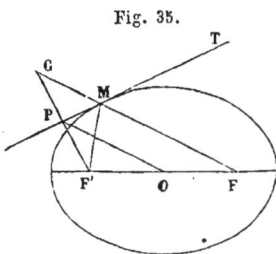

1° Tangente au point M. Prolongeons FM d'une longueur MG = MF', joignons GF'. Le triangle MGF' est isocèle et la tangente est bissectrice de l'angle en M, elle est donc perpendiculaire au milieu de la base, et on la construira en abaissant du point M une perpendiculaire à cette base F'G.

2° Tangente par un point extérieur T. Supposons le problème résolu; si TM

Fig. 36.

est la tangente, cette droite est perpendiculaire au milieu P de la base F'G du triangle isocèle F'MG; il résulte de là que TF' = TG. D'autre part FG = FM + FM' = 2a. On obtiendra donc le point G au moyen de deux arcs de cercle décrits, l'un du point T comme centre avec TF' pour rayon, l'autre du point F comme centre avec 2a pour rayon.

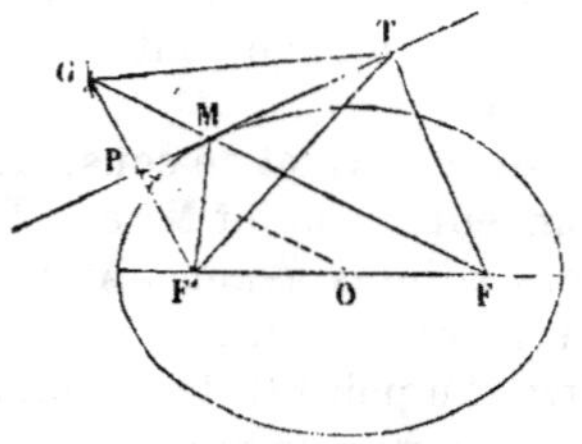

3° Tangente parallèle à une droite donnée CD.

Fig. 37.

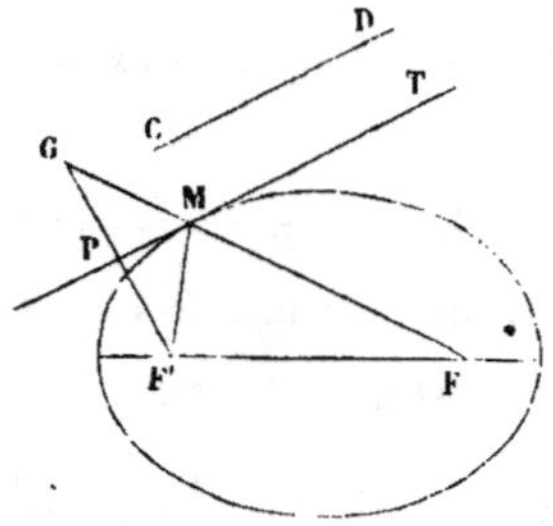

Du point F' nous abaissons la perpendiculaire F'PG à la direction CD; du point F comme centre nous décrivons un arc avec 2a pour rayon. L'intersection de la perpendiculaire et de l'arc donne le point G; au milieu P de la longueur GF' nous élevons une perpendiculaire à cette droite, et cette perpendiculaire est la tangente cherchée.

Les constructions précédentes n'exigent point que la courbe soit tracée; au contraire elles peuvent servir à la tracer plus sûrement.

L'équation de la tangente parallèle à une droite donnée $y = mx$, est $y = mx + \sqrt{a^2m^2 + b^2}$. On l'obtient en éliminant x' et y' dans l'équation de la tangente $y - y' = \dfrac{-b^2x'}{a^2y'}(x - x')$ au moyen des équations $-\dfrac{b^2x'}{a^2y'} = m$ et $\dfrac{x'^2}{a^2} + \dfrac{y'^2}{b^2} = 1$. On peut encore l'obtenir en coupant l'ellipse par une droite quelconque, cherchant les points d'intersection de cette droite $y = mx + n$ avec la courbe, et exprimant que l'équation du second degré, qui donne par exemple les y des points d'intersection, a ses deux racines égales, c'est-à-dire que les deux points se confondent en un seul, ou que la sécante devient tangente. On trouve ainsi : $n = \sqrt{a^2m^2 + b^2}$.

Diamètres

Le diamètre des cordes parallèles, ayant le coefficient angulaire m, est, comme nous l'avons vu, $f'_x + mf'_y = 0$ en général, et, dans l'espèce, c'est $b^2x + ma^2y = 0$ ou $y = -\dfrac{b^2}{a^2m}x$. Tous les diamètres passent par le centre, et

Fig. 38.

réciproquement. Si m' est coefficient angulaire du diamètre, on a $m' = -\dfrac{b^2}{a^2m}$, d'où $mm' = -\dfrac{b^2}{a^2}$. Telle est la relation qui lie deux diamètres conjugués.

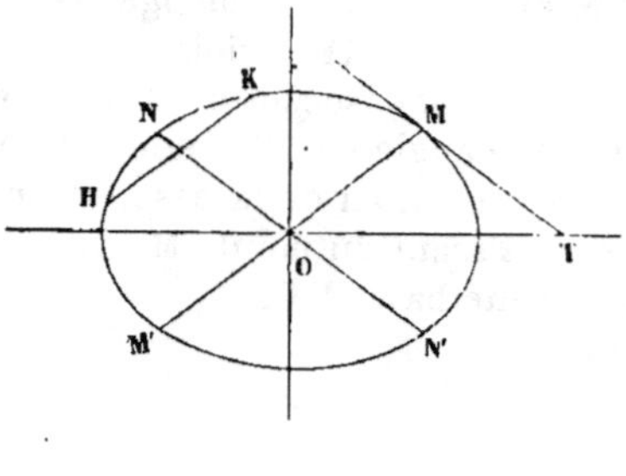

La tangente à l'extrémité M d'un diamètre MM' est parallèle aux cordes de ce diamètre, c'est-à-dire à son diamètre conjugué. En effet, cette tangente se conçoit bien comme la limite d'une corde se mouvant parallèlement à elle-même. D'après cela, pour construire la tangente en M, menez le diamètre MM′ et une corde HK parallèle à ce diamètre, joignez le milieu de cette corde au centre O, et menez par M une droite parallèle au diamètre ON ainsi obtenu (*fig.* 38).

Fig. 39.

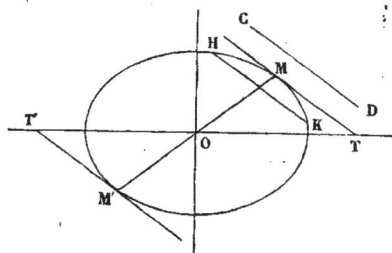

Pour mener une tangente parallèle à CD, menez la corde HK parallèle à CD, joignez le milieu de cette corde au centre, et par les extrémités M et M′ du diamètre ainsi obtenu menez des parallèles à la droite CD.

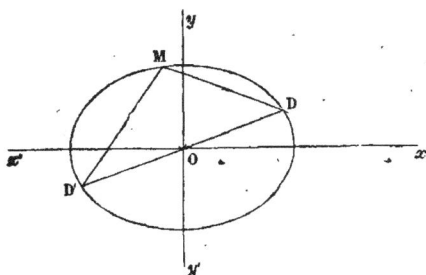

Cordes supplémentaires. Si l'on joint un point M de l'ellipse aux deux extrémités (x', y') et $(-x' - y')$ d'un même diamètre DD′, les deux cordes MD, MD′ sont dites supplémentaires, c'est-à-dire qu'elles sont parallèles à un système de diamètres conjugués, ou que le produit $\frac{y^2 - y'^2}{x^2 - x'^2}$ de leurs coefficients angulaires $\frac{y - y'}{x - x'}$ et $\frac{y + y'}{x + x'}$ est égal à $-\frac{b^2}{a^2}$.

Fig. 40.

En effet, on a les deux relations :

$$a^2 y^2 + b^2 x^2 = a^2 b^2, \quad a^2 y'^2 + b^2 x'^2 = a^2 b^2,$$

et en les retranchant il vient

$$\frac{y^2 - y'^2}{x^2 - x'^2} = -\frac{b^2}{a^2}.$$

La réciproque est vraie, c'est-à-dire que si deux cordes ont pour produit de leurs coefficients angulaires $-\frac{b^2}{a^2}$, la ligne DD′ passe par le centre de la courbe.

Relations entre les diamètres conjugués. L'ellipse (1) $a^2 y^2 + b^2 x^2 = a^2 b^2$ étant rapportée à son centre et à ses axes, rapportons-la à deux diamètres quelconques, ox', oy'. Les formules de transformation sont

$$x = x' \cos \alpha + y' \cos \alpha', \quad y = x' \sin \alpha + y' \sin \alpha',$$

et en substituant dans l'équation (1), il vient :

$$(a^2 \sin^2 \alpha' + b^2 \cos^2 \alpha') y^2 + 2(a^2 \sin \alpha \sin \alpha' + b^2 \cos \alpha \cos \alpha') xy + (a^2 \sin^2 \alpha + b^2 \cos^2 \alpha) x^2 = a^2 b^2$$

pour annuler le coefficient de xy et ramener l'ellipse à la forme $My'^2 + Nx'^2 = H$, il suffit de poser :

$$a^2 \sin \alpha \sin \alpha' + b^2 \cos \alpha \cos \alpha' = 0 \quad \text{ou} \quad \tan \alpha . \tan \alpha' = -\frac{b^2}{a^2}.$$

Il en résulte que les nouveaux axes sont deux diamètres conjugués, dont nous aurons les longueurs $2a'$ et $2b'$ en faisant dans l'équation ci-dessus débarrassée du terme en xy

$$y' = 0, \quad x' = a', \qquad \text{d'où} \qquad a'^2 = \frac{a^2 b^2}{a^2 \sin^2\alpha + b^2 \cos^2\alpha},$$

$$x' = 0, \quad y' = b', \qquad \text{d'où} \qquad b'^2 = \frac{a^2 b^2}{a^2 \sin^2\alpha' + b^2 \cos^2\alpha'},$$

et l'équation de l'ellipse rapportée à deux diamètres conjugués est

$$\frac{x^2}{a'^2} + \frac{y^2}{b'^2} = 1.$$

Il y a toujours dans une ellipse deux diamètres conjugués égaux entre eux; égalons en effet les dénominateurs des valeurs de a'^2 et de b'^2 que nous avons écrites plus haut, il viendra

$$a^2 \sin^2\alpha + b^2 \cos^2\alpha = a^2 \sin^2\alpha' + b^2 \cos^2\alpha',$$

ou en remplaçant $\cos^2$ par $1 - \sin^2$

$$(a^2 - b^2)\sin^2\alpha + b^2 = (a^2 - b^2)\sin^2\alpha' + b^2.$$

$\sin\alpha = \sin\alpha'$, c'est-à-dire que les deux diamètres conjugués égaux sont également inclinés sur les axes de l'ellipse, et, pour les construire, il suffira de mener les deux cordes supplémentaires qui joignent une extrémité du petit axe aux extrémités du grand axe Les parallèles à ces cordes menées par le centre seront les diamètres cherchés.

Théorème. 1° La somme des carrés de deux diamètres conjugués est constante, c'est-à-dire $a'^2 + b'^2 = a^2 + b^2$. 2° Le parallélogramme construit sur deux diamètres conjugués a une surface constante, c'est-à-dire que, si θ est l'angle de ces deux diamètres, on aura $ab = a'b'\sin\theta$.

En effet : 1° $a'^2 = \dfrac{a^2 b^2}{a^2 \sin^2\alpha + b^2 \cos^2\alpha}$, $b'^2 = \dfrac{a^2 b^2}{a^2 \sin^2\alpha' + b^2 \cos^2\alpha'}$, et $\tang\alpha\,\tang\alpha' = \dfrac{b^2}{a^2}$.

Si l'on exprime $\sin\alpha$, $\cos\alpha$, $\sin\alpha'$, $\cos\alpha'$ en fonction de $\tang\alpha$, on aura

$$a'^2 + b'^2 = \frac{a^2 b^2}{a^2 \tang^2\alpha + b^2}\left(1 + \tang^2\alpha + \frac{a^4 \tang^2\alpha + b^4}{a^2 b^2}\right) = a^2 + b^2.$$

2° $a'^2 b'^2 = \dfrac{a^4 b^4}{a^4 \sin^2\alpha\sin^2\alpha' + b^4 \cos^2\alpha\cos^2\alpha' + a^2 b^2(\sin^2\alpha\cos^2\alpha' + \cos^2\alpha\sin^2\alpha')}.$

Or $a^2 \sin\alpha\sin\alpha' + b^2 \cos\alpha\cos\alpha' = 0,$

et en élevant au carré cette expression

$$a^4 \sin^2\alpha \sin^2\alpha' + b^4\cos^2\alpha\cos^2\alpha' = -2a^2 b^2 \sin\alpha\sin\alpha'\cos\alpha\cos\alpha'.$$

En substituant il vient $a'^2 b'^2 = \dfrac{a^2 b^2}{\sin^2(\alpha - \alpha')};$

or $\alpha - \alpha' = \theta$, donc

$$a'b'\sin\theta = ab.$$

$a'b'\sin\theta$ est le double de l'aire du triangle formé par les deux diamètres et la corde qui joint leurs extrémités.

DE L'HYPERBOLE.

Beaucoup des calculs que nous avons développés pour l'ellipse vont se représenter dans l'étude de l'hyperbole. Nous nous contenterons d'en indiquer le résultat, en invitant le lecteur à s'exercer en développant ces nouveaux calculs.

L'équation étant ramenée à la forme $My^2 + Nx^2 = H$, on doit avoir $B^2 - 4AC > 0$ ou $-4MN > 0$, ce qui exige que M et N soient de signe contraire.

Si H est nul, l'équation représente deux droites.

Supposons que H est de même signe que le coefficient N de x^2; nous aurons

pour $y = 0,$ $\qquad\qquad x = \sqrt{\dfrac{\overline{H}}{N}} = \pm a$ quantité réelle,

$\qquad x = 0,$ $\qquad\qquad y = \sqrt{\dfrac{\overline{H}}{M}} = \pm b \sqrt{1}.$

L'équation de la courbe pourra se mettre sous la forme $\dfrac{y^2}{b^2} - \dfrac{x^2}{a^2} = -1$ ou

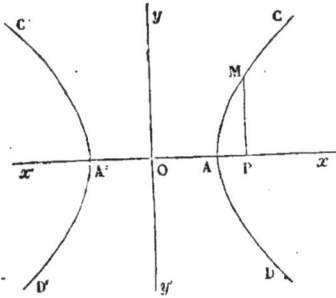

Fig. 41.

$a^2y^2 - b^2x^2 = -a^2b^2$, ou $y = \pm \dfrac{b}{a}\sqrt{x^2 - a^2}$, et cette dernière équation montre bien la forme de l'hyperbole rapportée à son centre et à ses axes.

L'équation de la courbe donne

$$\frac{y^2}{(x+a)(x-a)} = \frac{b^2}{a^2} = \frac{\overline{MP}^2}{AP \times A'P}.$$

La distance du centre à un point de la courbe est minima pour les sommets A et A' de l'axe transverse et va en croissant indéfiniment à partir de ce minima. Pour tout point situé à l'intérieur des branches de l'hyperbole, on a $a^2y^2 - b^2x^2 + a^2b^2 < 0$, et pour tout point situé à l'extérieur, $a^2y^2 - b^2x^2 + a^2b > 0$.

L'hyperbole a deux foyers F et F' sur l'axe transverse à une distance du centre

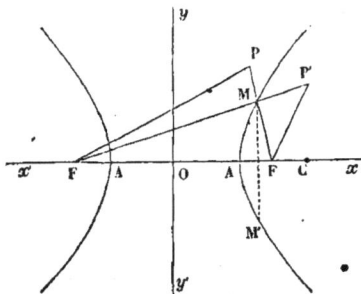

Fig. 42.

$B = \pm \sqrt{a^2 + b^2}.$

La longueur FM est donnée par $\dfrac{cx}{a} - a,$

et la longueur F'M par $\qquad \dfrac{cx}{a} + a.$

La différence F'M $-$ FM des rayons vecteurs est donc constante et égale à $2a$; telle est la définition géométrique de l'hyperbole.

On a F'P $-$ FP $< 2a$ et F'P' $-$ FP' $> 2a$.

Construction par points de l'hyperbole :
Du point F' comme centre avec AC pour rayon décrire un arc de cercle, du point F comme centre décrire un autre arc avec A̶C pour rayon, on obtiendra le point M de l'hyperbole, car F'M $-$ FM $=$ A'C $-$ AC $= 2a$.

Directrices. Si GH et G'H' sont les droites $\left(\dfrac{cx}{a} - a = 0\right)$ et $\left(\dfrac{cx}{a} + a = 0\right)$,

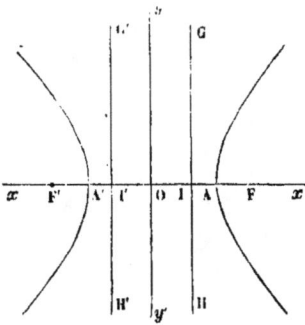

Fig. 43.

elles sont les directrices de l'hyperbole, c'est-à-dire que le rapport des distances d'un point de la courbe au foyer et à la directrice voisine est constant et égal à l'excentricité.

Tangente et normale.

La tangente est $y - y' = \dfrac{b^2 x'}{a^2 y'}(x - x')$ qui peut s'écrire $a^2 yy' - b^2 xx' = -a^2 b^2$, et la normale est $y - y' = -\dfrac{a^2 y'}{b^2 x'}(x - x')$.

Le coefficient angulaire de la tangente $\dfrac{b^2 x'}{a^2 y'}$ devient, si l'on remplace y' par sa valeur $\dfrac{b}{a}\sqrt{x'^2 - a^2}$, égal à $\dfrac{b}{a\sqrt{1 - \dfrac{a^2}{x'^2}}}$, et ce coefficient varie depuis ∞ pour $x' = a$, jusqu'à $\dfrac{b}{a}$ pour $x' = \infty$. Ainsi la tangente qui est parallèle à l'axe, non transverse au sommet A, va en s'inclinant par rapport à cet axe jusqu'à ce qu'elle se confonde avec l'une des deux droites $y = \pm \dfrac{b}{a} x$, lorsque le point de tangence s'éloigne indéfiniment. Nous verrons que ces droites sont les asymptotes de la courbe.

THÉORÈME. La tangente à l'hyperbole MT est bissectrice de l'angle des rayons vecteurs FMF' et la normale est bissectrice de l'angle supplémentaire.

Construction de la tangente à l'hyperbole :

1° En un point de la courbe. On prend sur le plus grand rayon vecteur MF' une longueur MK = MF, on abaisse du point M une perpendiculaire sur FK et c'est la tangente demandée.

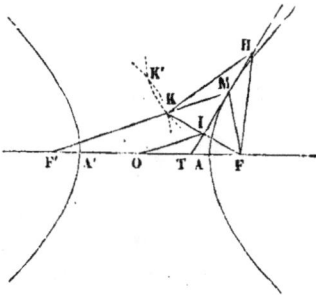

Fig. 44.

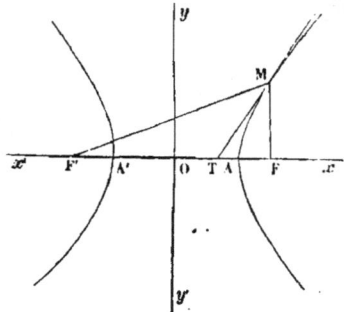

Fig. 45.

2° Tangente par un point extérieur H. Joindre HF et décrire du point H un arc de cercle avec HF pour rayon; du foyer F' avec AA' ou 2a pour rayon, décrire un autre arc; prendre l'un des points d'intersection K et K' de ces deux arcs, par exemple le point K; joindre FK et abaisser du point H une perpendiculaire sur cette droite FK; cette perpendiculaire est la tangente demandée, et il y a une seconde solution correspondant au point K'.

3° Tangente parallèle à une droite donnée CD.

Fig. 46.

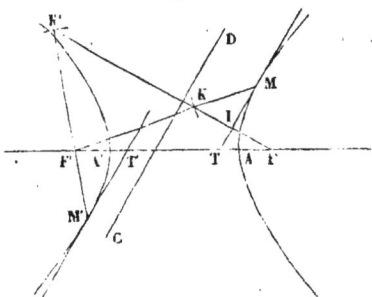

Abaisser du point F une perpendiculaire sur CD et du point F′ avec $2a$ pour rayon décrire un arc qui rencontre la perpendiculaire à CD en deux points K et K′; joindre KF′ et K′F′, jusqu'à la rencontre de la courbe en M et M′ et par ces points mener des parallèles à CD; ce sont les tangentes cherchées. En effet, par exemple en M, on a : MF′ -- MF $= 2a$, or F′K $= 2a$, donc :

$$MF' — MF = F'K, \quad MF' — F'K = MK = MF.$$

Le triangle FMK est donc isocèle, de plus la base FK est par construction perpendiculaire à MT; par suite la droite MT est bissectrice de l'angle FMF′ et tangente à la courbe en M.

Pour que la droite FK et la circonférence de rayon $2a$ décrite du point F′ se coupent, il est facile de voir que la droite CD devra être comprise entre la normale à l'axe transverse AA′ et la droite qui fait avec cet axe AA′ un angle dont la tangente est $\dfrac{b}{a}$.

La tangente parallèle à une droite donnée $y = mx$ a pour équation $y = mx \pm \sqrt{a^2 m^2 - b^2}$ et sera réelle si $a^2 m^2 - b^2 > 0$ ou $m > \dfrac{b}{a}$.

Diamètres. — La plupart des propriétés démontrées pour les diamètres de l'ellipse s'appliquent aux diamètres de l'hyperbole.

Le diamètre correspondant aux cordes m est $y = \dfrac{b^2}{a^2 m} x -$. Si le coefficient m des cordes est égal à $\dfrac{b}{a}$, celui du diamètre est aussi $\dfrac{b}{a}$, c'est le cas où les cordes sont parallèles aux asymptotes et alors les cordes ont un de leurs points d'intersection avec la courbe situé à l'infini.

Le coefficient m' du diamètre est égal à $\dfrac{b^2}{a^2 m}$, donc $mm' = \dfrac{b^2}{a^2}$; telle est la relation qui lie les coefficients de deux diamètres conjugués.

On appelle diamètre non transverse un diamètre qui ne rencontre pas l'hyperbole; on trouve pour leurs extrémités des ordonnées imaginaires; si on enlève à ces ordonnées le symbole $\sqrt{-1}$, on trouvera des points réels que nous prendrons pour extrémités des axes non transverses.

Fig. 47.

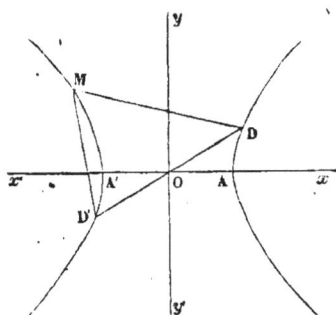

Les cordes MD et MD′, sont supplémentaires : elles sont parallèles à un système de diamètres conjugués de l'hyperbole.

L'hyperbole rapportée à deux diamètres conjugués conserve la forme de son équation

$$\frac{y^2}{b'^2} - \frac{x^2}{a'^2} = -1.$$

Et l'on a les relations :

$$a'^2 - b'^2 = a^2 - b^2, \quad \text{et} \quad a'b'\sin\theta = ab.$$

Asymptotes de l'hyperbole. — On peut les chercher par la théorie générale. Mais il est facile de voir que les droites $y = \pm \dfrac{b'}{a'}x$ sont les deux asymptotes; car, pour une même abscisse x, les ordonnées de la courbe sont données par : $y^2 = \dfrac{b'^2}{a'^2}(x^2 - a'^2)$ et celles des droites $\quad y = \pm \dfrac{b'}{a'}x, \quad$ sont données par : $\quad y'^2 = \dfrac{b'^2}{a'^2}x^2.$ Donc $y'^2 - y^2 = b'^2$ ou $y' - y = \dfrac{b'^2}{y + y'}.$ Si l'abscisse x augmente indéfiniment, chaque ordonnée augmente indéfiniment, donc la différence $y - y'$ tend vers zéro.

Les ordonnées MP, M'P de la courbe sont égales; les ordonnées NP, N'P des

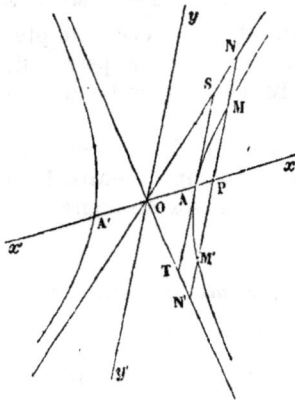

Fig. 48.

asymptotes le sont aussi; car les y de la courbe sont données par $y = \pm \dfrac{b'}{a'}\sqrt{x^2 - a'^2},$ et les y des asymptotes par $y = \pm \dfrac{b'}{a'}x.$ Donc les longueurs MN et M'N' sont égales, et, comme limite, AS, AT. Ainsi, les longueurs d'une tangente comprises entre le point de contact et chaque asymptote sont égales entre elles.

Nous avons trouvé plus haut
$$y'^2 - y^2 = b'^2 = (y' - y)(y + y'),$$
donc
$$\text{MN}' \times \text{MN} = (y + y')(y' - y) = b'^2.$$

Ainsi, le rectangle des parties d'une sécante comprises entre un point de la courbe et les deux asymptotes est constant et égal au carré du demi-diamètre parallèle à la sécante. Il en résulte qu'à la limite, les parties AT, AS de tangente sont égales au demi-diamètre b' parallèle à la tangente.

Hyperbole rapportée à ses asymptotes. — Au paragraphe précédent, nous venons de voir que $AC = AF = b'$, or $OA = a'$

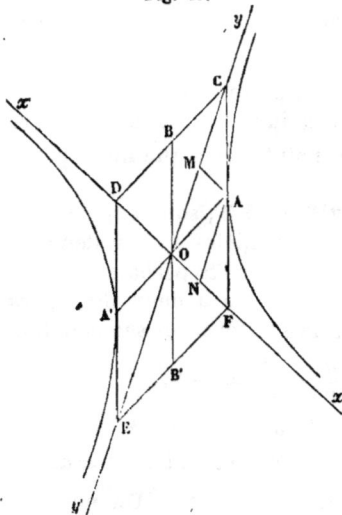

Fig. 49.

diamètre conjugué de b'. Le parallélogramme CDEF est donc le parallélogramme construit sur deux diamètres conjugués et son aire $4a'b'\sin\theta$ est constante et égale à l'aire $4ab$ du rectangle des axes de la courbe. Le triangle COF, quart du parallélogramme total, a pour mesure $a'b'\sin\theta$, et le parallélogramme AMON est la moitié de ce triangle. Le parallélogramme AMON est donc constant et égal à $\dfrac{ab}{2}$; mais, si l'hyperbole est rapportée à ses asymptotes, $AN = y$ et $AM = x$, et, en appelant α l'angle des deux asymptotes, l'équation de l'hyperbole sera :

$$xy\sin\alpha = \frac{ab}{2}; \quad \text{or} \quad \tang\frac{\alpha}{2} = \frac{b}{a}, \quad \sin\frac{\alpha}{2} = \frac{b}{\sqrt{a^2 + b^2}},$$
$$\cos\frac{\alpha}{2} = \frac{a}{\sqrt{a^2 + b^2}}, \quad \sin\alpha = 2\sin\frac{\alpha}{2}\cos\frac{\alpha}{2}.$$

Donc l'équation devient $xy = \dfrac{a^2 + b^2}{4}$.

PARABOLE.

Nous avons vu que dans le cas où l'équation du second degré représente une parabole $(B^2 - 4AC = 0)$, elle peut se ramener à la forme simple

$$My^2 + Px = 0, \quad \text{ou mieux} \quad y^2 = 2px.$$

Si p est < 0, nous changeons le sens de l'axe des abscisses, ce qui revient à remplacer x par $-x$, et nous trouvons la même courbe que si p était > 0, mais on l'a fait tourner de 180° dans son plan.

Supposons donc $p > 0$, nous aurons $y = \pm \sqrt{2px}$, et l'on voit que y est réel pour x positif, que y part de zéro pour $x = 0$, et va en croissant indéfiniment avec x.

Fig. 50.

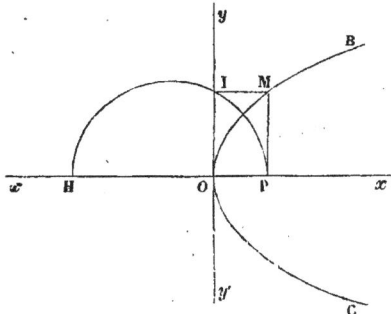

On voit que $\dfrac{MP^2}{OP} = $ constante $2p$; ce qui permet de construire la parabole par points en prenant $OH = 2p$, décrivant une circonférence sur HP comme diamètre, et élevant OI que l'on ramèn en PM par une parallèle IM à l'axe des x; en effet,

$$\overline{MP}^2 = \overline{OI}^2 = OP \cdot OH = OP \cdot 2p.$$

Pour un point extérieur à la parabole, $y^2 - 2px$ est > 0, et pour tout point intérieur $y^2 - 2px$ est < 0.

Foyer de la parabole.

Soit $\alpha.\beta$ le foyer de la parabole; la distance d'un point de la courbe à ce foyer est une fonction linéaire des coordonnées $x.y$ du point de la courbe, et l'on a :

$$\rho = \sqrt{(x - \alpha)^2 + (y - \beta)^2} = lx + my + n,$$

d'où (1)

$$(x - \alpha)^2 + (y - \beta)^2 - (lx + my + n)^2 = 0,$$

équation qui doit être identique à celle de la parabole (2) $y^2 = 2px$.

L'équation (2) ne renferme pas xy, donc $-2lm = 0$. Supposons $m = 0$, alors

$$\rho^2 = (x - \alpha)^2 + (y - \beta)^2 = x^2 - 2\alpha x + \alpha^2 + y^2 - 2\beta y + \beta^2$$
$$\rho^2 = x^2 - 2\alpha x + \alpha^2 + 2px - 2\beta \sqrt{2px} + \beta^2$$

ρ et ρ^2 doivent être rationnels, donc β est nul, et alors

$$(3) \qquad \rho^2 = x^2 - 2(\alpha - p)x + \alpha^2;$$

le second membre sera un carré parfait, si

$$(\alpha - p)^2 = \alpha^2, \quad \text{d'où} \quad \alpha = \frac{p}{2}.$$

Si nous avions fait $l=0$, ρ serait fonction linéaire de y seul, et en sub-

Fig. 51.

stituant à x la valeur $\dfrac{y^2}{2p}$, on arrive pour ρ^2 à une expression du 4e degré en y. Donc la parabole n'a qu'un foyer F, situé à une distance $OF = \dfrac{p}{2}$ du sommet O de la courbe. La quantité p s'appelle le paramètre de la parabole.

L'équation (3) nous donne

$$\rho^2 = x^2 + px + \frac{p^2}{4}\left(x + \frac{p}{2}\right)^2,$$

donc

$$\rho = MF = x + \frac{p}{2}.$$

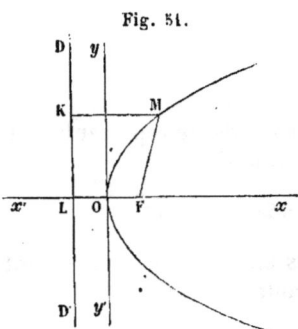

Directrice.

Fig. 52.

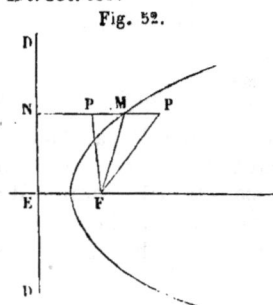

Construisons la droite $x + \dfrac{p}{2} = 0$ ou $x = -\dfrac{p}{2}$. La istance du point M de la courbe à cette droite sera précisément $x + \dfrac{p}{2}$. Donc $MF = MK$, et géométriquement la parabole est définie une courbe telle que les distances d'un de ses points à un point fixe et à une droite fixe sont égales.

Pour un point intérieur à la courbe PF est $< PN$, pour un point extérieur $PF > PN$.

Construire la parabole par points :

Étant donné le foyer F et la directrice DD', on abaisse FE perpendiculair sur DD', FE est l'axe de la parabole et le milieu S de FE est le sommet;

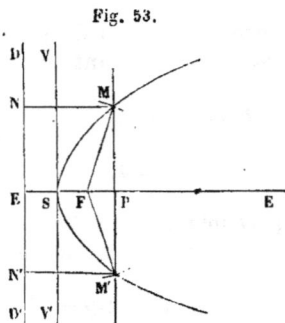

Fig. 53.   Fig. 54

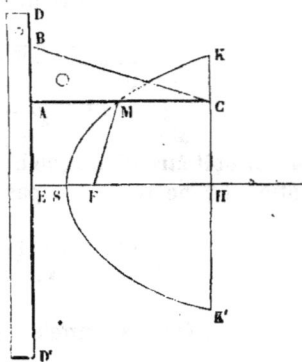

pour construire un point quelconque dont l'abscisse est SP, on élève l ordonnée en P et de F comme centre avec EP pour rayon on décrit un arc qui donne les points M et M', car $MN = EP = MF$. Pour tracer la courbe par mouvement continu, on fixe un fil de longueur CA au sommet C d'une équerre et au foyer F, on fait mouvoir l'équerre le long de la directrice DD', en maintenant par un crayon le fil le long du côté de l'équerre. Le crayon décrit la courbe, car

$$CM + MF = CM + MA, \quad donc \quad MF = MA.$$

Théorème : La parabole est la limite d'une ellipse dont un foyer F reste constant ainsi que la distance AF de ce foyer au sommet, et dont l'autre foyer s'éloigne à l'infini.

Soit $a^2y^2 + b^2x^2 = a^2b^2$ une ellipse dont $2a$ est le grand axe. Si l'on remplace x par $x - a$, ce qui revient à transporter l'axe des y du centre au sommet de la courbe, l'équation de la courbe devient :

$$(1) \qquad y^2 = 2\frac{b^2}{a}x - \frac{b^2}{a^2}x^2.$$

La distance du sommet au foyer est $a - \sqrt{a^2 - b^2}$; elle reste constante tandis que a augmente indéfiniment,

$$a - \sqrt{a^2 - b^2} = \frac{p}{2} \qquad b^2 = pa - \frac{p^2}{4}.$$

Substituant dans (1), il vient $y^2 = 2px - \frac{px(2x + p)}{2a} + \frac{p^2x^2}{4a^2}$, et à la limite pour $a = \infty$, $y^2 = 2px$, c'est-à-dire que l'ellipse est devenue parabole.

Tangente et normale.

La tangente a pour équation

$$y - y' = -\frac{f'_x}{f'_y}(x - x') = \frac{2p}{2y'}(x - x') = \frac{p}{y'}(x - x'),$$

$$yy' - y'^2 = px - px' \quad ou\ bien\ (1) \quad yy' = px + y'^2 - px' = px + px' = p(x + x').$$

La normale est $\qquad y - y' = -\frac{y'}{p}(x - x').$

La tangente, dont l'équation est (1), coupe l'axe des x au point $y = 0$ et $x = -x'$, c'est-à-dire que la sous-tangente PT est partagée par le sommet A en deux parties égales.

La normale $y - y' = -\frac{y'}{p}(x - x')$ coupe l'axe des x au point donné par $y = o$

Fig. 55.

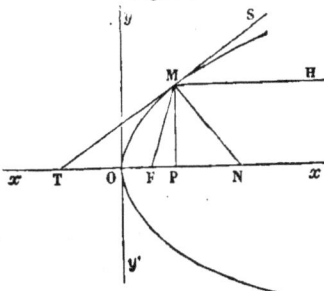

et $-y' = -\frac{y'}{p}(x - x')$ ou $x - x' = p$. Il en résulte que la sous-normale $PN = x - x'$ est constante et égale au paramètre p de la parabole.

La tangente fait des angles égaux avec le rayon vecteur et avec la perpendiculaire à la directrice. En effet, la parabole étant la limite de l'ellipse dont un foyer s'en va à l'infini, le second rayon vecteur correspondant à ce foyer devient parallèle à l'axe des x, c'est-à-dire perpendiculaire à la directrice. Il suffit d'appliquer à la limite de l'ellipse le théorème démontré pour elle.

Construire la tangente à la parabole :

Fig. 56.

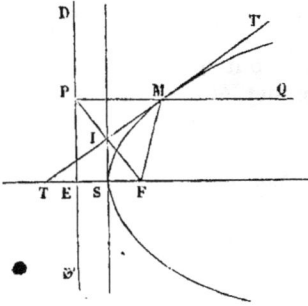

1° En un point M ; abaisser la perpendiculaire FE à la directrice, prendre sur l'axe ainsi construit une longueur FT = FM, la droite TM est la tangente cherchée. La droite FP est perpendiculaire à la tangente, car le triangle FMP est isocèle et la tangente partage l'angle au sommet M en deux parties égales. Le point I étant le milieu de FP, la parallèle à la directrice passant en I passe au milieu de FE, c'est-à-dire qu'elle est tangente au sommet A. On voit que le lieu des pieds I des perpendiculaires abaissées du foyer sur les tangentes à la parabole est la tangente au sommet pour l'ellipse ; ce lieu est pour l'ellipse le cercle décrit sur le grand axe comme diamètre, et l'on voit que lorsqu'un des sommets A' de l'ellipse s'en va à l'infini, ce cercle devient d'un rayon infini et se transforme en une droite qui est la tangente au point A. Un cercle de rayon infini est une ligne droite.

2°. Tangente par un point T. Du point T comme centre avec TF pour rayon

Fig. 57.

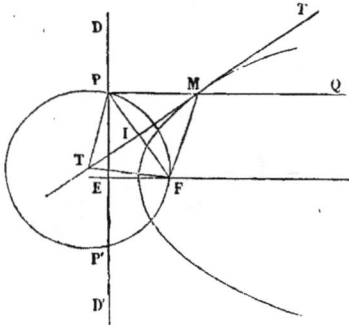

décrire un arc qui coupe la directrice en P et P'. Joindre PF et abaisser de T une perpendiculaire sur PF ; mener par P une parallèle à l'axe, PM, elle donnera par sa rencontre avec TI le point de tangence M. Si la courbe était tracée, il suffirait par P de mener une parallèle à l'axe des x, qui donnerait le point M, TM serait la tangente. Le point P' donne une seconde solution.

3°. Tangente parallèle à une droite donnée CK.

Abaisser FP perpendiculaire à CK, et par le milieu I de FP mener une parallèle à CK. Si l'on veut avoir le point de contact, il faudra par P mener une parallèle PM à l'axe jusqu'à la rencontre de la droite IT.

Fig. 58.

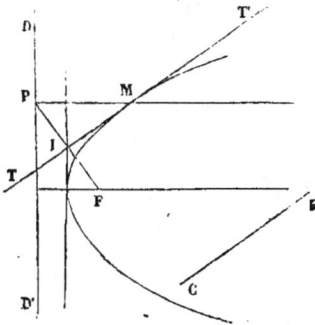

La tangente en $x'y'$ est $yy' = p(x + x')$; si l'on veut avoir l'équation de la tangente parallèle à la droite $y = mx$, il faudra faire

$$m = \frac{p}{y'}, \quad \text{et} \quad y'^2 = 2px',$$

ce qui donne $\quad y' = \dfrac{p}{m} \quad$ et $\quad x' = \dfrac{p^2}{2pm^2}.$

L'équation de la tangente est alors

$$y = mx + \frac{p}{2m}.$$

Diamètres.

Soit m une direction de cordes dans la parabole $y^2 = 2px$, le diamètre correspondant est $mf'y + f'x = 0$, c'est-à-dire $2my - 2p = 0$,

$y = \dfrac{p}{m}$. Tous les diamètres sont parallèles à l'axe, ce qui se conçoit en considérant la parabole comme limite d'une ellipse dont le centre s'en va à l'infini. Toute parallèle à l'axe est un diamètre.

Le diamètre $y = \frac{p}{m}$ rencontre la courbe au point x', et $y' = \frac{p}{m}$; cette relation donne $m = \frac{p}{y}$, or $\frac{p}{y}$ est le coefficient angulaire de la tangente en $x'y'$, donc les cordes d'un diamètre sont parallèles à la tangente à l'extrémité de ce diamètre.

Rapporter la parabole à un diamètre et à la tangente à l'extrémité de ce diamètre.

$y^2 = 2px$. Remplaçons y par $(b + x \sin \alpha + y \sin \alpha')$ et x par $(a + x \cos \alpha + y \cos \alpha')$, il viendra : $(b + x \sin \alpha + y \sin \alpha')^2 = 2p(a + x \cos \alpha + y \cos \alpha')$, qui reprendra la forme $y^2 = 2p'x$, si l'on pose :

$$\sin \alpha \sin \alpha' = 0 \quad \sin^2 \alpha = 0 \quad .b \sin \alpha' - p \cos \alpha' = 0 \quad b^2 - 2pa = 0.$$

Or ces quatre relations sont vérifiées par le système de coordonnées choisi, puisque $\sin \alpha = 0$, car le diamètre est parallèle à l'axe; $\tan \alpha' = \frac{p}{b}$; car $\tan \alpha'$ est le coefficient angulaire de la tangente au point ab. De même $b^2 - 2pa = 0$, car le point ab appartient à la parabole. Donc, la nouvelle forme de l'équation est $y^2 = 2p'x$ et $p' = 2a + p$.

DES COORDONNÉES POLAIRES.

Nous avons vu qu'il y avait un nombre indéfini de systèmes de coordonnées; le plus répandu, après le système des coordonnées rectilignes, est celui des coordonnées polaires. Un axe ox étant donné, le point M est déterminé par son rayon vecteur $\rho = OM$ et par l'angle ω de OM avec l'axe fixe. Le point O est le pôle et Ox l'axe polaire.

Fig. 59.

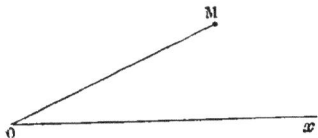

ρ variant de 0 à ∞ et ω de 0° à 360°, on pourrait obtenir tous les points du plan; pour plus de généralité, on ne fixe pas de limites à ω et ρ peut être négatif. De sorte que ρ et ω peuvent se remplacer par ρ et $2K\pi + \omega$, ou par $-\rho$ et $(2K + 1)\pi + \omega$.

Pour passer des coordonnées rectilignes aux coordonnées polaires, et inversement, on aura les formules :

Fig. 60.

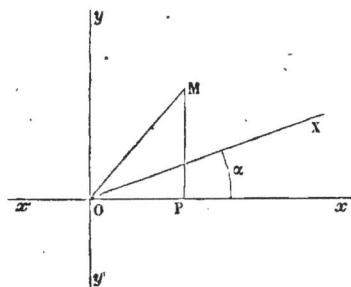

$$x = \rho \cos(\omega + a), \quad y = \rho \sin(\omega + a),$$

et $\rho = \sqrt{x^2 + y^2}$; $\tan(\omega + a) = \frac{y}{x}$,

et si l'axe polaire coïncide avec l'axe des x, ce qui est le cas ordinaire,

$$x = \rho \cos \omega, \quad y = \rho \sin \omega,$$

et $\rho = \sqrt{x^2 + y^2}$; $\tan \omega = \frac{y}{x}$.

Équation de la ligne droite.

L'équation $Ay + Bx + C = 0$ devient, en

coordonnées polaires, $\rho = \dfrac{-C}{A \sin \omega + B \cos \omega}$; ou, en posant $\operatorname{tang} \alpha = -\dfrac{B}{A}$,

$$= \dfrac{-\dfrac{C}{A}}{\sin \omega - \operatorname{tang} \alpha \cos \omega},$$ ce qui se réduit à $\rho = \dfrac{K}{\cos (\omega - \alpha)}$.

Courbes du second degré.

Ellipse. $a^2 y^2 + b^2 x^2 = a^2 b^2$. Prenons pour pôle le foyer F′ et pour axe polaire le grand axe F′A, on aura :

$$x = -c + \rho \cos \omega, \quad y = \rho \sin \omega.$$

En substituant et observant que $a^2 - b^2 = c^2$, il vient :

$$\left(1 - \dfrac{c^2}{a^2} \cos^2 \omega\right) \rho^2 - \dfrac{2b^2 c}{a^2} \rho \cos \omega - \dfrac{b^4}{a^2} = 0;$$ si l'on pose $\dfrac{b^2}{a} = p$ et $\dfrac{c}{a} = e$

$$(1 - e^2 \cos^2 \omega) \rho^2 - 2pe \rho \cos \omega - p^2 = 0,$$

d'où $\qquad \rho = \dfrac{p}{1 - e \cos \omega}$ et $\rho = \dfrac{-p}{1 + e \cos \omega}$.

L'une quelconque de ces équations, par exemple $\rho = \dfrac{p}{1 - e \cos \omega}$ donne tous les points de la courbe. Si ω croît de 0° à 180°, ρ diminue de $\dfrac{p}{1-e}$ à $\dfrac{p}{1+e}$; si ω croît de 180° à 360°, ρ augmente de $\dfrac{p}{1+e}$ à $\dfrac{p}{1-e}$.

La seconde équation donne les mêmes points que la première, car les points ρ, ω et $-\rho, \pi + \omega$ sont les mêmes, et si, dans la seconde équation, on remplace ρ par $-\rho$ et ω par $\pi + \omega$, elle devient identique à la première.

Hyperbole. Ѕ l'on prend le foyer F pour pôle, on trouve $\rho = \dfrac{p}{1 - e \cos \omega}$; mais ici e est > 1, tandis que dans l'ellipse e est < 1. Nous pouvons donc poser $\cos \alpha = \dfrac{1}{e}$ et ρ devient $\dfrac{p \cos \alpha}{\cos \alpha - \cos \omega}$.

ω variant de zéro à α, ρ est négatif et va croissant en valeur absolue jusqu'à $-\infty$; on obtient la moitié inférieure de la branche à abscisses négatives, ω variant de α à π, ρ est infini et décroît constamment ; pour $\omega = \pi$, ρ donne le sommet A ; on a obtenu de la sorte la branche des abscisses positives. ω variant de π à 2π, on trouve les deux branches de l'hyperbole symétriques des premières par rapport à l'axe des x.

Parabole. $y^2 - 2px$. Si nous voulons la rapporter à son foyer comme pôle et à son axe, il faudra faire $y = \rho \sin \omega$ et $x = \dfrac{p}{2} + \rho \cos \omega$. En substituant, on trouve $\dfrac{p}{1 - \cos \omega} = \rho$, et cette formule donne toute la courbe quand ω varie de π à 2π.

Les courbes du deuxième degré sont donc contenues dans la formule $\rho = \dfrac{p}{1 - e \cos \omega}$ qui donne : 1° une ellipse, si $e < 1$; 2° une hyperbole, si $e > 1$; 3° une parabole, si $e = 1$.

Tangentes aux courbes en coordonnées polaires.

Soient deux points voisins M et M′ de la courbe, ρ,ω et $\rho+\Delta\rho,\omega+\Delta\omega$. L'angle OMK de la sécante MM′ avec le rayon vecteur est à la limite l'angle de la tangente en M avec son rayon vecteur. On a :

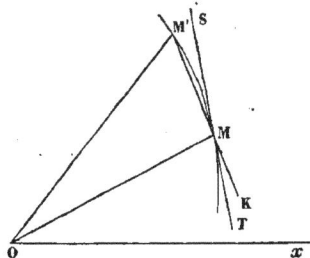
Fig. 61.

$$\frac{OM'}{OM} = \frac{\rho+\Delta\rho}{\rho} = \frac{\sin OMM'}{\sin OM'M} = \frac{\sin OMK}{\sin(OMK-\Delta\omega)}$$

$$\frac{\Delta\rho}{\rho} = \frac{\sin OMK - \sin(OMK-\Delta\omega)}{\sin(OMK-\Delta\omega)}.$$

ou

$$\frac{\Delta\rho}{\rho.\Delta\omega} = \frac{2\sin\frac{\Delta\omega}{2}\cos\left(OMK-\frac{\Delta\omega}{2}\right)}{\Delta\omega \sin\left(OMK-\frac{\Delta\omega}{2}\right)},$$

ce qui devient

$$\frac{\left(\frac{\Delta\rho}{\Delta\omega}\right)}{\rho} = \frac{\sin\frac{\Delta\omega}{2}}{\frac{\Delta\omega}{2}} \times \cotang\left(OMK-\frac{\Delta\omega}{2}\right),$$

et à la limite, $\dfrac{\rho'}{\rho}=\dfrac{1}{\tang V}.$ En résumé, $\tang V = \dfrac{\rho}{\rho'}.$.

EXEMPLE. *La spirale d'Archimède.* $\rho=b\omega$ est une courbe formant une spirale indéfinie autour du pôle, puisque ρ augmente indéfiniment avec ω; les spires consécutives interceptent des longueurs égales sur un même rayon vecteur, car pour ce rayon les valeurs de ω sont: ω, $\omega+2\pi$, $\omega+4\pi$ ..... et les valeurs de ρ correspondantes sont: $b\omega$, $b\omega+2\pi b$, $b\omega+4b\pi$ .....

L'angle de la tangente au point ρ,ω est donné par

$$\tang V = \frac{\rho}{\rho'} = \frac{b\omega}{b} = \omega.$$

On voit que, à mesure que l'on s'avance sur la courbe, l'angle V part de zéro pour se rapprocher indéfiniment d'un angle droit, à mesure que sa tangente se rapproche de l'infini. A l'origine, V est nul ainsi que ρ, et la courbe part du pôle tangentiellement à l'axe polaire.

Autre exemple. Étudier la courbe $\rho = a\sin\frac{1}{2}\omega.$

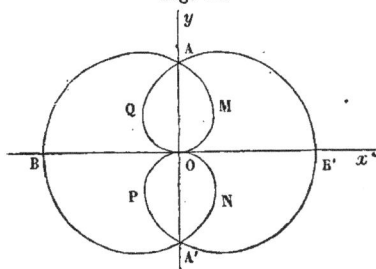
Fig. 62.

Pour $\omega = 0$ $\rho = 0$, la courbe passe au pôle et est tangente à l'axe polaire en ce point. ω allant de 0 à $\frac{\pi}{2}$, ρ croît jusqu'à $\frac{a\sqrt{2}}{2}$, et l'on a la branche OMA. ω allant de $\frac{\pi}{2}$ à π, ρ croît de $\frac{a\sqrt{2}}{2}$ à a, et l'on a la branche AB. ω allant de π à $\frac{3\pi}{2}$, puis de $\frac{3\pi}{2}$ à 2π, on a les branches BA′NO. La courbe sera complète quand ω aura crû de 2π à 4π.

La tangente en chaque point est donnée par

$$\operatorname{tang} V = \frac{\rho}{\rho'} = \frac{a \sin \frac{1}{2}\omega}{a\frac{1}{2}\cos\frac{1}{2}\omega}, \quad \text{donc} \quad \operatorname{tang} V = 2 \operatorname{tang} \frac{1}{2}\omega.$$

Étudier la courbe $\rho = \dfrac{a \sin \omega}{\omega}$. Pour $\omega = 0$, $\rho = a$, et l'on a le point A.

Fig. 63.

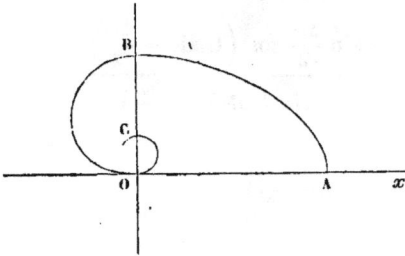

ω allant de 0 à $\dfrac{\pi}{2}$, ρ décroît de a à $\dfrac{2a}{\pi}$, car sa dérivée est constamment négative, et l'on a la branche AB. ω allant de $\dfrac{\pi}{2}$ à π, ρ décroît de $\dfrac{2a}{\pi}$ à 0, et l'on a la branche BO. ω allant de π à $\dfrac{3\pi}{2}$, ρ est négatif, et l'on a la branche *oc*. On aura une série de spires indéfinies ayant pour point asymptote le point *o*, puisque ρ s'approche de zéro à mesure que ω augmente.

Autres exercices : 1° La courbe $\rho = a e^{m\omega}$ est la spirale logarithmique. La tangente est donnée par $\operatorname{tang} V = \dfrac{\rho}{\rho'} = \dfrac{ae^{m\omega}}{mae^{m\omega}} = \dfrac{1}{m}$. Ainsi l'angle du rayon vecteur avec la tangente est constant.

2° La courbe $\rho = 4 + \cos 5\omega$ est une sorte d'étoile à cinq branches comprise entre les cercles décrits du pôle avec les rayons 3 et 5.

ÉTUDE DE QUELQUES COURBES A COORDONNÉES RECTILIGNES.

I. Une courbe parabolique est une courbe de la forme $y = f(x)$.

Discutons $y = 2x^3 - 3x^2 - 3x + 2$. La dérivée de y est

$$y' = 6x^2 - 6x - 3.$$

y admet les racines $-1, \dfrac{1}{2}$ et 2 ; y' admet les racines $\dfrac{1-\sqrt 3}{2}$ et $\dfrac{1+\sqrt 3}{2}$. Donc

$$y = (x+1)(2x-1)(x-2), \quad y' = \frac{1}{2}\left(2x-1+\sqrt 3\right)\left(2x-1-\sqrt 3\right).$$

Pour $x = 0$, $y = 2$. La courbe coupe l'axe des x aux points A(-1), B($\frac{1}{2}$) et C (2).

x croissant de $-\infty$ à $1 - \dfrac{\sqrt 3}{2} = -0,36$, on voit que y va toujours croissant, part de l'∞ négatif pour s'annuler en A pour $x = -1$, et croîtra encore jusqu'à l'abscisse $\dfrac{1-\sqrt 3}{2}$ auquel correspond un maximum de l'ordonnée et une tangente horizontale en E. De $\dfrac{1-\sqrt 3}{2}$ à $\dfrac{1+\sqrt 3}{2}$, les deux binômes de la dérivée sont de

Fig. 64.

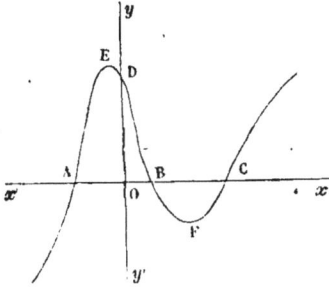

signes contraires, la dérivée y' est négative, l'ordonnée y va en diminuant de A à F en passant par les valeurs $y = 2$ pour $x = 0$ (point D) et $y = 0$ pour $x = \frac{1}{2}$ (point B). Au point F, correspond un minimum de l'ordonnée (en valeur absolue c'est un maximum, parce que l'ordonnée est négative). x variant de $\frac{1+\sqrt{3}}{2}$ à $+\infty$, y croît; de négative elle devient positive en passant par zéro. A partir du point C commence une branche infinie. On voit que les deux branches infinies sont justement appelées paraboliques puisqu'elles n'ont pas d'asymptotes.

II. **Folium de Descartes.** $y^3 - 3axy + x^3 = 0$.

Fig. 65.

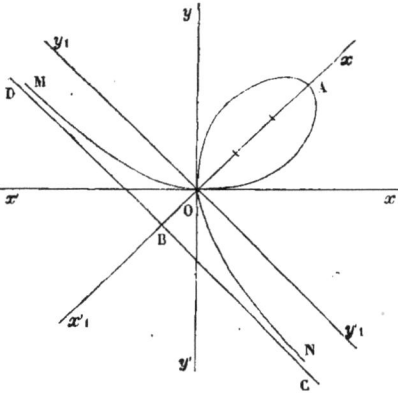

Transformons d'abord l'équation, en prenant au lieu des axes ox, oy les axes ox_1, oy_1 inclinés à 45° sur le premiers. On a, en appelant α l'angle de l'axe ox_1 avec l'axe ox,

$$x = x_1\cos\alpha - y_1\sin\alpha, \quad y = x_1\sin\alpha + y_1\cos\alpha,$$

et dans le cas actuel

$$\sin\alpha = \cos\alpha = \sin 45° = \frac{\sqrt{2}}{2}.$$

L'équation deviendra :

$$(3a + 3x\sqrt{2})y^2 + x^3\sqrt{2} - 3ax^2 = 0,$$

d'où $$y = \frac{x\sqrt{3a - x\sqrt{2}}}{\sqrt{2}\sqrt{a + x\sqrt{2}}}.$$

La courbe ne renfermant que le terme y^2 est symétrique par rapport à ox_1, nous ne nous occuperons que des valeurs positives de y. Pour que y soit réel, il faut que x soit $> -\frac{a}{\sqrt{2}}$ et $< \frac{3a}{\sqrt{2}}$, c'est-à-dire que la courbe est comprise entièrement entre les ordonnées menées par A et B, tels que $oB = \frac{oA}{3} = \frac{a}{\sqrt{2}}$. Pour $x = \frac{3a}{\sqrt{2}}$, y est nul; pour $x = 0$, y est encore nul; d'où la portion Ao de courbe. Pour $x = -\frac{a}{\sqrt{2}}$ y est ∞ et va croissant depuis l'origine; d'où une branche qui a pour asymptote la droite CBD.

III. Une courbe de forme analogue à celle du folium est la strophoïde; c'est le lieu des points définis comme il suit : du point fixe A, de la figure précédente, on mène une droite quelconque qui coupe l'axe oy_1 en un point R; de chaque côté de R on prend des longueurs RR', RR'' égales à RO; les points R' et R'' sont des points de la strophoïde. Ils donnent une courbe tout à fait semblable au folium, excepté que $oB = oA$. L'équation de la strophoïde est $y = \pm x \sqrt{\dfrac{a-x}{a+x}}$,

et en coordonnées polaires $\rho = \dfrac{a\cos 2\omega}{\cos \omega}$.

IV. Limaçon de Pascal. Étant donnés une circonférence et un point de cette circonférence A, on mène par A une sécante AM qui rencontre la circonférence en un second point M, à gauche et à droite duquel on prend une longueur constante MN, MN'. Le lieu des points N et N' est un limaçon de Pascal, facile à construire. Si l'on prend pour pôle le point A et pour axe polaire le diamètre du cercle passant en A, que l'on appelle b le diamètre du cercle et a la longueur constante MN, l'équation du limaçon sera $\rho = a + b\cos\omega$.

V. Rosace à quatre branches. Une droite de longueur constante se meut en s'appuyant constamment par ses extrémités A et B sur les côtés ox, oy d'un angle droit. Du point o, on abaisse une perpendiculaire sur AB; le pied M de cette perpendiculaire décrit une rosace à quatre branches quand la droite AB se promène dans les quatre angles des ox et oy. Si o est le pôle et ox l'axe polaire $\rho = a\sin 2\omega$.

VI. Étudier la courbe $\quad y^4 - 96a^2y^2 + 100a^2x^2 - x^4 = 0$.

Elle a deux axes ox et oy, et l'origine est centre de la courbe.

Elle coupe l'axe des y aux points $x = 0$ et $y = \pm 4a\sqrt{6}$ (B et B'),
$\quad id \qquad x \quad id. \qquad y = 0$ et $x = \pm 10a$ (A et A').

On a : $\qquad y = \pm \sqrt{48a^2 \pm \sqrt{(x-6a)(x+6a)(x-8a)(x+8a)}}$.

Fig. 66.

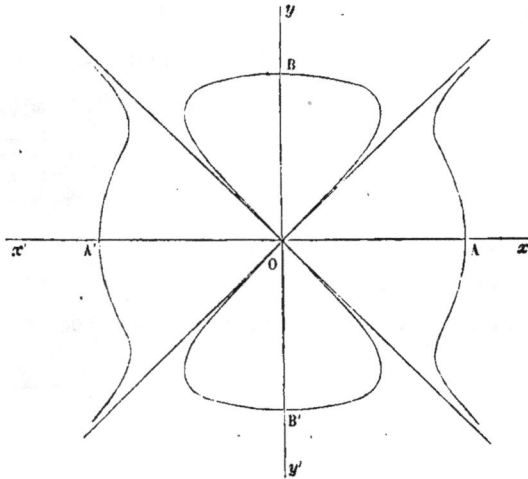

De $x = 0$ à $x = 6a$, on a quatre valeurs de y égales deux à deux, et l'on obtient la moitié de droite des boucles B et B'. De $x = 6a$ à $x = 8a$, y est imaginaire. Pour $x = 8a$, $y = \pm a\sqrt{48}$; de $x = 8a$ à $x = 10.a$ (point A), on obtient quatre valeurs de y égales à deux. Enfin de $10.a$ à $+\infty$, on n'a plus que deux valeurs réelles de y.

Les tangentes à l'origine sont $y = -\dfrac{f'_x(o)}{f'_y(o)}$, soit $y = \pm \dfrac{5}{\sqrt{24}}x$. Il y a deux

asymptotes qui sout données par l'équation $y^4 - x^4 = 0$,   obtenue en égalant à zéro les termes du degré le plus élevé dans l'équation, et ces asymptotes
sont $y = \pm x$,   c'est-à-dire les deux bissectrices des angles.

VII. Sinussoïde $y = \sin x$.   La dérivée est $y' = \cos x$.   La courbe se

Fig. 67.

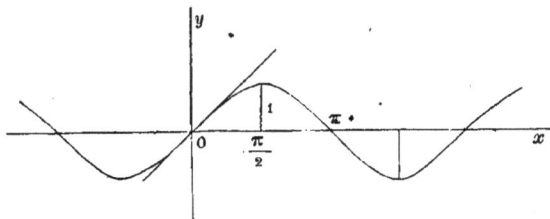

compose d'une ligne ondulée qui s'écarte également, tantôt au-dessus, tantôt
au-dessous de ox. Les tangentes aux points de rencontre avec l'axe des x sont
inclinées à 45° sur cet axe.

VIII. Courbe logarithmique $y = Lx$, $y' = \dfrac{1}{x}$.   L'ordonnée est croissante
de $-\infty$ à $+\infty$ pour x allant de 0 à $+\infty$. L'axe des y est asymptote.

Fig. 68.

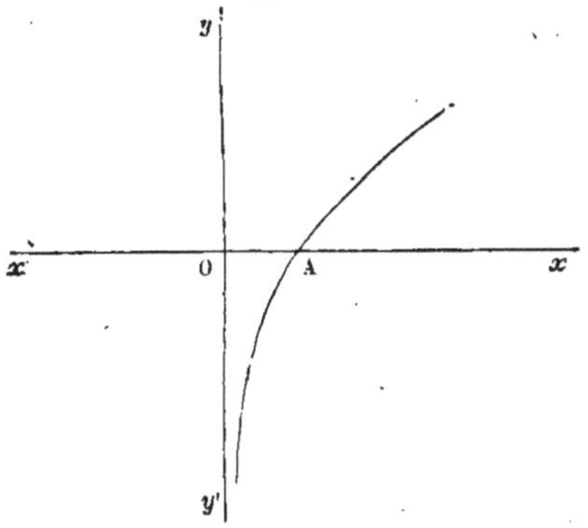

IX. La chaînette, courbe naturelle
prise par un câble fixé en deux points
a pour équation :

$$y = \frac{a}{2}\left(e^{\frac{x}{a}} + e^{-\frac{x}{a}}\right).$$

C'est une courbe régulière de forme
parabolique, symétrique par rapport à
l'axe des y et ayant son sommet sur cet
axe au point $y = a$. La dérivée est

$$y' = \frac{a}{2}\left(e^{\frac{x}{a}} - e^{-\frac{x}{a}}\right).$$

X. La lemniscate de Bernouilli est le
lieu des points M, tels que le produit des distances de ces points à deux points
fixes F et F', est constante et égale au carré (c^2) de la distance FF'. L'équation de
cette courbe est facile à trouver, quand on la rapporte à son centre O, milieu
de FF' et à ses deux axes FF' et la perpendiculaire oy à FF'.

XI. La cycloïde est la courbe engendrée par un point d'une circonférence qui
roule sans glisser sur une droite fixe. Si a est le rayon du cercle mobile, et qu'on
prenne pour origine la position où le point de la circonférence est sur la droite
fixe, on a : $x = a(\omega - \sin \omega)$ et $y = a(1 - \cos \omega)$.

L'épicycloïde est le lieu décrit par un point d'une circonférence qui roule sans
glisser sur une circonférence fixe. L'épicycloïde peut être intérieure ou extérieure. C'est la courbe usuelle des dents d'engrenage.

CALCUL DE L'AIRE D'UNE COURBE PLANE.

Considérons l'aire comprise entre une ordonnée fixe CD d'une courbe plane
et l'ordonnée MP correspondant à l'abscisse variable x.

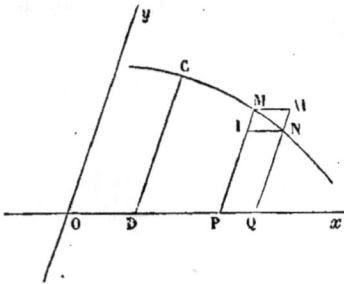

Cette aire CDMP est une fonction implicite de x dont nous allons chercher la différentielle. Si l'on attribue à x un accroissement infiniment petit dx représenté par PQ, l'aire considérée augmente du trapèze curviligne MNPQ, auquel on peut substituer le parallélogramme PQNI en négligeant le triangle MNI qui est un infiniment petit du second ordre. On a donc, en appelant S la surface comptée à partir de l'ordonnée CD, et en supposant les axes de coordonnées rectangulaires,

Fig. 69.

$$ds = \text{rectangle NIPQ} = y \,.\, dx,$$

et la surface depuis l'abscisse (a) jusqu'à l'abscisse (b) sera

$$S_a^b = \int_a^b y\,dx.$$

En coordonnées polaires, si OM est le rayon vecteur ρ correspondant à l'angle ω, le point voisin $(\rho + d\rho,\ \omega + d\omega)$ donne un second rayon vecteur OM' et le triangle curviligne MOM' est l'accroissement dS de la surface; ce triangle se confond à la limite avec le secteur d'un cercle ayant pour rayon $OM = \rho$ et pour angle au centre $d\omega$. L'arc qui sert de base à ce segment a pour longueur $\rho \,.\, d\omega$ et la surface du segment est

$$dS = \rho d\omega \times \frac{\rho}{2} = \frac{\rho^2}{2}\, d\omega,$$

et la surface comprise entre les angles α et α_1 est

$$S_\alpha^{\alpha_1} = \int_\alpha^{\alpha_1} \frac{\rho^2}{2} \,.\, d\omega.$$

Le calcul des aires est donc ramené au calcul des intégrales définies dont nous avons parlé en analyse.

Aire de l'ellipse. Considérons l'aire OBMP, elle a pour différentielle :

Fig. 70.

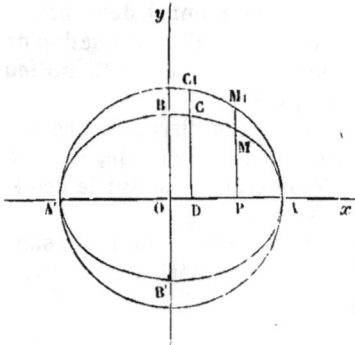

$$dS = y dx = \frac{b}{a} dx \sqrt{a^2 - x^2},$$

$$S = \frac{b}{a} \int dx \sqrt{a^2 - x^2} = \frac{b}{a} \,.\, \int dx \frac{a^2 - x^2}{\sqrt{a^2 - x^2}} =$$

$$= \frac{b}{a} \left(\int \frac{dx \,.\, a^2}{\sqrt{a^2 - x^2}} - \int \frac{x^2 dx}{\sqrt{a^2 - x^2}} \right).$$

Or

$$\int \frac{dx\, a^2}{\sqrt{a^2 - x^2}} = a^2 \int \frac{d\left(\dfrac{x}{a}\right)}{\sqrt{1 - \dfrac{x^2}{a^2}}} = a^2 \,.\, \text{arc sin} \frac{x}{a};$$

et si l'on intègre par parties :

$$\int \frac{x^2\, dx}{\sqrt{a^2 - x^2}} = \frac{x}{2} \sqrt{a^2 - x^2} - \frac{a^2}{2} \,\text{arc sin}\, \frac{x}{a}.$$

Donc
$$S = \frac{b}{a} \cdot \frac{1}{2}\left(x\sqrt{a^2-x^2} + a^2 \text{ arc sin } \frac{x}{a}\right).$$

et pour avoir le quart de l'ellipse, il faut prendre

$$S_0^a = \frac{1}{2}\frac{b}{a}\left(a^2 \cdot \frac{\pi}{2} - o\right) = \frac{1}{4}\pi ab.$$

L'aire totale de l'ellipse est donc πab.

On pouvait y arriver plus simplement, en remarquant que la projection, d'une aire plane sur un plan quelconque est égale à l'aire projetée multipliée par le cosinus de l'angle des deux plans. Nous avons vu que l'ordonnée de l'ellipse pouvait se déduire de l'ordonnée du cercle décrit sur le grand axe comme diamètre en multipliant cette dernière par $\frac{b}{a}$; d'après cela l'ellipse peut se considérer comme la projection d'un cercle ayant AA' pour diamètre et situé dans un plan dont l'angle avec le plan de l'ellipse a pour cosinus $\frac{b}{a}$. Dans cette hypothèse chaque ordonnée MP de l'ellipse est la projection de l'ordonnée M_1P_1 du cercle; le rectangle élémentaire MPM'P' formé par deux ordonnées voisines de l'ellipse est la projection du rectangle $M_1P_1M'_1P'_1$, et l'aire du premier est égale à l'aire du second multipliée par le cosinus de l'angle des deux plans.

Il en résulte que l'aire de l'ellipse est la projection de l'aire du cercle, et qu'elle est mesurée par

$$S = \pi a^2 \times \frac{b}{a} = \pi ab.$$

Aire d'un segment d'hyperbole.

L'équation de l'hyperbole rapportée à des asymptotes est $xy = m^2$. Le parallélogramme élémentaire MPM'P', dérivée de l'aire CDMP a pour mesure $ydx\sin\theta$, en appelant θ l'angle des asymptotes. Donc

Fig. 71.

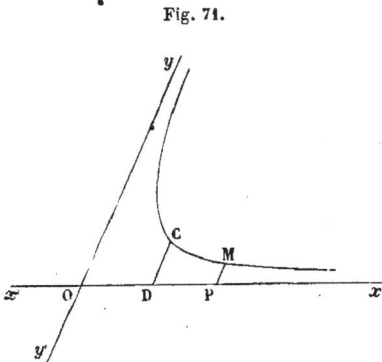

$$ds = ydx\sin\theta = m^2\sin\theta\frac{dx}{x}.$$

En intégrant

$$\int = m^2\sin\theta\int\frac{dx}{x} = m^2\sin\theta\cdot Lx,$$

et l'intégrale définie

$$\int_a^b = m^2\sin\theta\,(Lb - La).$$

De là vient le nom de logarithmes hyperboliques donné aux logarithmes népériens.

Aire d'un segment de parabole.

Évaluez le segment ACB. L'équation de la parabole rapportée au diamètre Ax
et à la tangente Ay à l'extrémité est $y^2 = 2p'x$.
Si θ est l'angle yAx, on aura

Fig. 72.

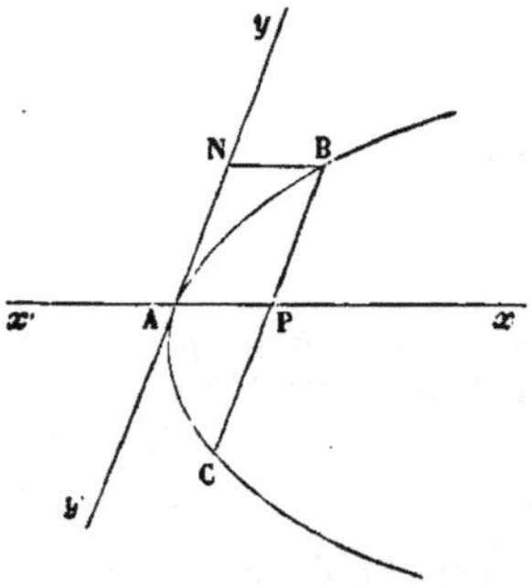

$$dS = y\,dx\sin\theta = \sqrt{2p'x}\,dx\sin\theta = \sqrt{2p'}\sin\theta\,x^{\frac{1}{2}}\,dx,$$

$$S = \sqrt{2p'}\sin\theta\,\frac{2}{3}x^{\frac{3}{2}} = \frac{2}{3}x\sin\theta\sqrt{2p'x} = \frac{2}{3}xy\sin\theta.$$

L'aire du segment BAC est donc les $\frac{2}{3}$ du parallélogramme ayant pour côtés la corde BC et la
partie du diamètre conjugué de BC comprise
entre l'arc et la corde.

LONGUEUR D'UN ARC DE COURBE PLANE.

Soit une courbe rapportée à des axes rectangulaires, et un point M de cette
courbe; on donne à x l'accroissement dx, il en résulte pour y l'accroissement
dy et pour l'arc l'accroissement MN $= d\sigma$. L'arc
MN peut se remplacer par sa corde qui est évidemment l'hypoténuse d'un triangle rectangle
MIN, donc

Fig. 73.

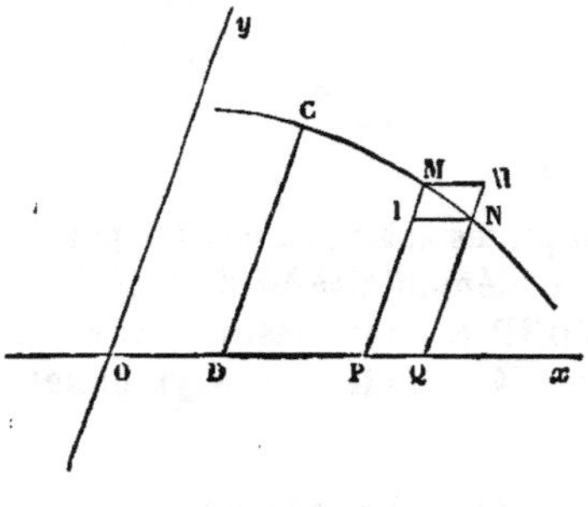

$$\overline{d\sigma}^2 = \overline{dx}^2 + \overline{dy}^2, \quad d\sigma = dx\sqrt{1 + \left(\frac{dy}{dx}\right)^2}.$$

L'intégrale définie donnera pour l'arc compris entre les abscisses (a) et (b), une longueur

$$\sum_a^b = \int_a^b dx\sqrt{1 + \left(\frac{dy}{dx}\right)^2}.$$

DES SECTIONS CONIQUES.

Étude des sections faites dans un cône droit par un plan.

Toute section faite par un plan dans un cône droit est une courbe du 2e degré.

Le cône droit est formé de deux nappes; un plan passant par le sommet S
d'un cône et faisant avec l'axe zz' un angle moindre que $\beta = $ ZSB, demi-angle
au sommet du cône, coupe le cône suivant deux de ses génératrices. Un plan
perpendiculaire à l'axe coupe le cône suivant un cercle puisque l'angle d'une
génératrice avec l'axe du cône est constant.

Ceci posé, prenons pour plan de la figure le plan mené par l'axe perpendiculairement au plan sécant HAH'; ce plan sécant est coupé par le plan de la figure

suivant la ligne Ax et nous poserons

$$SA x = \alpha \quad \text{et} \quad SA = d.$$

Rapportons la courbe HAH' à l'axe Ax et à la perpendiculaire Ay à Ax. Cette

Fig. 74.

droite Ay étant située dans le plan sécant qui est perpendiculaire au plan de la figure et étant perpendiculaire à l'intersection Ax des deux plans, est perpendiculaire au plan de la figure.

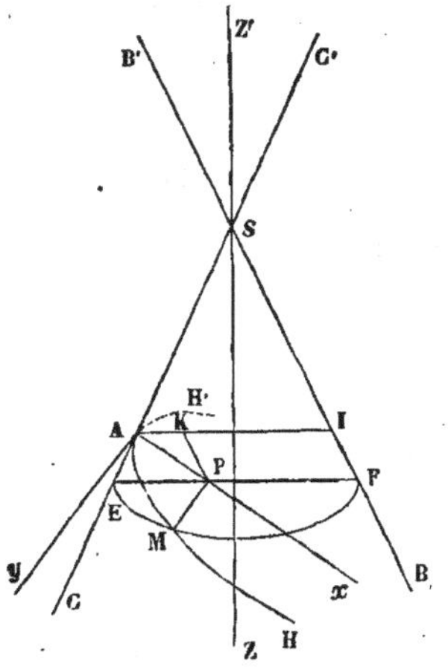

Soit M un point quelconque de la courbe HAH', MP $= y$ et AP $= x$; par le point M menons un plan perpendiculaire à l'axe du cône, ce plan coupe le plan de la figure suivant EF et le cône suivant un cercle EMF dont EF est le diamètre. On a :

$$(1) \qquad \overline{MP}^2 = EP \times PF = y^2.$$

Le triangle AEP donne $\dfrac{EP}{AP} = \dfrac{\sin \alpha}{\cos \beta}$, donc

EP $= x \dfrac{\sin \alpha}{\cos \beta}$. Menons maintenant AI parallèle à EF et PK parallèle à BS, il vient : PF $=$ KI $=$ $2d \sin \beta -$ AK. Mais le triangle PAK donne

$\dfrac{AK}{x} = \dfrac{\sin APK}{\sin AKP} = \dfrac{\sin (\alpha + 2\beta)}{\cos \beta}$. En effet, AKP $=$ EFB, et EFB est le supplément de

EFS $= \dfrac{\pi}{2} - \beta$, donc $\sin$ AKP $= \cos \beta$. D'autre part,

$$APK = \pi - AKP - PAK = \pi - \left(\frac{\pi}{2} + \beta \right) - \left(\alpha - \frac{\pi}{2} + \beta \right) = \pi - 2\beta - \alpha,$$

donc $\qquad\qquad\qquad \sin APK = \sin (\alpha + 2\beta).$

D'après cela, l'équation (1) peut s'écrire

$$(2) \qquad y^2 = \frac{2d \sin \alpha \sin \beta}{\cos \beta}\, x - \frac{\sin \alpha \sin (\alpha + 2\beta)}{\cos^2 \beta}\, x^2,$$

et l'on voit qu'elle est du second degré ; elle représente la section HAH'.

L'équation (2) représente une ellipse, une hyperbole ou une parabole, suivant que $\alpha + 2\beta$ est inférieur, supérieur ou égal à 180° ; c'est-à-dire que, 1° si la droite Ax coupe deux génératrices d'une même nappe du cône, la courbe est une ellipse ; 2° si Ax coupe deux génératrices appartenant l'une à une nappe, l'autre à l'autre, la courbe est une hyperbole ; 3° si Ax est parallèle à une génératrice SB du cône, la courbe est une parabole.

On verrait réciproquement que l'on peut toujours placer sur un cône donné une ellipse ou une parabole donnée. On ne peut y placer une hyperbole qu'autant que l'angle des asymptotes est $\leqq$ à l'angle 2β au sommet du cône.

Pour un cylindre droit, la section est une ellipse HAH' ou deux droites parallèles si le plan sécant est parallèle aux génératrices du cylindre.

Fig. 75.

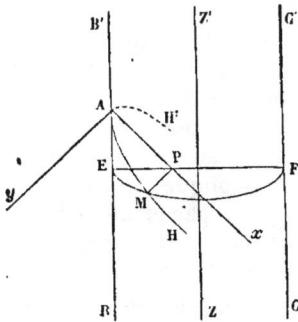

En effet, $\overline{MP}^2 = EP \times PF = y^2$.

Le triangle AEP donne $EP = x \sin\alpha$; et, si $2r$ est le diamètre de la section droite EMF du cylindre, on aura

$$PF = 2r - x\sin\alpha.$$

L'équation de la courbe HAH' est donc

$$y^2 = 2rx\sin\alpha - x^2\sin^2\alpha,$$

c'est-à-dire une ellipse.

GÉOMÉTRIE ANALYTIQUE A TROIS DIMENSIONS.

COORDONNÉES RECTILIGNES.

Si *xoy, xoz, yoz* sont trois plans fixes rectangulaires entre eux, un point de l'espace M est déterminé par l'intersection de trois plans parallèles aux plans fixes. Les trois longueurs OA, OB, OC qui déterminent la position des plans mobiles, distances affectées du signe + ou du signe —, suivant qu'elles sont portées dans les directions Ox, Oy, Oz ou Ox', Oy', Oz', sont les coordonnées rectilignes du point M et on les désigne ordinairement par $x \cdot y \cdot z$.

Fig. 76.

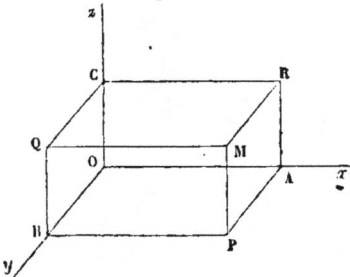

On obtient tous les points de l'espace en faisant varier x, y, z de $-\infty$ à $+\infty$. Les points A·B·C sont les projections du point M sur chacun des trois axes ; les points R, P, Q sont les projections de M sur chacun des plans fixes et ces points ont pour coordonnées dans leur plan fixe deux des coordonnées x, y, z du point M. Ordinairement, les trois plans fixes sont rectangulaires, et le parallélipipède MQCRPBOA est rectangle. Les projections sont orthogonales.

Une équation $\varphi(x, y) = 0$ qui ne renferme que deux coordonnées, représente une courbe PQ située dans le plan perpendiculaire à l'axe dont la lettre manque dans l'équation. Si par un point P de la courbe, on mène une parallèle à Oz, tout point de cette parallèle OM a pour coordonnées x et y. Donc, l'équation $\varphi(x \cdot y) = 0$ représente un cylindre parallèle à l'axe des z, c'est-à-dire à l'axe dont l'ordonnée manque dans l'équation.

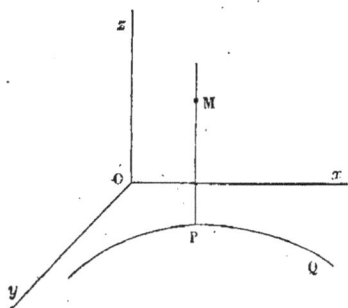

Fig. 77.

Si la courbe $\varphi(x \cdot y) = 0$ est linéaire, elle représente une droite du plan xy et en même temps un plan parallèle à l'axe de z. Une équation qui ne renferme qu'une inconnue $\varphi(z) = 0$ représente autant de plans parallèles au plan xy que l'équation admet de racines réelles ; en effet $z =$ constante représente un plan parallèle au plan xy.

Représentation des surfaces par une équation, et réciproquement.

Si nous nous reportons à l'avant-dernière figure et que nous considérions le point M comme appartenant à une surface, on voit que le point M dépend de la position du point P par exemple dans le plan xy. Si l'on change la valeur des coordonnées x et y, le point P variera et la parallèle menée par le nouveau point P à l'axe Oz rencontrera la surface en un ou plusieurs points M, dont la position dans l'espace dépendra de la position du point P dans le plan. On aura donc $z = \varphi(x \cdot y)$ pour déterminer OM, c'est-à-dire que z est une fonction de deux variables indépendantes x et y. Quelquefois z ne pourra être mis sous la forme explicite, et sera liée à x, y par une équation implicite $\varphi(x \cdot y \cdot z) = 0$.

Réciproquement toute équation à trois variables représente une surface.

Soit $\varphi(x \cdot y \cdot z) = 0$, donnons à z une valeur quelconque c, l'équation se dédouble en deux $z = c$ (c'est-à-dire un plan parallèle à xy), et $\varphi(x \cdot y \cdot c) = 0$ (c'est-à-dire une courbe plane située dans le plan $z = c$). Si l'on fait varier c, la courbe $\varphi(x \cdot y \cdot c) = 0$ variera généralement de forme et de position, et il est évident que la succession de ces courbes variables infiniment rapprochées, engendrera une surface.

Représentation des lignes par deux équations, et réciproquement.

Deux équations $F(x \cdot y \cdot z) = 0$, $\varphi(x \cdot y \cdot z) = 0$ représentent une ligne, car une ligne peut toujours se concevoir comme l'intersection de deux surfaces, et les équations $F = 0$, $\varphi = 0$ représentant chacune une surface, l'ensemble des deux équations représentera les points communs aux deux surfaces, c'est-à-dire leur intersection.

De même, par une ligne, on peut toujours faire passer deux surfaces connues donnant lieu à deux équations dont l'ensemble représentera la ligne. En général, il sera plus simple de prendre pour surfaces deux des trois cylindres projetant la ligne sur les plans fixes, et alors la ligne sera représentée par

$$\varphi(x \cdot y) = 0, \quad \text{et} \quad \psi(x \cdot z) = 0.$$

Un point est représenté par un système d'équations à trois variables.

Car entre les trois équations $f(x \cdot y \cdot z) = 0$, $f_1(x \cdot y \cdot z) = 0$, $f_2(x \cdot y \cdot z) = 0$, on peut toujours supposer théoriquement que l'on élimine les variables x et y ; restera une équation en z donnant plusieurs valeurs de z auxquelles correspondront des valeurs de x et y, d'où résulte une série de points de l'espace. Pour représenter un point, il sera plus simple de choisir comme surfaces les trois plans menés par le point parallèlement aux plans fixes, et les trois équations nécessaires seront alors

$$x = a, \quad y = b, \quad z = c.$$

TRANSFORMATION DES COORDONNÉES. — THÉORIE DES PROJECTIONS.

Avant d'aborder la transformation des coordonnées, il est bon de dire quelques mots de la théorie des projections, qui nous sera fort utile en mécanique. Nous ne définirons point la projection d'une figure (notion familière au lecteur).

Fig. 78.

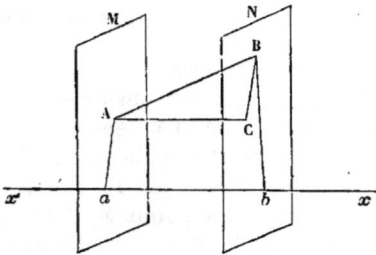

Nous admettrons encore que la projection d'une droite AB sur un axe xx' est égale à cette droite AB multipliée par le cosinus de l'angle qu'elle fait avec l'axe. Pour déterminer le signe de la projection, nous dirons :

La projection, sur une droite xx', d'une droite finie AB dont la direction est celle d'un mobile qui se mouverait de A vers B, est égale au produit de AB par le cosinus de l'angle aigu, droit ou obtus que la direction AB forme avec la direction $x'x$.

Théorème fondamental. La somme des projections des côtés d'un polygone fermé sur une direction quelconque est nulle, la direction de chaque côté étant celle d'un mobile qui parcourt le polygone en marchant toujours dans le même sens.

Fig. 79.

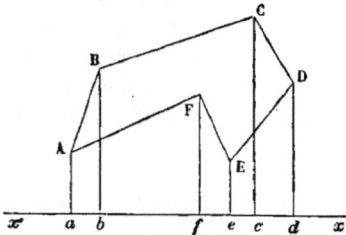

En effet, si D est le sommet le plus éloigné du point de départ A, il est clair que la projection du mobile qui est parti du point A est allé en D et est revenu en A, a fait autant de chemin à l'aller qu'au retour ; or les projections dans un sens sont positives, dans l'autre elles sont négatives, donc leur somme algébrique est nulle, et le théorème est démontré.

D'après cela, deux contours fermés ABCD, AB'C'D terminés aux mêmes points ont même projection sur un axe donné. En effet, le contour fermé ABCDD'C'A a une projection algébriquement nulle sur l'axe xx'. Or cette projection se compose de deux parties, l'une positive entre (a) et (d), l'autre négative entre (d) et (a); elles sont égales et de signe contraire.

Fig. 80.

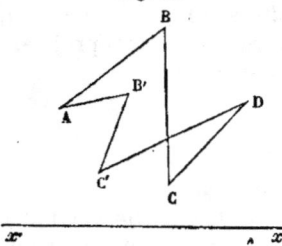

En particulier : la somme des projections consécutives de plusieurs droites sur un axe est égale à la projection de la ligne résultante, c'est-à-dire de la ligne qui joint les points extrêmes.

PROBLÈME. *Trouver l'angle de deux droites dont on donne les angles* α, β, γ, α', β', γ' *avec les trois axes de coordonnées.*

Soit θ cet angle. Prenons sur la première droite Ou une longueur OM = 1. La droite OM a pour projections sur les trois axes OQ, QP et PM qui sont égaux à cos α, cos β, cos γ, puisque OM = 1 ; si maintenant nous projetons le contour OMPQO sur la seconde droite Ou', nous savons que la projection de OM sera égale à la somme des projections des droites MP, PQ et OP dont les angles avec Ou' sont α' β' γ'. Donc

Fig. 81.

$$\cos\theta = \cos\alpha\cos\alpha' + \cos\beta\cos\beta' + \cos\gamma\cos\gamma'.$$

Deux droites seront perpendiculaires entre elles si

$$\cos\alpha\cos\alpha' + \cos\beta\cos\beta' + \cos\gamma\cos\gamma' = 0.$$

THÉORÈME. Étant donnés une droite OM = 1 et trois axes rectangulaires, les coordonnées du point M forment un parallélipipède rectangle dans lequel

Fig. 82.

$$\overline{OM}^2 = \overline{MP}^2 + \overline{AP}^2 + \overline{OA}^2.$$

D'après cela $1 = \cos^2\alpha + \cos^2\beta + \cos^2\gamma$.

Un point M étant donné, la distance OM = l de ce point à l'origine est donnée par

$$l^2 = x^2 + y^2 + z^2.$$

La distance MM' de deux points est la diagonale du parallélipipède rectangle qui a pour côtés les différences $x - x'$, $y - y'$, $z - z'$, des coordonnées des points M et M' ; donc

$$\overline{MM'}^2 \text{ ou } l^2 = (x - x')^2 + (y - y')^2 + (z - z')^2.$$

THÉORÈME. La projection d'un triangle CAB sur un plan qui contient sa base a pour mesure l'aire de ce triangle multipliée par le cosinus de l'angle α des deux plans. En effet (*fig.* 84).

$$\text{aire } ABc = \frac{AB}{2} \times c0 = \frac{AB}{2} \times CO \times \cos\alpha = \text{aire } ABC \times \cos\alpha.$$

Si le plan de projection est quelconque, on peut toujours le supposer passant

Fig. 83.

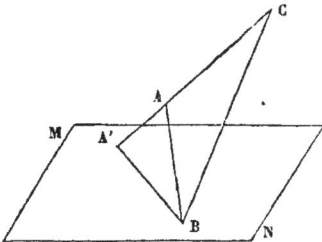

Fig. 84.

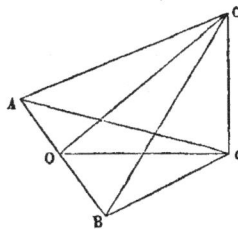

par un sommet B du triangle, et alors le triangle CAB est la différence de deux triangles CA'B, AA'B rentrant dans le cas précédent.

6

Le théorème étant démontré pour un triangle s'étend immédiatement à un contour fermé quelconque qui n'est qu'un polygone d'un nombre infini de côtés.

Fig. 85.

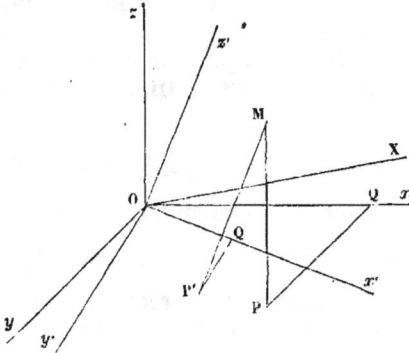

Changement des axes.

Si l'on passe simplement d'une origine à une autre $x'y'z'$, il suffit pour avoir les nouvelles équations de remplacer x par $x+x'$, y par $y+y'$ et z par $z+z'$.

Supposons maintenant que l'on passe du système rectangulaire $Oxyz$ au système rectangulaire $Ox'y'z'$, les coordonnées de M seront données par le contour MPQO dans le 1er cas, MP'Q'O dans le second.

Si $a.b.c$ désignent les cosinus de ox avec ox' oy' oz',
 a' b' c' oy avec ox' oy' oz',
 a'' b'' c'' oz avec ox' oy' oz',

on aura, en projetant les deux contours MPQO, MP'Q'O successivement sur chacun des trois axes $ox.oy.oz$ et égalant leurs projections,

$$x = ax' + by' + cz',$$
$$y = a'x' + b'y' + c'z',$$
$$z = a''x' + b''y' + c''z'.$$

Mais il y a entre les neuf quantités $a.b.c$, $a'b'c'$, $a''b''c''$ six relations distinctes résultant des théorèmes de projection démontrées plus haut :

$$a^2 + b^2 + c^2 = 1, \qquad\qquad aa' + bb' + cc' = 0,$$
$$a'^2 + b'^2 + c'^2 = 1, \qquad\qquad aa'' + bb'' + cc'' = 0.$$
$$a''^2 + b''^2 + c''^2 = 1, \qquad\qquad a'a'' + b'b'' + c'c'' = 0.$$

DU PLAN.

L'équation générale du 1er degré à 3 variables $Ax + By + Cz + D = 0$ représente un plan. En effet, pour avoir la trace de la surface sur les trois plans de projection, il faut faire $x = 0$, $y = 0$, $z = 0$, d'où $Ax + By + D = 0$, $Ax + Cz + D = 0$, $By + Cz + D = 0$, équation de trois droites qui se rencontrent sur les axes et forment un triangle dans l'espace. Si l'on coupe maintenant la surface par un plan $z = c$, on obtient une droite $Ax + By + Cc + D = 0$, qui est parallèle à $Ax + By + D = 0$, puisque leurs équations diffèrent par une constante Cc. Cette droite $Ax + By + Cc + D = 0$ s'appuie en outre sur la droite $Ax + Cz + D = 0$. Ainsi la surface est engendrée par une droite qui s'appuie sur une droite fixe en restant parallèle à une autre droite fixe : cette surface est un plan.

Réciproquement, un plan est représenté par une équation du 1er degré, car soient $z = ax + \gamma$, $z = by + \gamma$ les traces de ce plan sur les plans fixes xz, yz, on peut disposer des coefficients de l'équation $Ax + By + Cz + D = 0$, de manière à ce qu'elle soit satisfaite pour les deux droites $z = ax + \gamma$ et $z = by + \gamma$, et alors elle représentera le plan donné. Il suffit de poser

$$\frac{A}{C} = -a, \qquad \frac{B}{C} = -b, \qquad \frac{D}{C} = -\gamma,$$

et l'équation du plan est $\qquad z - ax - by - \gamma = 0$.

Deux plans $Ax + By + Cz + D = 0$, $A'x + B'y + C'z + D' = 0$ sont parallèles lorsque leurs traces sur deux des plans de projection sont parallèles. Il faut alors que l'on ait

$$\frac{A}{A'} = \frac{B}{B'} = \frac{C}{C'}.$$

L'équation du plan passant par un point $x'y'z'$ est $A(x-x') + B(y-y') + C(z-z') = 0$.

Le plan passant par trois points situés sur les axes à des distances de l'origine a, b, c, a pour équation

$$\frac{x}{a} + \frac{y}{b} + \frac{z}{c} = 1.$$

Les plans passant par l'intersection de deux plans donnés sont renfermés dans l'équation générale

$$(Ax + By + Cz + D) + \lambda(A'x + B'y + C'z + D') = 0.$$

Angles de la normale au plan avec les axes.

Le plan $Ax + By + Cz + D = 0$ coupe les axes aux points $a = -\dfrac{D}{A}, b = -\dfrac{D}{B}, c = -\dfrac{D}{C}$.

Si de l'origine O on abaisse une perpendiculaire au plan et qu'on en joigne le pied aux points $a.b.c$, que l'on appelle l la longueur de la perpendiculaire et $\alpha.\beta.\gamma$ ses angles avec les axes, on aura

$$l = a\cos\alpha = b\cos\beta = c\cos\gamma \quad \text{ou} \quad -\frac{l}{D} = \frac{\cos\alpha}{A} = \frac{\cos\beta}{B} = \frac{\cos\gamma}{C},$$

$$\text{ou bien } \frac{l}{D} = \frac{\sqrt{\cos^2\alpha + \cos^2\beta + \cos^2\gamma}}{\sqrt{A^2 + B^2 + C^2}} = \frac{1}{\sqrt{A^2 + B^2 + C^2}}.$$

Ces équations donnent α, β, γ et l.

Angle de deux plans.

C'est l'angle de leurs normales menées par l'origine.

$$\cos V = \cos\alpha \cos\alpha' + \cos\beta \cos\beta' + \cos\gamma \cos\gamma' = \frac{AA' + BB' + CC'}{\sqrt{A^2 + B^2 + C^2}\sqrt{A'^2 + B'^2 + C'^2}},$$

et les deux plans seront perpendiculaires si $AA' + BB' + CC' = 0$.

Distance d'un point à un plan.

La distance l de l'origine au plan est $l = \dfrac{\pm D}{\sqrt{A^2 + B^2 + C^2}}$.

Transportons l'origine au point donné $x'y'z'$, l'équation du plan deviendra

$$Ax + By + Cz + (Ax' + By' + Cz' + D) = 0,$$

et la distance l du point au plan sera

$$l = \frac{Ax' + By' + Cz' + D}{\sqrt{A^2 + B^2 + C^2}}.$$

Équations d'une droite.

Une droite est représentée par les deux équations simultanées $x = az + p$, $y = bz + q$. Si deux droites sont parallèles, leurs projections le sont aussi et les équations de la seconde droite seront $x = az + p'$, $y = bz + q'$.

Les droites qui passent toutes par un point, $x'y'z'$, ont pour équations :

$$x - x' = a(z - z'), \quad y - y' = b(z - z',)$$

ou $\dfrac{x - x'}{\cos \alpha} = \dfrac{y - y'}{\cos \beta} = \dfrac{z - z'}{\cos \gamma}$, en appelant $\alpha\beta\gamma$ les angles de la droite considérée avec les axes, ces angles $\alpha\beta\gamma$ étant liés par la relation :

$$\cos^2 \alpha + \cos^2 \beta + \cos^2 \gamma = 1.$$

Droite passant par deux points :

$$x - x' = \frac{x'' - x'}{z'' - z'} (z - z'), \quad y - y' = \frac{y'' = y'}{z'' - z'} (z - z').$$

Intersection d'une droite et d'un plan.

Il s'agit de résoudre le système d'équations :

$$x = az + p, \quad y = bz + q, \quad Ax + By + Cz + D = 0.$$

On a $z = -\dfrac{Ap + Bq + D}{Aa + Bb + C}$, $\quad x = -a\dfrac{Ap + Bq + D}{Aa + Bb + C} + p, \quad y = -b\dfrac{Ap + Bq + D}{Aa + Bb + C} + q.$

Si x, y, z sont infinies, la droite est parallèle au plan, et la condition de parallélisme est $Aa + Bb + C = 0$.

Angles d'une droite avec les axes de coordonnées..

On mène une parallèle $x = az$, $y = bz$ par l'origine à la droite donnée; sur cette parallèle on prend une longueur $OM = 1$, les coordonnées du point M sont donc $\cos \alpha$, $\cos \beta$, $\cos \gamma$, et l'on a pour déterminer α, β, γ, les équations :

$$\cos \alpha = a \cos \gamma, \quad \cos \beta = b \cos \gamma, \quad \text{avec} \quad \cos^2 \alpha + \cos^2 \beta + \cos^2 \gamma = 1,$$

d'où $\quad \cos \alpha = \dfrac{a}{\sqrt{a^2 + b^2 + 1}}, \quad \cos \beta = \dfrac{b}{\sqrt{a^2 + b^2 + 1}}, \quad \cos \gamma = \dfrac{1}{\sqrt{a^2 + b^2 + 1}}.$

L'angle θ de deux droites est l'angle de leurs parallèles menées par l'origine, et l'on a :

$$\cos \theta = \cos \alpha \cos \alpha' + \cos \beta \cos \beta' + \cos \gamma \cos \gamma' = \frac{aa' + bb' + 1}{\sqrt{a^2 + b^2 + 1} \, \sqrt{a'^2 + b'^2 + 1}}.$$

NOTIONS SUR LES SURFACES DU SECOND DEGRÉ.

L'équation générale du second degré à trois variables est :

$$Ax^2 + A'y^2 + A''z^2 + 2Byz + 2B'xz + 2B''xy + 2Cx + 2C'y + 2C''z + K = 0 ;$$

elle renferme dix termes et par conséquent neuf paramètres arbitraires; d'où neuf conditions sont nécessaires et suffisantes pour déterminer une surface du 2ᵉ degré.

Nous distinguerons les surfaces du second degré en deux grandes classes suivant qu'elles ont ou qu'elles n'ont pas de centre.

Fig. 86.

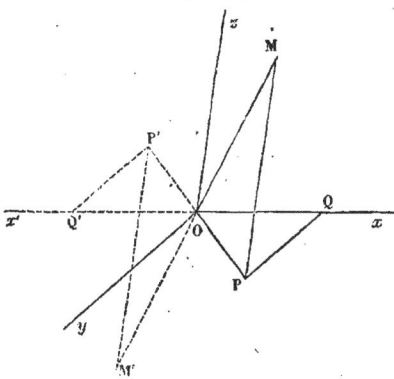

Si le centre d'une surface est pris pour origine, l'équation de cette surface ne change pas quand on change xyz en $-x, -y, -z$, et réciproquement.

Cette notion se déduit immédiatement de l'inspection de la figure précédente, en remarquant que le point M situé sur le prolongement de OM et à une distance $OM' = OM$ est un point de la courbe puisque l'origine O est centre de cette courbe.

Sans entrer dans le détail des calculs nous dirons que le centre d'une surface du second degré est donné par les trois équations $f_{x'} = 0, f_{y'} = 0, f_{z'} = 0$, ce qui est analogue à ce que nous avons vu pour les courbes du 2ᵉ degré.

Plans diamétraux. Si l'on considère toutes les cordes parallèles à une direction donnée, la surface qui partage toutes ces cordes en deux parties égales est une surface diamétrale et pour les surfaces du second degré, la surface diamétrale est un plan. Les plans diamétraux correspondant à la direction $x = mz$, $y = nz$, ont pour équation $mf_{x'} + nf_{y'} + f_{z'} = 0$.

Tous les plans diamétraux passent par le centre et dans le cas où la surface n'admet pas de centre ou admet un centre situé à l'infini, les plans diamétraux sont parallèles entre eux. Dans le cas où la surface admet une infinité de centres en ligne droite (cylindre), les plans diamétraux contiennent la ligne des centres.

Diamètre. Si l'on fait une série de sections par des plans parallèles dans une surface du second degré, les centres de ces sections sont sur une ligne droite appelée diamètre de la surface.

Plans principaux. Parmi les plans diamétraux des surfaces du 2ᵉ degré, on distingue les plans principaux qui sont perpendiculaires à leurs cordes. Ce sont des plans de symétrie de la surface.

Les surfaces à centre, rapportées à leurs trois plans principaux ont pour équation générale $Px^2 + P'y^2 + P''z^2 = H$.

Les surfaces dépourvues de centre, rapportées à leurs deux plans principaux ont pour équation générale $P'y^2 + P''z^2 = Qx$.

DISCUSSION DES SURFACES A CENTRE.

$$Px^2 + P'y^2 + P''z^2 = H.$$

I. *Ellipsoïde.* Si P.P'.P'' sont du même signe, on peut toujours les supposer positifs. Et alors si H est négatif, la surface est imaginaire; si H est nul, la surface se réduit au point $x = 0, y = 0, z = 0$, c'est-à-dire à l'origine. Supposons H positif, la surface sera une ellipsoïde qui, en posant :

$$a = \sqrt{\frac{H}{P}}, \quad b = \sqrt{\frac{H}{P'}}, \quad c = \sqrt{\frac{H}{P''}},$$

pourra se mettre sous la forme simple :

$$\frac{x^2}{a^2} + \frac{y^2}{b^2} + \frac{z^2}{c^2} = 1.$$

La figure ci-jointe représente la surface; elle coupe chaque plan de projec-

Fig. 87.

tion suivant une ellipse rapportée à ses axes. La section de la surface par un plan quelconque est une ellipse. Les trois plans de coordonnées sont des plans diamétraux, et les trois axes de coordonnées sont des axes de la surface.

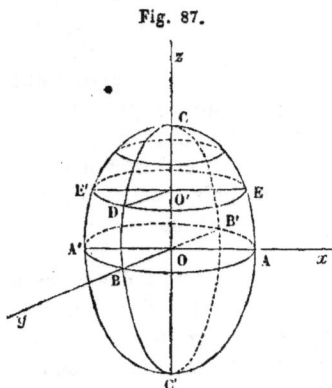

Si l'on fait $z = k$, on obtient pour section une ellipse $\dfrac{x^2}{a^2} + \dfrac{y^2}{b^2} = 1 - \dfrac{k^2}{c^2}$, et l'on voit que l'ellipsoïde peut se considérer comme engendré par une ellipse qui se meut parallèlement au plan xy, dont le centre parcourt l'axe zz' et dont les extrémités des axes EE', DD' s'appuient constamment sur les ellipses directrices CAC', CDC'.

Si deux des axes a et b sont égaux, on voit que la section par le plan xy et par tout plan parallèle à xy est un cercle, la surface peut se considérer comme engendrée par la demi-ellipse CAC' tournant autour de son axe CC'; l'ellipsoïde est de révolution. Si les trois axes a, b, c sont égaux, l'ellipsoïde se réduit à une sphère.

Fig. 88.

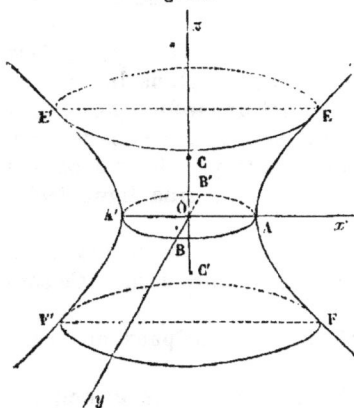

II. *Hyperboloïde à une nappe.*

Si les trois coefficients p, p', p'' de l'équation du deuxième degré ne sont pas de même signe, nous pourrons ramener l'équation à la forme $\dfrac{x^2}{a^2} + \dfrac{y^2}{b^2} - \dfrac{z^2}{c^2} = 1$ ou à la forme

$$\frac{x^2}{a^2} - \frac{y^2}{b^2} - \frac{z^2}{c^2} = 1.$$

Étudions d'abord la surface $\dfrac{x^2}{a^2} + \dfrac{y^2}{b^2} - \dfrac{z^2}{c^2} = 1$; c'est l'hyperboloïde à une nappe représenté par la figure ci-jointe. La section par xy ou par un plan parallèle à xy, $z = c$ est une ellipse; la section par des plans contenant l'axe des z est toujours une hyperbole, et la section par un plan quelconque est tantôt une ellipse, tantôt une hyperbole, tantôt un système de deux droites (cas particulier de l'hyperbole). L'ellipse AA' est l'ellipse de gorge. On peut considérer l'hyperboloïde à une nappe comme engendré par une ellipse dont le plan reste parallèle à xy, dont le centre décrit l'axe zz' et dont les axes s'appuient par leurs extrémités sur deux hyperpoles situées l'une dans le plan xz, l'autre dans le plan yz.

Si $a = b$, l'hyberboloïde est de révolution, et AA' est le cercle de gorge.

III. *Hyperboloïde à deux nappes.*

L'équation $\dfrac{x^2}{a^2} - \dfrac{y^2}{b^2} - \dfrac{z^2}{c^2} = 1$ représente une surface qui est coupée par les plans xy et xz suivant des hyperboles, et par tout plan perpendiculaire à l'axe ox suivant des ellipses. Si l'on construit $oA = oA' = a$, on voit que, dans l'intervalle compris entre les plans menés parallèlement au plan yz par les points A et A', il n'y a pas de points réels de la surface. Nous sommes en face de l'hyperboloïde à deux nappes.

Ces trois cas contiennent tous les surfaces à centre. Il se présente des cas particuliers ; si H est nul, l'hyperboloïde à une nappe devient $\dfrac{x^2}{a^2} + \dfrac{y^2}{b^2} - \dfrac{z^2}{c^3} = 0$, et cette surface est un cône dont l'axe est l'axe oz. Le plan des xz coupe ce cône suivant deux droites $\dfrac{x^2}{a^2} - \dfrac{z^2}{c^2} = 0$, et le plan des yz le coupe suivant les deux droites $\dfrac{y^2}{b^2} - \dfrac{z^2}{c^2} = 0$.

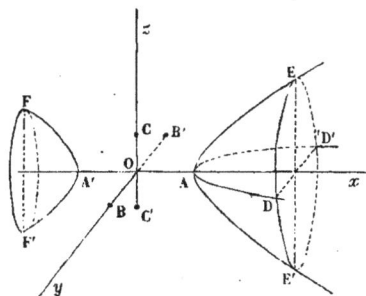

Fig. 89.

Si nous considérons l'hyperboloïde correspondant à ce cône, on voit que les génératrices du cône sont précisément les asymptotes des hyperboles obtenues en coupant l'hyperboloïde par des plans passant par l'axe des z. Le cône considéré s'appelle, pour cette raison, cône asymptote de l'hyperboloïde, et ces deux surfaces se rapprochent d'aussi près qu'on le veut.

Le cône $\dfrac{x^2}{a^2} - \dfrac{y^2}{b^2} - \dfrac{z^2}{c^2} = 0$ est le cône asymptote de l'hyperboloïde à deux nappes ; son axe n'est point l'axe oz, mais l'axe ox.

L'équation $Px^2 + Py^2 = H$, cas particulier de l'équation des surfaces à centre, représente un cylindre parallèle à l'axe oz et à base elliptique ou hyperbolique, suivant que P et P' sont de même signe ou de signe contraire.

Génératrices rectilignes de l'hyperboloïde à une nappe.

Une propriété curieuse de l'hyperboloïde à une nappe est qu'en chaque point de cette surface il passe deux droites contenues tout entières sur la surface. En effet, l'équation $\dfrac{x^2}{a^2} + \dfrac{y^2}{b^2} - \dfrac{z^2}{b^2} = 1$ peut se mettre sous la forme

$$\frac{y^2}{b^2} - \frac{z^2}{c^2} = 1 - \frac{x^2}{a^2} \quad \text{ou bien} \quad \left(\frac{y}{b} - \frac{x}{c}\right)\left(\frac{y}{b} + \frac{z}{c}\right) = \left(1 - \frac{x}{a}\right)\left(1 + \frac{x}{a}\right),$$

et cette équation peut s'obtenir par l'élimination de λ entre les deux équations

$$\frac{y}{b} + \frac{z}{c} = \lambda\left(1 + \frac{x}{a}\right), \quad \frac{y}{b} - \frac{z}{c} = \frac{1}{\lambda}\left(1 - \frac{x}{a}\right),$$

ou par l'élimination de μ entre les deux équations

$$\frac{y}{b} + \frac{z}{c} = \mu\left(1 - \frac{x}{a}\right) \quad \text{et} \quad \frac{y}{a} - \frac{z}{c} = \frac{1}{\mu}\left(1 + \frac{x}{a}\right).$$

Ces deux groupes d'équations représentent deux systèmes de droites qui toutes seront situées sur l'hyperboloïde.

On démontre que les deux droites λ et λ' d'un même système ne sont jamais dans un même plan, et, qu'au contraire, deux droites λ et μ de système différent sont toujours dans un même plan.

Toutes les droites situées sur l'hyperboloïde, transportées au centre parallèlement à elles-mêmes, coïncident avec les génératrices du cône asymptote ; c'est ce qui ressort des équations précédentes.

On démontre qu'une droite, qui se meut en s'appuyant sur trois droites fixes non situées deux à deux dans un même plan, engendre une hyperboloïde à une nappe. Il est facile de voir encore qu'une droite qui tourne autour d'un axe fixe qu'elle ne rencontre pas et auquel elle n'est pas parallèle, décrit un hyperboloïde de révolution à une nappe.

SURFACES DÉNUÉES DE CENTRE.

Les surfaces dénuées de centre sont comprises dans l'équation générale

$$P'y^2 + P''z^2 = Qx.$$

Un des coefficients P'', par exemple, peut être de même signe que P' et Q, ou de signe contraire. Donc, deux cas à distinguer.

I. *Paraboloïde elliptique.* (P', P'' et Q de même signe.)

Fig. 90.

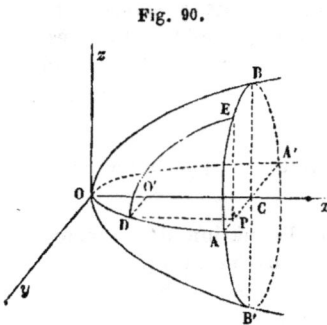

La surface passe à l'origine et elle n'admet pas de points du côté des x négatifs, puisque $P'y^2 + P''z^2$ est toujours positif.

Pour $z = 0$, $y^2 = \dfrac{Q}{P'}x = 2px$, l'intersection par le plan xy est une parabole ayant pour axe l'axe ox; pour $y = 0$, $z^2 = \dfrac{Q}{P''}x = 2p'x$, et l'intersection par le plan des xz est encore une parabole ayant pour axe l'axe ox. L'axe ox est l'axe de la surface; les plans xy et xz sont des plans diamétraux. Toute section par un plan perpendiculaire à ox est une ellipse. Cette ellipse donne la génération de la surface, dont l'équation simplifiée est $\dfrac{y^2}{p} + \dfrac{z^2}{p'} = 2x.$ La surface n'admet comme sections planes qu'ellipses et paraboles.

II. Paraboloïde hyperbolique (P' et Q > 0, P'' < 0).

L'équation simplifiée prend la forme

$$\frac{y^2}{p} - \frac{z^2}{p'} = 2x.$$

La surface s'étend à l'infini de chaque côté de l'origine. Le plan xy la coupe suivant une parabole A'oA; le plan xz suivant une parabole, dirigée en sens inverse de la première BoB'; le plan yz suivant deux droites $\dfrac{y^2}{p} - \dfrac{x^2}{p'} = 0$ passant à l'origine. Un plan parallèle à xy, $z = c$, donne une section parabolique qui n'est autre que la parabole AoA' transportée parallèlement à elle-même le long de la parabole BoB'. Un plan parallèle à xz, $y = c$ donne une section parabolique qui n'est autre que la parabole BoB' transportée parallèlement à elle-même le long de la parabole AoA'. Un plan parallèle à yz, $x = c$ donne pour section une hyperbole ayant pour axe DD'. La surface n'admet comme sections planes que

Fig. 91.

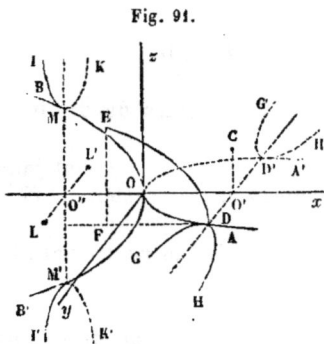

des paraboles et des hyperboles, d'où le nom de paraboloïde hyperbolique.

Comme cas particulier des surfaces dénuées de centre se présente le cylindre parabolique $P'y^2 = Qx$.

Génératrices rectilignes du paraboloïde hyperbolique.

En tout point de ce paraboloïde passent deux droites qui sont contenues tout entières sur la surface. En effet, l'équation $\dfrac{y^2}{p} - \dfrac{z^2}{p'} = 2x$ peut se mettre sous la forme $\left(\dfrac{y}{\sqrt{p}} + \dfrac{z}{\sqrt{p'}}\right)\left(\dfrac{y}{\sqrt{p}} - \dfrac{z}{\sqrt{p'}}\right) = 2x$, et cette équation peut s'obtenir par l'élimination de λ entre les deux équations

$$\frac{y}{\sqrt{p}} + \frac{z}{\sqrt{p'}} = 2\lambda x \quad \text{et} \quad \frac{y}{\sqrt{p}} - \frac{z}{\sqrt{p'}} = \frac{1}{\lambda},$$

ou par l'élimination de μ entre les deux équations

$$\frac{y}{\sqrt{p}} + \frac{z}{\sqrt{p'}} = \mu, \quad \frac{y}{\sqrt{p}} - \frac{z}{\sqrt{p'}} = \frac{2x}{\mu}.$$

On démontre que deux droites λ et λ' d'un même système ne sont jamais dans un même plan, et que, au contraire, deux droites λ et μ de système différent sont toujours dans un même plan.

Les droites du premier système sont comprises dans un plan $\dfrac{y}{\sqrt{p}} - \dfrac{z}{\sqrt{p'}} = \dfrac{1}{\lambda}$

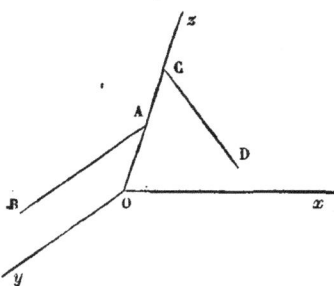
Fig. 92.

parallèle au plan $\dfrac{y}{\sqrt{p}} - \dfrac{z}{\sqrt{p'}} = 0$; les droites du deuxième système sont comprises dans un plan $\dfrac{y}{\sqrt{p}} + \dfrac{z}{\sqrt{p'}} = \mu$, parallèle au plan $\dfrac{y}{\sqrt{p}} + \dfrac{z}{\sqrt{p'}} = 0$. Ainsi les génératrices de chaque système sont parallèles à un plan fixe, dit plan directeur passant par l'axe oz. L'ensemble des plans directeurs est donné par le premier membre de l'équation $\dfrac{y^2}{p} - \dfrac{x^2}{p'} = 0$. Comme réciproque des relations précédentes,

On démontre que : lorsqu'une droite glisse sur trois droites oy, AB, CD parallèles à un même plan, mais non situées deux à deux dans un même plan, elle engendre un paraboloïde hyperbolique.

TANGENTE A UNE COURBE DE L'ESPACE.

Une courbe de l'espace est donnée par l'intersection de deux surfaces $F(x, y, z) = 0$ et $\varphi(x, y, z) = 0$; on peut supposer que les trois coordonnées d'un point de la courbe sont données par les équations $x = f(t)$, $y = f_1(t)$, $z = f_2(t)$, expressions dans lesquelles t est une variable indépendante à laquelle on donne une seconde valeur. Et l'on voit, en effet, que si l'on tire la valeur de t d'une de ces trois équations et qu'on la porte dans les deux autres, il reste deux équations en x, y, z dont l'ensemble représente une courbe.

Ceci posé, soit xyz un point de la courbe M, et $x + \Delta x$, $y + \Delta y$, $z + \Delta z$ le point voisin M₁, et soient t et $t + \Delta t$ les valeurs correspondantes de la variable auxiliaire. Considérons la sécante MM₁ dont XYZ sont les ordonnées courantes; une portion de cette droite a pour projections sur les trois axes les quantités $X - x$, $Y - y$, $Z - z$,   et d'autre part ces projections sont proportionnelles aux quantités $\frac{\Delta x}{\Delta t}$, $\frac{\Delta y}{\Delta t}$, $\frac{\Delta z}{\Delta t}$; on a donc :

$$\frac{X - x}{\left(\frac{\Delta x}{\Delta t}\right)} = \frac{Y - y}{\left(\frac{\Delta y}{\Delta t}\right)} = \frac{Z - z}{\left(\frac{\Delta z}{\Delta t}\right)},$$

et lorsque Δt tend vers zéro, la sécante devient tangente, les rapports $\frac{\Delta x}{\Delta t}$, $\frac{\Delta y}{\Delta t}$, $\frac{\Delta z}{\Delta t}$ tendent vers les dérivées x', y', z' de xyz par rapport à t, et il en résulte que la tangente au point M est représentée par les équations

$$\frac{X - x}{x'} = \frac{Y - y}{y'} = \frac{Z - z}{z'}.$$

Plan osculateur à une courbe. Pour les courbes planes, toutes les tangentes sont dans le même plan que celui de la courbe; pour les courbes gauches, l'ensemble des tangentes forme une surface gauche dont nous aurons lieu de dire quelques mots en géométrie descriptive; imaginez une courbe gauche décomposée en une infinité d'éléments rectilignes, lesquels éléments prolongés représentent les tangentes; deux de ces tangentes, prolongements de deux côtés adjacents du polygone infinitésimal, ont un point commun, elles sont donc dans un même plan, et ce plan est ce qu'on appelle le plan osculateur de la courbe au point considéré; c'est le plan qui contient trois points infiniment voisins de la courbe, et c'est par cette définition qu'on le calcule en analyse. Si l'on considère tous les plans passant par une tangente à la courbe, le plan osculateur est parmi eux et l'on voit qu'il a avec la courbe un contact plus intime que tous les autres, on dit qu'il est osculateur de la courbe (du latin *oscula*, baiser).

Plan tangent à une surface. Sur une surface quelconque $f(x, y, z) = 0$, traçons une courbe et une sécante à cette courbe. Les deux coordonnées x et y d'un point de cette courbe sont des fonctions de la troisième coordonnée z (qui remplace la variable auxiliaire t de plus haut), les valeurs de x, y, z vérifient la relation $f(xyz) = 0$, et les dérivées x', y' de xy par rapport à z vérifieront l'équation   (1) $x'f'_x + y'f'_y + f'_z = 0$.
D'autre part la tangente, qui est la limite de la sécante considérée, a pour

équation $$\frac{X - x}{x'} = \frac{Y - y}{y'} = \frac{Z - z}{z'},$$

et l'équation (1) peut s'écrire :

(2) $(X - x)f'_x + (Y - y)f'_y + (Z - z)f'_z = 0$,

dans laquelle les deux paramètres variables x' et y' ont disparu. Par suite la surface que représente l'équation (2) est le lieu de toutes les tangentes aux courbes tracées sur la surface par le point x, y, z; or cette surface est un plan qu'on appelle plan tangent. Donc les tangentes à toutes les courbes tracées sur une surface par un point donné sont dans un même plan. Il est facile de démontrer géométriquement ce théorème, qui nous servira souvent en géométrie descriptive.

Courbure des lignes planes.

La courbure totale d'un arc de courbe, qui ne présente pas d'inflexion entre ses deux extrémités, est l'angle formé par les tangentes extrêmes de cet arc. On comprend bien que cet angle peut mesurer la courbure, c'est-à-dire la plus ou moins grande vitesse avec laquelle l'arc s'infléchit. Ainsi, pour une ligne droite, cet angle est nul et la courbure l'est aussi ; si l'on prend sur des circonférences de rayon différent un arc de longueur constante, l'angle des tangentes extrêmes sera d'autant plus grand que le rayon du cercle sera plus petit, la courbure sera d'autant plus grande que le rayon sera plus petit, et c'est bien là ce que l'esprit conçoit.

La courbure moyenne est, par définition, le rapport de la courbure totale à la longueur de l'arc considéré. Si l'on suppose que l'arc devienne de plus en plus petit, sa courbure moyenne tend vers une limite que l'on nomme courbure de la courbe au point auquel l'arc tend à se réduire.

Rien n'est plus facile que de calculer d'après cette définition la courbure d'un arc dont l'équation $y = \varphi(x)$ est donnée.

La tangente au point x, y fait avec l'axe des x un angle α tel que

$$\tang \alpha = \frac{dy}{dx} \quad \text{ou} \quad \alpha = \text{arc tang}\left(\frac{dy}{dx}\right).$$

L'angle de deux tangentes consécutives est la différence entre $(\alpha + d\alpha)$ et α ; cet angle est donc : $d\alpha = d\left(\text{arc tang}\, \frac{dy}{dx}\right)$, et en appliquant la règle de différentiation qui donne pour la dérivée de (arc tang y) la valeur $\frac{y'}{1 + y^2}$, on

trouve :

$$d\alpha = \frac{d\left(\dfrac{dy}{dx}\right)}{1 + \left(\dfrac{dy}{dx}\right)^2} = \frac{\left(\dfrac{d^2y}{dx^2}\right)dx}{1 + \left(\dfrac{dy}{dx}\right)^2}.$$

D'autre part, si (ds) est l'arc infiniment petit de la courbe, on a

$$\overline{ds}^2 = dx^2 + dy^2 \quad \text{ou} \quad ds = dx\sqrt{1 + \left(\frac{dy}{dx}\right)^2}.$$

La courbure, qui est le rapport de l'angle des tangentes à l'arc, a donc pour

valeur

$$\frac{d\alpha}{ds} = \frac{\dfrac{d^2y}{dx^2}}{\left[1 + \left(\dfrac{dy}{dx}\right)^2\right]^{\frac{3}{2}}};$$

telle est l'expression simple qui permet de calculer la courbure d'une courbe dont l'équation est donnée.

Si la courbe considérée est un cercle, l'angle de deux tangentes est égal à l'angle au centre correspondant. La courbure moyenne est donc, quel que soit l'arc considéré, le rapport de cet arc à son angle au centre ; or ce rapport est constant et égal au rayon du cercle. Donc la courbure d'un cercle, qui est l'inverse du rapport précédent, est mesurée par l'inverse du rayon. Si le rayon est

infini, la courbure est nulle, et en effet, le cercle se réduit à une droite; si le
rayon du cercle va sans cesse en diminuant jusqu'à s'annuler, la courbure
augmente jusqu'à l'infini. Un point a une courbure infinie.

D'après cela, quelle que soit la courbure d'une courbe en un point, on peut
toujours concevoir un cercle qui la touche, et dont le rayon soit donné par
l'équation

$$\frac{1}{\rho} = \frac{\frac{d^2y}{dx^2}}{\left[1 + \left(\frac{dy}{dx}\right)^2\right]^{\frac{3}{2}}}, \quad \text{d'où} \quad \rho = \frac{\left[1 + \left(\frac{dy}{dx}\right)^2\right]^{\frac{3}{2}}}{\left(\frac{d^2y}{dx^2}\right)}.$$

Ce cercle tangent à la courbe considérée, ayant sa convexité dans le même sens
et un rayon égal au rayon de courbure de la courbe, se nomme son cercle de
courbure. On conçoit sans peine de quelle importance peut être, en géométrie
pure aussi bien qu'en géométrie appliquée, la considération du cercle de courbure, cercle par lequel on peut remplacer la courbe sur une certaine longueur
de chaque côté du point de contact.

Le centre du cercle de courbure est la limite du point d'intersection de deux
normales infiniment voisines.

Le cercle de courbure est en même temps le cercle osculateur de la courbe,
c'est-à-dire que, parmi tous les cercles tangents à la courbe en un point déterminé, le cercle de courbure est celui qui tend le plus à se confondre avec la
courbe.

Développées et développantes. La développée d'une courbe est l'enveloppe de
ses normales. Définissons d'abord l'enveloppe d'une courbe : soit $\varphi(x.y.a) = 0$
l'équation d'une courbe plane, dans laquelle entre un paramètre arbitraire (a);
supposons qu'on donne à ce paramètre une série de valeurs croissant par petits
intervalles, il en résultera une série de courbes voisines ; les points d'intersection
de chaque courbe avec la courbe voisine formeront les sommets d'un polygone
curviligne dont chaque côté sera un petit arc appartenant à l'une des courbes.
La limite de ce polygone est évidemment une ligne tangente à toutes les courbes
proposées et passant par l'intersection de chacune d'elles avec la courbe infiniment voisine.

Cherchons l'équation de l'enveloppe des courbes données par l'équation
$\varphi(x.y.a) = 0$; un point de l'enveloppe est donné par l'intersection des deux
courbes voisines (1) $\varphi(x.y.a) = 0$, (2) $\varphi(x, y, a + da) = 0$; on peut remplacer ce système d'équation par le suivant :

$$(1) \quad \varphi(x.y.a) = 0, \quad (3) \quad \frac{\varphi(x, y, a + da) - \varphi(x.y.a)}{da} = 0,$$

lequel devient à la limite (1) $\varphi(x.y.a) = 0$ et $\varphi'_a(x.y.a) = 0$. Entre ces
deux équations, on élimine (a) et l'on a une relation en x et y qui représente
l'enveloppe cherchée.

On comprendra maintenant la définition que nous avons donnée de la développée d'une courbe : c'est l'enveloppe des normales de cette courbe. C'est par
suite le lieu des intersections successives de deux normales infiniment voisines,
c'est-à-dire le lieu des centres de courbure de la courbe proposée. Une courbe
n'a donc qu'une seule développée. La développée d'un cercle est son centre :
nous engageons le lecteur à tracer soit une ellipse, soit une parabole, et à mener

une série de normales à ces courbes : les intersections successives de ces normales indiqueront le profil des développées.

La développante d'une courbe est une courbe qui coupe à angle droit toutes les tangentes de la première. Il n'est pas évident *à priori* que toute courbe ait une développante; mais s'il y en a une, il y en a une infinité qui sont toutes parallèles à la première, car ces courbes parallèles ont même normale. La seule développante usitée dans la pratique est la développante de cercle. Il est facile de construire cette développante en menant une tangente au cercle, et faisant ensuite rouler cette tangente sur le cercle; le point de cette droite, qui était en contact avec le cercle lors de la position initiale décrit une développante : les distances de ce point fixe aux points de contact successifs, distances comptées sur la tangente, sont égales à la longueur des arcs qui séparent le point de contact actuel du point de contact initial. Cette définition permet de construire la développante par points.

Courbure des courbes non planes. La définition de la courbure totale et moyenne des courbes gauches est la même que celle des courbes planes. En un point donné, considérons le plan osculateur d'une courbe gauche, et projetons cette courbe sur ce plan : la projection a un cercle osculateur qui est son cercle de courbure, et l'on démontre que, parmi tous les cercles qui touchent la courbe gauche, celui qui s'en approche le plus et tend à se confondre avec elle est précisément le cercle de courbure de la projection de la courbe sur son plan osculateur.

Ce cercle est dit cercle osculateur de la courbe gauche, et son rayon est le rayon de courbure de la courbe.

Si l'on considère la tangente en un point d'une courbe gauche et le plan mené par ce point perpendiculairement à la tangente, toutes les droites du plan sont perpendiculaires à la tangente c'est-à-dire normales à la courbe. Le plan normal rencontre le plan osculateur suivant une droite qui est la normale principale à la courbe et dont la direction est celle du rayon de courbure.

Des lignes de courbure d'une surface. Leurs propriétés principales.

Si l'on considère en un point quelconque d'une surface courbe la normale à cette surface, et les normales à tous les points voisins du premier, et si l'on veut passer à un point infiniment voisin du premier dont la normale soit dans le même plan que la première, et la rencontre par conséquent en un point, on peut toujours le faire dans deux directions; il est remarquable que ces deux directions sont à angles droits sur la surface, et qu'elles sont les seules à donner ce résultat remarquable. Il faut en excepter cependant la surface de la sphère, pour laquelle les normales sont toujours deux à deux dans un même plan puisqu'elles passent au centre; il faut en excepter aussi des points singuliers que présentent certaines surfaces, et qui jouent le rôle d'un élément de sphère; ces points singuliers s'appellent des ombilics, les sommets des surfaces de révolution en sont un exemple.

Les deux points, auxquels chaque normale est rencontrée par les deux normales infiniment voisines, sont les centres principaux de courbure de la surface au point considéré; les rayons correspondants sont les rayons de courbure principaux, et les directions rectangulaires suivant lesquelles on passe de la normale aux deux normales consécutives qui la coupent, sont les directions des courbures principales.

Si l'on conçoit que le point de la surface se meuve de manière qu'à chaque instant il suive toujours la courbure dirigée suivant un certain sens, il engendrera une ligne de courbure de la surface; en tout point de la surface, on trouvera une ligne de courbure de ce premier système : la direction rectangulaire donnera pour chaque point la ligne de courbure du second système. Une ligne du second système coupe à angle droit toutes celles du premier système et réciproquement : elles sont trajectoires orthogonales les unes des autres. L'ensemble des lignes de courbure divise l'aire de la courbe en éléments, qui sont tous rectangulaires.

Il est facile de concevoir les deux systèmes de lignes de courbure en prenant pour exemple les surfaces de révolution. On ne peut sur une surface de révolution passer d'un point à un autre dont la normale rencontre la normale du premier, à moins qu'on ne suive soit le méridien, soit le parallèle qui passe au point considéré. Dans toute autre direction, les normales ne se rencontreraient pas puisqu'elles seraient situées dans des méridiens différents et de plus ne rencontreraient pas l'axe au même point. Un méridien est perpendiculaire à tous les parallèles de la surface, et réciproquement un parallèle est perpendiculaire à tous les méridiens. Les deux séries de courbes, méridiens et parallèles divisent la surface en petits éléments qu'on peut regarder comme rectangulaires.

Nous aurons occasion de reparler de ces propriétés des lignes de courbure, lorsque nous nous occuperons de la coupe des pierres.

Des hélices. L'hélice est une courbe que l'on rencontre trop souvent pour que nous n'en donnions pas ici les propriétés principales.

On appelle surface cylindrique ou cylindre une surface engendrée par une droite qui se meut parallèlement à elle-même en s'appuyant sur une courbe fixe : lorsque la courbe fixe est un cercle, le cylindre est circulaire, et si de plus la direction de la génératrice est perpendiculaire au plan du cercle le cylindre est droit à base circulaire. Les sections parallèles à la base sont des cercles dont tous les centres sont sur l'axe.

Fig. 93.

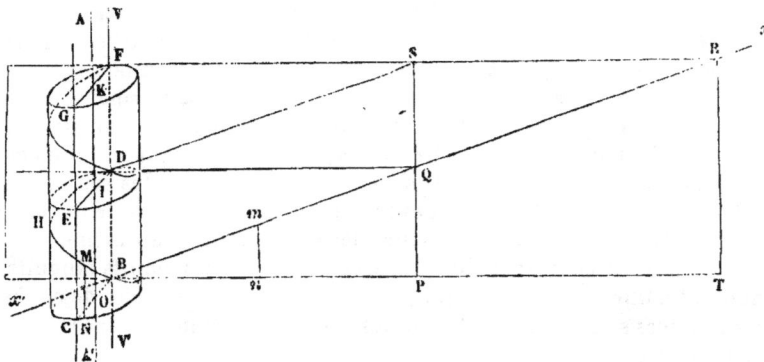

Soit AA′ l'axe du cylindre; menons suivant la génératrice BD un plan, et supposons le cylindre coupé suivant cette génératrice et développé sur le plan (nous verrons en géométrie descriptive qu'un cylindre peut s'étendre sur un plan sans déchirure ni duplicature); la circonférence de base BC se développe suivant une droite BP perpendiculaire à la génératrice DB; la droite DQ égale à la première est le développement de la base supérieure DE du cylindre, de sorte que le cylindre se développe suivant le rectangle BPQD. Menons la diagonale BQ du rectangle, et supposons maintenant qu'on l'enroule sur le cylindre, la droite BQ se transformera en une ligne à double courbure qu'on appelle hélice. L'hélice est indéfinie, car si l'on suppose la ligne BQ prolongée et qu'on prolonge indéfiniment au delà de 360° l'enroulement du plan sur le cylindre la droite donnera une courbe indéfinie : les longueurs telles que BD interceptées sur une génératrice par cette courbe sont égales entre elles. La portion BMHD de courbe comprise entre les points B et D est une spire : toutes les spires sont égales.

Le pas de l'hélice est le rapport de la hauteur PQ d'une spire à la circonférence BP sur laquelle elle se projette. On comprend ce que veut dire un pas de $\frac{1}{10}, \frac{1}{100}, \frac{1}{1000}$. On a le rapport $\frac{mn}{nB} = \frac{QP}{PB} = \frac{h}{2\pi r} = $ le pas. Donc si l'on détermine un point de l'hélice au moyen des deux coordonnées suivantes : 1° l'arc BN de la base du cylindre ; 2° la hauteur NM de génératrice interceptée entre la base et la courbe, l'hélice a pour équation $\frac{NB}{MN} = $ constante.

Tangente à l'hélice. Si a est le pas de l'hélice, son équation sera $y = hx$, les x étant comptés sur la circonférence voisine. Pour deux points voisins M et M' de la courbe, on peut supposer que le plan MM'I se confond avec un élément de la surface du cylindre, et que la droite MI est égale à l'arc NN'.

Fig. 94.

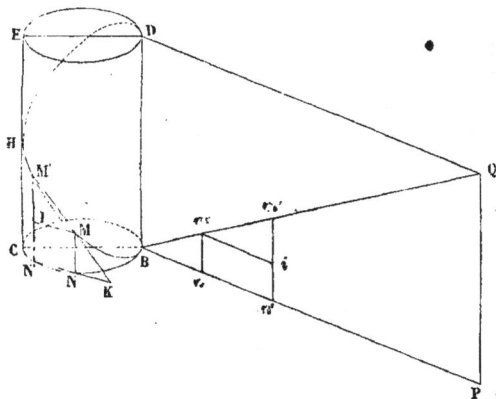

Donc si (α) est l'angle de la tangente avec le plan de la base, on aura

$$\tan \alpha = \lim \frac{M'I}{MI} = \frac{dy}{dx} = h \, ;$$

donc l'angle α est constant et égal à l'angle QBP qui a aussi pour tangente le rapport $\frac{PQ}{PB} = h$. L'angle de la tangente à l'hélice avec le plan de base est constant et égal à l'angle que fait la droite transformée de l'hélice avec la transformée de la base.

La sous-tangente NT est donc égale à l'arc BN, car le triangle MNT est égal à mnB. Il résulte aussi que le pied T de la tangente à l'hélice se meut sur la développante du cercle de base dont l'origine est en B.

Fig. 95.

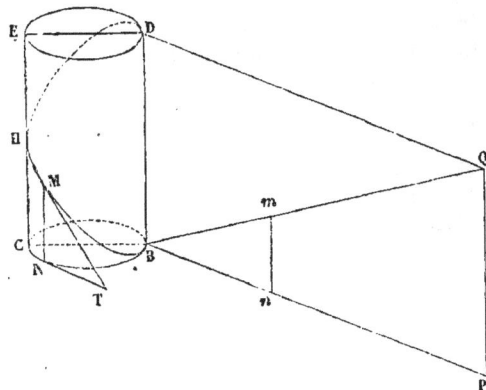

Projection de l'hélice sur un plan perpendiculaire à la base du cylindre.

Soit *xy* la ligne de terre : on divise la base (*bc*) en un certain nombre de par-

Fig. 96.

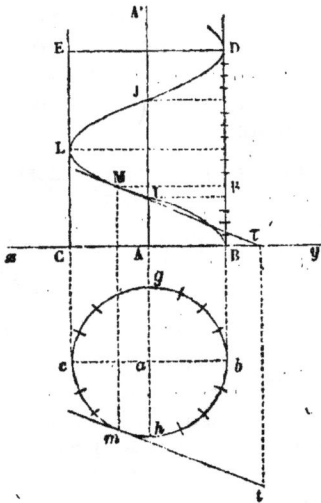

ties égales, et la hauteur BD d'une spire en un même nombre de parties égales.

Par les points de division de la base on mène des verticales, et par les points de division de la hauteur on mène des sections droites du cylindre qui se projettent suivant des parallèles à la ligne de terre *xy*. Les points tels que M, intersection d'une verticale et d'une horizontale ayant même numéro d'ordre, appartiennent, d'après l'équation de l'hélice, à sa projection verticale. Cette projection est une sinusoïde dont AA' est l'axe.

Hélicoïdes gauches. Les hélices servent de directrice à des surfaces gauches très-usitées dans la pratique et qui sont des hélicoïdes gauches.

Imaginez une hélice tracée sur un cylindre, et une droite qui se meut en s'appuyant, 1° sur l'hélice, 2° sur l'axe du cylindre, et en faisant avec cet axe un angle constant ; cette droite engendre ce qu'on appelle la surface de vis à filet triangulaire. Lorsque la droite génératrice qui s'appuie sur l'ellipse et sur l'axe rencontre celui-ci normalement, on a la surface de vis à filet carré : cette surface peut encore être engendrée par une droite qui se meut en s'appuyant, 1° sur l'hélice, 2° sur l'axe du cylindre en restant parallèle au plan de base du cylindre.

La vis à filet triangulaire est engendrée par un triangle isocèle, dont le plan est normal à la surface d'un cylindre droit, et dont la base repose sur une génératrice de ce cylindre. On donne à ce triangle un mouvement hélicoïdal, c'est-à-dire qu'il se meut en restant normal au cylindre, et de telle sorte que pour un point donné le rapport de la hauteur à l'arc parcouru par la projection sur le plan horizontal soit constant. Les deux sommets de base décrivant des hélices égales et parallèles, le sommet opposé décrit une hélice égale et parallèle aux deux autres. Les côtés du triangle isocèle engendrent des surfaces de vis à filet triangulaire. Le pas de la vis est le pas du mouvement hélicoïdal.

La vis à filet carré est engendrée par un rectangle accolé à une génératrice d'un cylindre droit normalement à ce cylindre et animé d'un mouvement hélicoïdal : les deux côtés horizontaux engendrent des surfaces de vis à filet carré, et le côté vertical engendre un cylindre.

Les hélices tracées sur un cylindre sont sinistrorsum ou dextrorsum suivant que, pour un observateur placé suivant l'axe du cylindre, l'enroulement de la droite BQ se fait de gauche à droite ou de droite à gauche. La même distinction est à faire pour tout mouvement hélicoïdal.

MANUEL
DE L'INGÉNIEUR DES PONTS ET CHAUSSÉES

PROGRAMME
DE L'EXAMEN DES CANDIDATS AU GRADE D'INGÉNIEUR DES PONTS ET CHAUSSÉE

APPLICATION DE LA GÉOMÉTRIE DESCRIPTIVE

I. *Coupe des pierres*. —. Principales formes des murs et des voûtes. Taille de la pierre par équarrissements, par panneaux. — Tracé et vérification des épures d'exécution.

Appareils des murs en aile, des avant-becs et couronnements des piles de ponts.

Appareil des berceaux droits, en talus, légèrement biais; des berceaux en descente. — Appareil hélicoïdal des arches biaises. — Appareil des voûtes à intrados gauche; des voûtes sphériques. — Pénétration de voûtes.

II. *Charpente*. — Composition d'un pan de bois, d'un comble, d'un escalier, de la ferme d'un cintre ou d'un pont. — Divers modes d'assemblage, d'enture et de liaison, suivant la nature des efforts que supportent les pièces. — Tracé et vérification des épures d'exécution.

TABLE DES MATIÈRES

MANUEL

DE

L'INGÉNIEUR DES PONTS ET CHAUSSÉES

(DEUXIÈME SECTION)

GÉOMÉTRIE DESCRIPTIVE. — COUPE DES PIERRES CHARPENTE

GÉOMÉTRIE DESCRIPTIVE

Il n'entre point dans notre programme de traiter la géométrie descriptive proprement dite. Le lecteur doit connaître tout ce qui est relatif à la ligne droite et au plan ; nous l'engageons à revoir ces notions fondamentales et à refaire lui-même toutes les épures, afin de posséder pleinement les principes. La géométrie descriptive n'offre que peu de difficultés théoriques : elle présente surtout quelques difficultés d'exécution. Étant donné une figure compliquée où se croisent une infinité de lignes, il faut s'habituer à rétablir instantanément par la pensée la figure dans l'espace. En un mot, il faut éviter toute construction machinale. C'est par un exercice soutenu, par l'étude de nombreuses épures différentes que l'on arrive à savoir parfaitement la géométrie descriptive. Pour l'étudier, il ne suffit point de lire un ouvrage en suivant sur les planches, il est indispensable de tracer soi-même l'épure indiquée dans le livre. Par ce moyen tout s'éclaircit, et ces figures qui semblent au premier abord inextricables, n'offrent plus à l'esprit qu'une image des plus nettes.

NOTIONS SUR LES SURFACES.

Génération des surfaces.

En géométrie analytique, nous avons exprimé la nature d'une surface par des relations entre les distances d'un point de cette surface à trois plans fixes. En géométrie descriptive, nous considérerons une surface comme engendrée par une courbe qui se meut, suivant une certaine loi, avec une forme constante ou variable : cette courbe mobile est la génératrice de la surface.

Une surface est définie lorsque, pour chacun de ses points, on peut assigner la forme et la position de la ligne génératrice qui passe en ce point. De la sorte, en effet, on a des génératrices aussi nombreuses et aussi rapprochées qu'on le veut, et l'ensemble de ces lignes représente complétement la surface.

Nous ne considérerons que les surfaces usitées dans la pratique, c'est-à-dire celles qui sont engendrées par la ligne droite et le cercle. Parmi les surfaces qu'engendre le cercle, on remarque particulièrement les surfaces de révolution, qui s'exécutent au moyen de la machine-outil appelée tour.

Surfaces de révolution. D'une manière générale on appelle surface de révolution la surface engendrée par une ligne droite ou courbe, plane ou à double courbure qui tourne autour d'un axe fixe.

Tout plan passant par l'axe fixe coupe la surface suivant une section constante, dite section méridienne.

Si l'on trace sur une surface de révolution telle ligne que l'on voudra, et qu'on fasse tourner cette ligne autour de l'axe de la surface, elle décrira la surface elle-même, ce qui se comprend en remarquant que les rayons et la position respective des circonférences, dont le cercle est perpendiculaire à l'axe, ne changent pas.

Toutes les sections perpendiculaires à l'axe fixe sont des cercles ayant leur centre sur cet axe : on les appelle les parallèles de la surface.

Toutes les normales d'une surface de révolution rencontrent son axe, en effet, en tout point d'un parallèle, la tangente au parallèle est normale au méridien qui passe par le même point; or, la tangente au parallèle est une tangente à la surface, et comme la normale en un point est perpendiculaire au plan tangent, c'est-à-dire à toutes les tangentes que ce plan contient, il suit de là que la normale cherchée est perpendiculaire à la tangente au parallèle; elle est donc située dans le plan méridien et par suite rencontre l'axe de la surface.

Toutes les normales, menées aux divers points d'un même parallèle, rencontrent l'axe fixe au même point; leur ensemble forme un cône droit ayant pour base le parallèle et pour axe l'axe fixe de la surface de révolution.

Surfaces engendrées par une droite.

Il y a deux espèces de surfaces engendrées par une droite : les unes qu'on nomme surfaces développables, les autres qu'on appelle surfaces gauches, non développables.

Surfaces développables.

Une surface développable est le lieu géométrique des tangentes à une courbe à double courbure, qu'on nomme arête de rebroussement de la surface : deux tangentes consécutives correspondent à deux positions consécutives de la droite génératrice de la surface. On conçoit la surface comme formée de deux nappes qui se composent, l'une des portions de tangentes prises en deçà, et l'autre des portions prises au delà du point de contact. Les deux nappes sont séparées par l'arête de rebroussement.

Les exemples les plus simples de surfaces développables sont le cône et le cylindre. Dans le cône, l'arête de rebroussement se réduit à un point situé à distance finie, et qui est le sommet du cône; dans le cylindre, l'arête de rebroussement se réduit à un point situé à l'infini, et toutes les droites génératrices sont parallèles.

D'une manière générale, un cône est la surface engendrée par une droite qui passe en un point fixe et s'appuie sur une courbe donnée, ou directrice. De la nature de la directrice, de la position relative du sommet et de la directrice dépend la nature du cône. Si la directrice est une courbe plane du 2ᵉ degré, le cône est lui-même du second degré; si la base est circulaire, et perpendiculaire à la ligne qui joint le sommet au centre de la base, le cône est circulaire droit, c'est un cône de révolution.

Le cylindre est la surface engendrée par une droite qui se meut parallèlement à elle-même en s'appuyant sur une courbe donnée qu'on appelle directrice; on conçoit, sans qu'il faille le dire, ce qu'est un cylindre du deuxième degré ou un cylindre de révolution.

Revenons aux surfaces développables :

Chaque élément de la surface développable est compris entre deux droites qui se coupent; c'est donc un élément plan. L'élément plan voisin peut tourner avec la surface autour de la génératrice commune aux deux éléments, jusqu'à ce qu'il s'applique sur le plan du premier élément. Le troisième élément peut de même venir s'appliquer dans le plan des deux premiers, et ainsi de suite. On voit que finalement tous les éléments de la surface se seront appliqués sur un seul et même plan, sans déchirure ni duplicature; et l'on a ce qu'on appelle le développement de la surface.

Toutes les courbes tracées sur la surface développable, et qui coupent les droites de cette surface sous des angles déterminés, se transforment sur le plan du développement en d'autres courbes qui coupent les droites de la surface développable rapportées sur ce plan, sous des angles respectivement égaux aux premiers. Toute surface peut se concevoir comme la réunion d'une infinité d'éléments plans, mais en général ces éléments plans ont toutes leurs dimensions infiniment petites; les surfaces développables sont les seules dont les éléments plans aient une dimension illimitée dans le sens des droites de la surface. Ces éléments plans prolongés dans tous les sens sont les plans tangents de la surface.

Le lieu d'un plan, mobile dans l'espace d'après une loi quelconque, est toujours une surface développable.

Surfaces gauches.

Dans une surface gauche, deux droites consécutives, quelque petite que soit leur distance, ne se rencontrent pas, et l'élément de la surface compris entre elles est un élément courbe qui a une dimension illimitée dans le sens des droites qui le comprennent. La forme de cet élément est celle d'un plan tordu ou plan gauche.

Certaines surfaces gauches sont très-régulières et très-belles : nous citerons les hyperboloïdes et paraboloïdes que nous avons étudiés en géométrie analytique.

D'une manière générale, une surface gauche est engendrée par une droite qui se meut en s'appuyant sur trois courbes données qu'on appelle directrices. Pour construire la génératrice qui passe en un point S de la directrice A, on construit les deux cônes ayant pour sommet le point S et pour bases les directrices B et C, ces deux cônes se coupent suivant des génératrices qui rencontrent évidemment B et C, et aussi A puisqu'elles passent au point S; ces génératrices s'appuient sur les trois courbes données, donc elles appartiennent à la surface cherchée.

PLANS TANGENTS.

Une surface quelconque peut se considérer comme formée d'une infinité d'éléments plans infiniment petits. Prolongez ces éléments dans tous les sens, vous aurez les plans tangents de la surface : en un point donné, le plan tangent contient les éléments rectilignes de toutes les courbes qui passent en ce point. Ainsi, les tangentes aux différentes courbes tracées sur une surface par un point donné sont comprises dans un même plan.

Pour construire ce plan, il suffira de trouver deux droites qui y soient contenues. Tel est le principe qui va nous guider dans la recherche des plans tangents.

Si l'on veut avoir le plan tangent en un point, on construit les tangentes à deux des courbes de la surface qui passent en ce point, et le plan de ces tangentes est le plan cherché. Il est clair que l'on choisit les courbes auxquelles on peut mener le plus facilement une tangente, les cercles par exemple, et mieux encore les lignes droites si la surface admet des génératrices rectilignes.

Lorsqu'il y a deux génératrices rectilignes passant en un même point, comme cela arrive pour les hyperboloïdes et paraboloïdes étudiés en géométrie analytique, le plan tangent est donné par le plan de ces deux génératrices. Pour les surfaces gauches, le plan tangent tourne autour de la génératrice, lorsque le point de contact se déplace sur cette génératrice. Pour les surfaces développables, le plan tangent est le même tout le long d'une génératrice.

Ainsi, dans un cylindre ou dans un cône, le plan tangent est le même tout le long d'une génératrice, et pour le construire il suffit de mener la tangente à la base au point où une génératrice la rencontre, et de construire le plan qui contient cette tangente et la génératrice correspondante.

Dans les surfaces de révolution, on construit en un point donné la tangente au méridien et la tangente au parallèle; le plan de ces deux droites est le plan tangent.

Exemples.

Planche 1, figure 1. Plan tangent à un cylindre, dont la base située dans le plan horizontal est ABCD, le contour apparent est ECLDF sur le plan horizontal et *abgh* sur le plan vertical.

1° Si le point est situé sur le cylindre, soit K sa projection horizontale; les génératrices qui contiennent le point de l'espace ont pour projection horizontale KML, et pour projections verticales *lo* et *mo'*; le point K de l'espace se projette donc sur le plan vertical soit en *k*, soit en *k'*. — Considérons le point K*k*; la génératrice, sur laquelle il se trouve, est (*kl*, KL), et comme le plan tangent cherché est tangent tout le long de la génératrice, il en résulte que la trace horizontale de ce plan est la ligne LP, tangente en L à la base du cylindre. L'horizontale du plan, au point K*k*, est donc (KS, *ks*), et P*s* est la trace verticale du plan cherché. Le plan tangent au point (K*k'*) se construit de même, c'est le plan RQ*r*; comme vérification, l'intersection (RV, *rv*) des deux plans tangents doit être parallèle aux génératrices du cylindre.

Planche 1, figure 2. 2° Mener un plan tangent au cylindre par un point extérieur N*n*. Par ce point menez une droite (NV, *nv*) parallèle aux génératrices du cylindre : la trace horizontale de cette droite est le point R : du point R on mène une tangente RL à la base, elle sera la trace horizontale du plan tangent cherché, et la génératrice de contact est (LO, *lo*), donc la trace verticale du plan tangent est Po. Du point R, on peut mener une autre tangente RM; il y a donc deux solutions, et les deux plans tangents se coupent suivant la droite (NV, *nv*) parallèle aux génératrices du cylindre.

Planche 1, fig. 3. 3° Mener un plan tangent au cylindre parallèlement à une droite donnée (UZ, *uz*). La droite (GZ, G'*z*) étant parallèle aux génératrices; la droite GU, qui joint les deux traces horizontales G et U des droites données parallèles à deux droites du plan cherché, sera parallèle à la trace horizontale du plan cherché; et cette trace sera soit PR, soit QR', tangentes menées à la base du cylindre parallèlement à GU. La génératrice du contact sera soit (LO, *lo*), soit (Mω, *m*ω'); et l'on a deux plans tangents RP*v*, R'Q*v*' qui répondent à la question.

Plans tangents à un cône.

1° Par un point K*k*' de la surface (planche 2, *fig.* 1). Soit E*e* le sommet, la génératrice qui passe en K a pour projections (EKM, *ekm*) ou bien (EKL, *ek'l*). Prenons le point (K*k*') : le plan cherché est tangent tout le long de la génératrice (EL, *el*), donc la trace horizontale de ce plan est la tangente LP à la trace horizontale du cône; alors on peut construire l'horizontale (KS, *k's*) du plan cherché et la droite P*s* est la trace verticale de ce plan. Le plan tangent passant au point K*k* est RQ*v*. Comme vérification, l'intersection des deux plans RP*v*, RQ*v* passe par le sommet du cône.

2° Par un point N*n* de l'espace (planche 2, *fig.* 2). Joignez le point donné au sommet, vous avez la droite (NE, *ne*) qui appartient au plan cherché et dont la trace horizontale est R. Le plan cherché a pour trace horizontale l'une ou l'autre des tangentes (RL, RM) à la base du cône; et l'on trouve deux solutions qui sont les plans RP*v*, RQ*v*, dont l'intersection (RV, *rv*) passe au sommet E*e* du cône.

3° Mener un plan tangent parallèle à une droite donnée (ZU, *zu*), planche 2, *fig.* 3. Par le sommet E*e*, menez une parallèle à la droite donnée, et par la trace horizontale R de cette parallèle menez RL, RM tangentes à la base du cône. Les plans tangents cherchés sont RP*v*, RQ*v*, et leur intersection est précisément la parallèle menée par le sommet à la droite donnée.

Plan tangent à une surface de révolution (planche 3).

Soit un ellipsoïde de révolution engendré par la rotation d'une ellipse tournant autour de son grand axe, qui est vertical. Le contour apparent sur le plan vertical est l'ellipse méridienne, et, sur le plan horizontal, c'est le plus grand parallèle, c'est-à-dire l'équateur de la surface.

Étant donné un point de la surface dont la projection horizontale est M, trouver sa projection verticale. Le point M est situé sur le parallèle décrit avec AM pour rayon; or le point M' a sa projection verticale en *n*' ou en *n*″, et le cercle horizontal MM' est la projection des deux parallèles passant en (*n*') et (*n*″), lesquels se projettent suivant des parallèles à la ligne de terre. Le point M a donc sa projection verticale soit en *m*, soit en *m*'. Considérons le point M*m*; le plan tangent en ce point contient la tangente au parallèle, c'est-à-dire la droite MP, *mp*, et *p* est un point de la trace verticale du plan : le plan tangent contient aussi la tangente au méridien; or, faisons tourner le méridien projeté horizontalement sur AM, de manière à le rendre parallèle au plan vertical, ce méridien se projettera suivant l'ellipse du contour apparent et le point M*m* sera venu en M'*n*'.

La tangente au méridien en M'*n*' se projette suivant *on'l'*, M'L' et elle rencontre l'axe de la surface en *o*; si l'on revient à la position initiale, la figure tout entière va tourner sans se déformer, la tangente au méridien décrit un cône droit dont le sommet est en *o*, et dont la base est le cercle décrit avec AL′ pour rayon ; finalement la tangente au méridien AM sera AL, *ol*. Le point L appartient à la trace horizontale du plan cherché, et, comme on connaît une horizontale MP de ce plan, sa trace horizontale sera LQ et sa trace verticale Q*p*.

On construirait de même le plan tangent K*Rs* au point M*m*′.

Les trois exemples que nous venons de donner indiquent suffisamment la marche à suivre pour construire le plan tangent en un point d'une surface quelconque.

INTERSECTIONS DE SURFACES.

Pour construire l'intersection de deux surfaces données, on se sert généralement d'une troisième surface, dite surface auxiliaire, qui coupe chacune des deux premières suivant une ligne. L'intersection des deux lignes donne des points communs aux deux surfaces. On fait varier graduellement la surface auxiliaire de manière à obtenir des points de l'intersection cherchée aussi rapprochés qu'on le veut. Il semble au premier abord que l'on ne fasse que compliquer la question : il n'en est rien, car on choisit la surface auxiliaire de manière à ce qu'elle coupe les surfaces données suivant des lignes simples et faciles à construire, des droites ou des cercles par exemple.

Ainsi, veut-on trouver l'intersection de deux cônes? on se sert de plans auxiliaires passant par les deux sommets; ils coupent les cônes suivant des lignes droites. S'agit-il de cylindres? On se sert de plans parallèles aux deux systèmes de génératrices. S'agit-il d'un cône et d'un cylindre? On se sert de plans auxiliaires passant par la parallèle aux génératrices du cylindre menée par le sommet du cône. Enfin, s'agit-il de surfaces de révolution à axes parallèles, verticaux, par exemple ? On se sert de plans horizontaux qui coupent les surfaces données suivant des cercles; cette construction s'applique à la recherche de l'intersection de deux sphères. Dans le cas où l'on a deux surfaces de révolution à axes concourants, les surfaces auxiliaires seront des sphères concentriques décrites du point de concours des axes comme centre.

Si les surfaces ont une position irrégulière par rapport aux plans de projection, il faut effectuer un changement de plans de projection. Si les surfaces n'admettent pas de sections simples, on applique encore la méthode générale, on coupe par des plans auxiliaires : mais les épures deviennent alors longues et compliquées.

Tangente à l'intersection de deux surfaces.

La ligne intersection de deux surfaces peut fort bien se déterminer par points, mais on arrive à plus d'exactitude dans le tracé en cherchant les tangentes en divers points de l'intersection.

La tangente en un point de l'intersection de deux surfaces est la droite suivant laquelle se coupent les plans tangents aux deux surfaces au point considéré. En effet, l'intersection appartient aux deux surfaces. Sa tangente en un point est donc tout entière dans l'un et dans l'autre plan tangent, par suite elle est leur intersection même.

Intersection d'un cylindre circulaire droit par un plan (planche 4).

La base du cylindre est le cercle de diamètre AB, et son contour sur le plan vertical se compose des verticales élevées en A′ et B′. Le plan sécant est (EF*a*), perpendiculaire au plan vertical; si le plan donné n'était pas perpendiculaire au plan vertical, il serait facile, par un changement du plan vertical de projection d'obtenir la disposition indiquée par la figure. Nous savons que la courbe d'intersection du cylindre et du plan est une ellipse projetée verticalement sur la droite *ab* et horizontalement sur le cercle de base AB du cylindre. On voit immédiatement sur la figure que la droite *ab* est le grand axe de l'ellipse. La tangente au point H*h* de l'intersection est la droite HE, *h*F dont la trace horizontale est en E.

Faisons tourner le plan sécant autour de l'horizontale projetée au point (*c*), la courbe se projettera en vraie grandeur sur le plan horizontal, et verticalement se projettera suivant la droite $\alpha'\beta' = ab = \alpha\beta$ grand axe de l'ellipse. Dans le mouvement, un point tel que H*h* décrit un arc de cercle parallèle au plan vertical et qui par suite se projette verticalement suivant l'arc *h*P et horizontalement suivant la parallèle HP' à la ligne de terre; le point P', P est un point de la courbe cherchée : le point P″P en est un autre.

Dans le mouvement, la trace horizontale EF de la tangente devient le point MM' appartenant toujours à la tangente et la droite M'P' est cette tangente, qui coupe le petit axe CD de l'ellipse au même point L que la droite EH, car le point L appartenant à l'axe de rotation ne bouge pas.

La figure représente encore le rabattement du plan sécant sur le plan vertical après une rotation autour de la droite F*g*, cette droite F*g* ayant été ensuite transportée parallèlement a elle-même en F'*g*'. Dans le mouvement, le point H, par exemple, reste toujours à la même distance HH' du plan vertical et de l'axe de rotation F*g*; ce point H viendra donc en *h*' à une distance V*h*' = HH'. Pour la tangente, la distance FE se conserve et devient F'E'; la tangente est donc E'*h*'.

Développement de l'intersection. Nous venons de trouver l'intersection, mais pour la tracer facilement sur le cylindre, il est bon d'en avoir le développement. Imaginez le cylindre recouvert d'une feuille de papier que l'on fend suivant une génératrice et que l'on développe ensuite. Si l'on peut tracer sur cette feuille développée la transformée de l'intersection, il est clair que l'on pourra ensuite très-facilement tracer l'intersection elle-même sur le cylindre en venant enrouler la feuille de papier autour de ce cylindre.

La figure (planche 4, *fig.* 2) suppose que l'on a ouvert le cylindre suivant la génératrice (B, B'*b*), et qu'on l'a développé sur le plan vertical tangent au cylindre suivant la génératrice (A, A'*a*). Le cylindre est limité au plan horizontal *ab*'. Sur l'horizontale BB', on porte à droite et à gauche du point A des longueurs AH, HC égales aux arcs du cercle, section droite du cylindre; par exemple, on obtient ainsi le point H, et le point *h*, qui appartient à la transformée de l'intersection, se trouve à une hauteur H*h* = *jh* au-dessus de l'horizontale BB'. La projection horizontale de la tangente ne change pas de longueur dans le développement, et si K est le point de rencontre de la tangente HE avec le plan vertical tangent au cylindre en A, on aura, sur le développement, la tangente au point *h* de la transformée en prenant la longueur HK égale à la longueur HK de la *fig.* 1; la ligne K*h* sera la tangente.

Intersection d'un ellipsoïde de révolution par un plan (planche 5). Le contour de l'ellipsoïde est l'ellipse méridienne sur le plan vertical et l'équateur sur le plan horizontal. Soit L*mn* le plan sécant perpendiculaire au plan vertical : prenons comme plans auxiliaires des plans horizontaux, tels que *ss*'. Ce plan *ss*' coupe l'ellipsoïde suivant le parallèle de rayon OS et le plan suivant l'horizontale projetée en *r* et en RR'. Les points R et R' d'intersection de cette droite avec le parallèle OS sont des points de la courbe cherchée. Nous avons vu en géométrie analytique que la courbe de section est une ellipse. Cette ellipse est toute entière à l'intérieur de l'équateur auquel elle est tangente en deux points que donne le plan auxiliaire *ab*. La droite AB est un axe de l'ellipse dont il est facile sur l'épure de déterminer les extrémités. On a construit sur la figure le rabattement du plan sécant sur le plan vertical autour de la trace *mn*.

Intersection de deux cylindres (planche 6). Étant données les bases de ces deux cylindres dans le plan horizontal et la direction de leurs génératrices, il est facile de construire leurs contours apparents. Sur le plan horizontal le contour apparent est limité aux traces des plans tangents verticaux; si on mène les tangentes HH', GG' à une ellipse de base parallèlement à la projection horizontale des génératrices, ces droites HH', GG' sont précisément les traces des plans tangents verticaux, et forment le contour apparent du cylindre. Sur le plan vertical, le contour apparent est donné par les plans tangents au cylindre perpendiculaires au plan vertical; les traces horizontales de ces plans sont les tangentes FF', EE' à la base du cylindre perpendiculaires à la ligne de terre, et les traces verticales sont F'*f*, E'*e* parallèles à la projection verticale des génératrices du cylindre. Ces droites F'*f*, E'*e* limitent le contour apparent du premier cylindre.

D'après cela, nous pourrons déterminer le contour apparent des deux cylindres

Par un point quelconque, menons une parallèle aux génératrices de chaque cylindre, et cherchons le plan qui passe par ces deux droites : tout plan parallèle à celui-là sera parallèle aussi aux deux systèmes de génératrices et coupera les cylindres suivant des génératrices. Menons une série de droites parallèles à la trace horizontale du plan ainsi construit et soit STUV une de ces droites; le plan qui a pour trace cette droite, coupe le premier cylindre suivant les génératrices S*xγ*, S'*α'γ'* et T*βδ*, T'*β'δ'* et le second cylindre suivant les génératrices U*βα*, U'*β'α'* et V*δγ*, V'*δ'γ'* : ces quatre droites par leurs intersections donnent quatre points *αα'*, *ββ'*, *γγ'*, *δδ'* de la courbe cherchée. On pourra construire autant de points que l'on voudra de cette courbe en faisant varier le plan auxiliaire. On voit que l'intersection se compose de deux courbes distinctes : la courbe d'entrée et la courbe de sortie. Il est utile de distinguer les parties vues et les parties cachées : pour cela, on suppose un observateur placé à l'infini en avant du plan vertical, et un autre placé à l'infini au-dessus du plan horizontal; on marque en trait plein les parties de courbes que ces observateurs peuvent apercevoir et en trait ponctué les parties cachées. On trouve les points où les courbes d'intersection sont tangentes au contour apparent en prenant les plans auxiliaires tels que D qui passent par les points de contact avec la base des génératrices du contour apparent. On trouve de même les génératrices qui limitent les courbes dans l'autre sens, en menant les plans auxiliaires tangents à celui des cylindres qui pénètre dans l'autre, c'est-à-dire les plans MNO, PQR.

Cette épure est assez chargée de lignes, et il importe, quand on l'exécute, de suivre avec précaution les différentes branches de courbe si on veut les tracer exactement.

Nous en resterons là pour ce qui touche l'intersection des surfaces : nous engageons seulement le lecteur à exécuter lui-même des épures d'intersection de surfaces faciles à imaginer : intersection de deux sphères, de deux cônes, d'une sphère et d'un cône, d'une sphère et d'un tore (le tore est la surface engendrée par la rotation d'un cercle autour d'un axe fixe situé dans son plan).

Avant d'aborder les questions de stéréotomie qui nous touchent particulièrement, nous croyons bon de dire quelques mots de diverses méthodes de représentation des figures, usitées dans des cas spéciaux.

Plans cotés. Dans la méthode des plans cotés, on ne se sert que d'une projection, et les points sont déterminés par la distance qui les sépare du plan de projection ou plan de comparaison, laquelle distance est inscrite à côté de la projection du point : cette distance est la cote du point, si le plan de comparaison, qui est toujours horizontal, se trouve au-dessus de la figure ; on l'appelle altitude, lorsque le plan de comparaison est le niveau moyen de la mer et qu'il s'agit du relief d'un pays. Le plan est toujours accompagné d'une échelle, ce qui permettrait, si on le voulait, de remplacer le plan coté par deux projections orthogonales. Avec un peu d'habitude, on arrive vite à juger parfaitement le relief d'un terrain représenté sur un plan coté ; grâce à l'échelle, il est facile de trouver la pente d'une ligne quelconque. Ce mode de représentation est souvent fort utile.

Surfaces topographiques. En géométrie, on n'étudie que des surfaces régulières et de génération connue, surfaces que l'on ne rencontre jamais dans la nature : ainsi la surface du sol ne se définit pas géométriquement ; on appelle surfaces topographiques ces surfaces non définies et qui sont telles qu'une verticale les rencontre en un seul point.

On les représente au moyen de courbes de niveau, ou sections faites dans la surface par des plans horizontaux équidistants : il y a généralement deux échelles, l'une pour les hauteurs, dix fois plus grande que l'autre qui est destinée aux longueurs horizontales. La distance verticale entre deux courbes de niveau consécutives étant constante, la pente du terrain entre ces deux courbes sera en raison inverse de la distance horizontale qui les sépare. On peut donc à simple vue saisir le relief du terrain par l'inspection du plan topographique.

Lorsqu'il s'agit de trouver des courbes de niveau intercalaires, on admet que la pente est constante entre deux courbes de niveau, c'est-à-dire que le terrain est assimilé à une série d'éléments plans, et l'on mène une normale commune aux deux courbes de niveau, normale que l'on partage en autant de parties égales que l'on veut inscrire de courbes intercalaires.

Il est facile, avec l'échelle du dessin, de tracer sur une surface topographique une ligne droite de pente donnée.

On a fait dans ces derniers temps une application heureuse des surfaces topographiques, en les substituant aux tables à double entrée.

Une surface est la représentation d'une équation à trois variables $f(x, y, z) = 0$, et si la surface est topographique, il n'y a pour Z qu'une seule valeur correspondant à un point du plan horizontal : la surface peut alors se mettre sous la forme $Z = f(x, y)$.

Si l'on donne à Z diverses valeurs 1. 2. 3. 4....., il en résultera autant de courbes de niveau, dont l'équation générale est $f(x, y) = A$; on trace ces courbes sur une feuille de papier, ainsi que deux axes rectangulaires des x et des y ; le long de chaque courbe on marque la valeur de Z ou A correspondante. Maintenant, supposons qu'on donne x et y et qu'on demande la valeur de Z, on cherche x et y sur les deux axes gradués, on suit les coordonnées correspondantes ; ces coordonnées se coupent en un point qui tombe entre deux courbes de niveau auxquelles correspondent les valeurs A et A + 1 de Z, on peut donc trouver d'une manière approximative la valeur de Z qui répond aux valeurs données pour x et y.

C'est sur ce principe que s'appuient les divers tableaux servant aux calculs des déblais et des remblais, que nous aurons lieu plus tard d'étudier en détail.

DE LA STÉRÉOTOMIE.

Son objet. Pour qu'un solide soit défini, il faut que l'on connaisse la génération et la position respective des diverses surfaces qui le limitent.

Les arêtes du corps sont les intersections de ses faces. On représente un corps par ses projections sur deux plans rectangulaires, et cette représentation s'opère grâce aux principes démontrés en géométrie descriptive : cela s'appelle faire l'épure du corps considéré.

Comme, généralement, les plans de projection sont arbitraires, il faut autant que possible les choisir parallèles aux faces principales du solide, afin que leurs dimensions se projettent en vraie grandeur.

Au moyen de l'épure on passe à l'exécution du solide qu'il faut extraire d'un bloc donné, et ce passage s'opère par des constructions géométriques et avec des méthodes rigoureuses. La science qui les expose s'appelle stéréotomie (coupe des solides).

Principes. Quand il s'agit d'exécuter un solide en pierre ou en bois, il est rare que la matière offerte par la nature permette de le faire avec un seul morceau; il faut donc diviser le solide en plusieurs parties, et le mode de division varie pour chaque cas particulier. On s'efforce toujours de satisfaire aux conditions suivantes : 1° Les arêtes doivent être des lignes simples, des droites, des cercles, ou d'autres courbes usuelles faciles à tracer; 2° Les faces de contact ou joints doivent être aussi des surfaces simples telles que des surfaces réglées, des surfaces de révolution ; 3° Les angles des faces entre elles doivent peu s'écarter de l'angle droit. Les deux premières conditions ont une raison que chacun conçoit : la troisième condition est imposée par ce fait que, deux solides étant accolés et présentant à leur arête de contact des angles dièdres inégaux, offriront une inégale solidité, l'un des angles sera obtus et l'autre aigu, et l'angle aigu pourra se rompre au moindre choc; pour éviter cet inconvénient, il faut donc que les deux angles dièdres soient égaux, c'est-à-dire que tous deux soient droits.

La stéréotomie comprend deux grandes sections : la coupe des pierres et la charpente.

COUPE DES PIERRES

PRINCIPALES FORMES DES MURS ET DES VOUTES.

Les pierres de taille sont toutes celles qui sont taillées suivant un appareil géométrique; les pierres qui ne sont point taillées d'après des épures exactes rentrent dans la catégorie des moellons.

Murs. Dans un mur, les pierres sont disposées par assises ou rangées horizontales, séparées par des faces horizontales qu'on appelle lits. Les surfaces qui séparent les pierres dans le sens vertical sont des joints. Les lits sont les surfaces par lesquelles la pression se transmet d'une assise à l'autre, il est donc important qu'ils soient parfaitement taillés ; on peut avoir pour les joints un peu plus de tolérance.

Une pierre a deux lits : le lit de pose qui est en dessous et le lit de dessus : on étend le mortier sur le lit de dessus de la pierre inférieure, puis on vient poser sur le mortier la pierre de l'assise supérieure par son lit de pose : on la comprime avec un marteau ou maillet de façon à faire refluer le mortier de toutes parts. Le lit de pose doit être plus particulièrement soigné, car les creux ou flèches qu'il présente pourraient n'être point complétement remplis par le mortier ; cet inconvénient n'existe pas pour le lit de dessus.

On prend bien garde que les joints de deux assises adjacentes ne soient pas dans le prolongement l'un de l'autre ; il faut au contraire un enchevêtrement des pierres qui les rende solidaires, et les joints doivent toujours se découper.

La distance qui sépare un joint des joints voisins appartenant aux assises adjacentes s'appelle découpe.

Pour augmenter encore l'enchevêtrement, on a soin de juxtaposer des pierres dont l'une a sa plus grande dimension sur la surface ou parement du mur, et l'autre au contraire a sa plus grande dimension perpendiculaire à la surface ; la première est un carreau, la seconde une boutisse ou pierre à longue queue.

Lorsqu'une boutisse occupe toute la largeur du mur, elle devient un parpaing ; il est bon de disposer des parpaings de place en place.

Les murs sont généralement à parements verticaux : quelquefois les murs sont à parement incliné, on dit alors qu'ils possèdent un fruit ; le fruit se mesure par la tangente de l'angle que fait avec la verticale la ligne de plus grande pente du parement.

Les notions relatives à la pratique de la maçonnerie seront exposées en architecture.

Voûtes. Les grandes difficultés de la coupe des pierres se rencontrent dans la construction des voûtes. Dans une voûte on distingue diverses parties dont voici la définition ; on appelle :

Pieds-droits, les murs qui s'élèvent jusqu'à la naissance de la voûte et la soutiennent ;

Imposte, la dernière assise des pieds-droits ; dans la pratique on donne ce nom à la moulure qui généralement indique la dernière assise ;

Naissance, la ligne de séparation des pieds-droits et de la voûte ;

Intrados, la surface vue de la voûte ;

Extrados, la surface cachée (l'extrados n'est généralement que dégrossi et recouvert d'un enduit, tandis que l'intrados est taillé avec le plus grand soin) ;

Reins, les parties latérales de la voûte ;

Voussoirs, chaque pierre de la voûte ;

Douelle, la face courbe de chaque voussoir qui se trouve sur l'intrados ;

Clef, le voussoir du milieu (il y a toujours un nombre impair de voussoirs, et la clef est le voussoir qui ferme la voûte, c'est celui que l'on place le dernier en le faisant entrer par une forte pression).

Les voûtes les plus usitées sont les voûtes en berceau : ce sont celles dont l'intrados est cylindrique ; on détermine un berceau par l'ouverture, distance qui sépare les pieds-droits, et la montée, distance de la génératrice supérieure au plan des naissances. Si la montée est supérieure à la moitié de l'ouverture, la voûte est surhaussée ; si la montée est égale à la moitié de l'ouverture, la voûte est dite en plein cintre, et si la montée est inférieure à la moitié de l'ouverture, la voûte est surbaissée.

La seule voûte surhaussée que l'on emploie est l'ogive, formée de deux arcs de cercle qui se coupent, qui sont symétriques et tangents au parement des pieds-droits. On emploie plus communément soit le plein cintre circulaire, soit la voûte surbaissée. On donne pour directrice de l'intrados à une voûte surbaissée soit un arc de cercle, soit une ellipse, soit une anse de panier ; l'arc de cercle est une courbe peu gracieuse, à cause de la brisure qui en résulte aux naissances, mais pour les ponts en rivière elle permet de donner aux eaux un écoulement facile ; l'ellipse a l'inconvénient de s'abaisser trop rapidement aux naissances, le rayon de courbure y est trop petit, et on lui préfère quelquefois l'anse de panier, formée d'arcs de cercle.

Suivant la grandeur et la forme des voûtes, les appareilleurs les rangent dans l'une des cinq classes suivantes : portes, voûtes, descentes, trompes, escaliers. Nous verrons des exemples de chacune.

TAILLE DE LA PIERRE. TRACÉ ET VÉRIFICATION DES ÉPURES D'EXÉCUTION.

Tracé des épures. « Les épures se tracent sur parquet horizontal ou sur aire verticale en plâtre. Ce dernier mode est presque seul usité à Paris et dans les environs, où l'espace fait défaut.

Le parquet se compose de planches reliées et dressées avec soin ; dans la construction de ces parquets, on évite le sapin dont les fibres se déchirent trop lorsque l'on trace les lignes à la pointe d'acier. On préfère de minces planches de chêne ; sur ces parquets les épures se tracent en grandeur d'exécution, absolument de même que les épures réduites se tracent sur le papier; on emploie pour tracer des lignes droites des règles lorsque la ligne est courte, et le cordeau lorsqu'elle est trop longue pour pouvoir être tracée de cette première manière. Pour les cercles on se sert du compas ordinaire ou du compas à verge si les dimensions sont plus grandes; on est quelquefois obligé de tracer les cercles très-grands par points et on a pour cela plusieurs méthodes basées, soit sur la propriété du segment capable d'un angle donné, soit sur le calcul des ordonnées.

Dans ces épures, les constructions se font à la craie, à la sanguine ou au charbon, et les lignes qui doivent subsister et être utiles dans la taille des pierres se tracent à la pointe d'acier qu'on appelle traceret. L'épure terminée, on balaye le parquet et il ne reste plus que les lignes tracées au traceret; l'épure ainsi simplifiée doit subsister jusqu'à l'achèvement total de la construction. Ensuite, on rabote légèrement le parquet pour pouvoir y construire une nouvelle épure.

L'épure terminée, on procède à la construction des panneaux. Le menuisier est chargé de ce travail. Il construit ces panneaux avec des règles minces assemblées à mi-bois et retenues par des pointes. Les panneaux étant achevés, on les cloue sur l'épure même. L'appareilleur qui est chargé de l'épure a représenté les lits par une ligne aussi fine que possible, mais il a eu soin de prévenir le menuisier de l'épaisseur que l'on voulait donner au mortier interposé entre les lits; cette épaisseur n'est jamais inférieure à 3 ou 4 millimètres. Le menuisier ménage donc cette épaisseur. Les panneaux étant cloués sur l'épure, l'appareilleur les vérifie et examine surtout si on a laissé les dimensions nécessaires aux lits. Pour cela, il est muni souvent d'une tige qui a même épaisseur que les lits et qui doit pouvoir glisser entre les panneaux et ne pas avoir de jeu. On marque les panneaux et on les enlève pour les porter au chantier. On met en général une couche de peinture à l'huile sur la partie du panneau qui correspond au parement, afin que l'ouvrier la soigne d'une manière particulière.

Quand une construction dure longtemps, il importe de faire rentrer de temps en temps les panneaux à la salle d'épures, afin de les vérifier de nouveau.

A Paris, où l'espace est trop précieux pour en employer un si grand à des salles d'épures, on profite du bas prix du plâtre et de son excellente qualité pour construire des aires verticales sur un pan de mur quelconque soigneusement dressé. Dans les épures ainsi construites, le niveau et le fil à plomb jouent un rôle important.

Outre les panneaux on construit encore des contre-panneaux surtout dans le cas où la pierre est décorée de moulures. Ces contre-panneaux sont des planchettes en bois ou en métal; ils s'appliquent perpendiculairement à la pierre et portent en creux l'empreinte des saillies qu'on doit laisser subsister sur la pierre.

On appelait autrefois cherche et on appelle aujourd'hui cerce le contre-panneau qui porte le profil d'une courbe.

On appelle biveau l'ensemble de deux règles formant un angle déterminé. Cet instrument sert à passer d'une face d'un angle dièdre à l'autre. Le biveau est dit biveau-cerce si l'une de ses branches est courbe et sert à passer d'un plan à une surface courbe ou inversement.

L'équerre est un biveau dont les branches sont rectangulaires. La fausse équerre qui en charpente prend le nom de sauterelle se compose d'une branche de niveau assemblée à enfourchement entre deux règles qui forment une seconde branche; elle sert à transporter un angle d'une pierre sur l'autre.

On nomme jauge une règle entaillée exactement à la mesure que doit donner

l'ouvrier à une longueur. On l'emploie au lieu d'indiquer à l'ouvrier la dimension en mètres et fractions de mètres, afin d'éviter les erreurs souvent notables
qui résulteraient des différences que l'on rencontre entre les divers mètres. »
(Mannheim, *Cours de stéréotomie à l'École polytechnique*.)

Taille de la pierre. On distingue pour la taille deux méthodes différentes :
1° la taille par équarrissement ; 2° la taille directe.

Avant d'appliquer ces méthodes, il faut savoir exécuter une face plane sur une
pierre donnée. Dans les carrières les pierres sont disposées généralement par
assises horizontales ou bancs ; les surfaces qui séparent les bancs sont des lits
de carrière : c'est dans la direction normale au lit de carrière qu'une pierre peut
supporter les plus grands efforts. Dans les murs il faut donc veiller à ce que le
lit de carrière soit horizontal, et dans une voûte il faut que le lit de carrière
s'écarte peu du plan normal à la résultante des pressions.

Le tailleur de pierres commence par dresser le lit de carrière : l'outil
dont il se sert est une sorte de marteau à deux tranchants, l'un petit, l'autre
grand. Avec le petit tranchant il exécute sur deux bords contigus de la pierre
une bande plane de largeur à peu près égale à celle du tranchant ; sur ces bandes
il trace deux lignes droites qui vont lui servir de génératrices pour le plan
cherché : il enlève avec le large tranchant de son marteau des éclats de pierres
de façon que la surface restante soit limitée à une règle qui s'appuie sans cesse
sur les deux droites dont nous venons de parler.

Ceci posé, pour la méthode par équarrissement, on cherche à trouver sur
l'épure un parallélipipède dont les contours comprennent ceux de la pierre, ou,
pour parler géométriquement, un parallélipipède capable de la pierre donnée ;
presque toujours on choisit un parallélipipède rectangle, comme nous le verrons
dans les exemples subséquents. Aux douelles courbes on substitue d'abord un
plan qui contienne les arêtes de la douelle, puis on vient plus tard creuser ce
plan et faire apparaître la surface courbe, soit au moyen d'une cerce, soit avec
une règle et les directrices de tête si la douelle est une surface réglée. Sur l'épure
on prolonge les diverses faces qui limitent la pierre dans un sens jusqu'à la rencontre de deux faces opposées du parallélipipède : on a de la sorte sur ces deux
faces opposées un contour qui comprend les directrices des divers plans limitant le solide cherché ; il est facile alors avec une règle s'appuyant sur les directrices correspondantes de faire disparaître toute la partie inutile du bloc de
pierre. On a donc fait apparaître les arêtes de la pierre dirigées dans un certain
sens : sur ces arêtes on porte des longueurs que l'on trouve sur l'épure et qui
donnent les limites des autres faces du solide que l'on fait apparaître à leur
tour.

Taille directe, par biveaux et panneaux. Si le polyèdre capable de la pierre
cherchée n'est plus un parallélipipède, l'appareil se fait par la méthode des
angles dièdres ou biveaux avec le secours de panneaux : on prend le bloc de
pierre tel que la carrière le présente et on y fait apparaître une des surfaces de
la pierre à établir, généralement une face plane. L'épure donne le panneau de
cette face que l'on peut limiter sur la pierre ; elle donne aussi les angles de cette
face avec les faces voisines, et au moyen de biveaux ou de biveaux-cerces on fait
apparaître ces faces que de nouveaux panneaux servent à limiter. On opère
ainsi de proche en proche.

La transformation d'un polyèdre à faces planes en un solide à faces courbes
se fait ou par les panneaux, lorsque les faces sont développables, ou par le piqué,

qui consiste à rapporter par points sur une surface donnée une courbe de cette surface dont on a les projections sur l'épure.

L'art difficile de l'appareilleur consiste à choisir dans chaque cas la méthode qui satisfait le mieux aux conditions de la stabilité, ainsi qu'à l'économie de la main-d'œuvre et de la matière.

Les solides de révolution s'exécutent mécaniquement au tour : c'est ainsi que se font les colonnes en pierre, les balustres, etc.... Le tourneur a pour se diriger une plaque de tôle découpée suivant la méridienne de la surface.

A Paris, les pierres arrivent pour ainsi dire équarries, car on veut transporter le moins possible de matière inutile, et l'on opère la taille par équarrissement. Mais le dégrossissement qu'on a fait subir à la pierre double pour ainsi dire la besogne, et, lorsqu'on taille les pierres en carrière, il faut employer la taille directe. Un maître appareilleur exercé juge à la seule inspection d'un bloc s'il pourra en tirer un solide demandé ; la taille par équarrissement est toujours plus exacte que la taille directe, toutefois cette dernière donne de bons résultats pourvu qu'on ait affaire à des ouvriers soigneux et attentifs.

Il sera plus commode et plus simple d'exposer dans le cours de ponts l'appareil des murs en aile, des avant-becs et couronnements des piles de ponts que, d'après le programme, nous devrions étudier ici.

APPAREIL DES BERCEAUX DROITS, EN TALUS, LÉGÈREMENT BIAIS; DES BERCEAUX EN DESCENTE.

Les portes sont de petites voûtes construites dans un mur, soit pour former un passage, soit pour éclairer un monument. Les voûtes et les portes qui se pénètrent ou se rachètent ont leurs naissances dans le même plan horizontal.

PORTE DROITE EN PLEIN CINTRE. C'est la porte la plus simple, elle a pour intrados un berceau circulaire droit à génératrices horizontales ; la partie supérieure de la planche 7 en donne la projection verticale. Pour l'appareiller on divise le demi-cercle de tête en un nombre impair de parties égales, cinq par exemple, et l'un des voussoirs est limité à la douelle amb ; les deux plans de joints passent par l'axe du cylindre et par les génératrices projetées en (a) et (b); pour raccorder le voussoir avec la maçonnerie voisine, on retourne le joint (ae) suivant l'horizontale ed et le joint (bc) suivant la verticale cd. Le voussoir se compose donc d'un prisme droit, dont la section droite a cinq côtés, l'un de ces côtés étant un arc de cercle. Le parallélipipède rectangle capable de ce prisme est évidemment celui qui a pour section droite $fgdh$.

Ayant un bloc équarri suivant $fgdh$, on rapportera sur une base les points $abcde$ et l'on tracera avec une cerce l'arc amb : sur la face opposée du parallèlipipède on en fait autant, et avec une règle s'appuyant sur les directrices correspondantes on enlève du bloc toutes les parties inutiles.

PORTE BIAISE EN TALUS RACHETANT UN BERCEAU CYLINDRIQUE. Un mur est en talus lorsqu'il est limité d'un côté par un plan vertical, de l'autre par un plan incliné, dont les horizontales sont parallèles au parement vertical de l'autre face; mais si les horizontales de la face inclinée ne sont pas parallèles à la face verticale, le mur est dit biais en talus.

La porte qui nous occupe (planche 7) est formée d'un berceau droit, dont (r', a, b, s') est le demi-cercle de section droite ; ce berceau est limité d'un côté à un plan incliné dont ks est la trace horizontale; la section faite dans ce plan incliné par le plan vertical kl, se projette en $k'l'$ quand le plan kl a été amené en kl_1 parallèlement au plan vertical de projection. Le plan de tête coupe l'intrados suivant une ellipse projetée verticalement sur la section droite du cylindre, et horizontalement suivant l'ellipse ($r\,a'b's$) que l'on peut construire par points suivant les procédés usités en géométrie descriptive (plans auxiliaires horizontaux). Les joints normaux des voussoirs ayant tous la même largeur, les points tels que (c, e) se trouvent sur un cylindre parallèle au cylindre d'intrados et se projettent horizontalement sur une ellipse semblable à la première. D'autre part, le berceau vient pénétrer un autre berceau droit ayant même plan de naissance ; si l'on coupe ce cylindre par le plan vertical (tu) et qu'on amène ensuite ce plan en tu_1, parallèlement au plan vertical, la section droite se projette suivant une demi-circonférence dont $t'u'$ est un arc.

Le voussoir se composera d'un prisme droit, tronqué d'un côté par un plan et de l'autre par un cylindre. On prend comme section droite de ce voussoir la section ($abcde$) que nous avons déjà adoptée pour la porte droite, section qui représente la projection verticale du voussoir ; reste à construire la projection horizontale. Les arêtes du voussoir étant normales au plan vertical se projettent horizontalement suivant des perpendiculaires à la ligne de terre. La projection horizontale du point (c), par exemple, est en outre sur l'intersection du plan horizontal (ed) avec le talus du mur ; le plan (ed) coupe la ligne $k'l'$ du talus en un point $l'l_1$, qui, ramené à sa vraie position, vient en l, de sorte que l'intersection du talus et du plan horizontal (ed) se projette suivant la droite $le'd'$ parallèle à la trace horizontale (rs) du talus. Les points e' et d' sont donc déterminés, on déterminera de même a', b', c'.

Reste à trouver l'intersection du voussoir avec la voûte. La construction est analogue ; supposons qu'on veuille trouver le point où l'arête projetée en d rencontre la grande voûte, nous remarquerons que le plan horizontal passant en d coupe cette voûte suivant une génératrice dont u', u_1 est un point rabattu ; cette génératrice vient donc se projeter en uC, et le point C est le point où l'arête projetée en d rencontre la voûte. On construit de la même manière les autres points de rencontre des arêtes et de la voûte ; c'est encore par ce moyen que l'on cherche la courbe d'intersection du berceau de la porte avec le berceau de la voûte, des joints ae, bc avec ce même berceau de la voûte ; quant au plan de joint (de), il coupe la voûte suivant un arc de sa section droite.

Voilà l'épure faite : proposons-nous de construire un voussoir. Nous prendrons, par exemple, un bloc de pierre ayant pour base le rectangle ABCD et pour section droite le rectangle ($fhdg$). Sur chaque extrémité du bloc, nous appliquons le panneau ($ambcde$) qui est un pentagone mixtiligne, et nous extrayons du bloc un prisme droit ayant pour section droite ce pentagone : maintenant pour faire apparaître la tête plane ($a'm'b'c'd'e'$), nous prenons sur les arêtes AB, DC... du prisme des longueurs égales à Aa', Dc', Dd'... et les points a', c', d'... ainsi obtenus sont joints par des lignes droites tracées sur les faces du prisme ; avec ces deux droites, en se servant d'une règle qui s'appuie constamment sur elles, on fait apparaître le plan de tête cherchée. D'un autre côté, si on fait tourner le plan de joint (ae, $a'e'$) de manière à venir l'appliquer sur le plan horizontal, on aura ce joint en vraie grandeur, la courbe qui termine ce joint à l'endroit où il rencontre la voûte se construit par points comme l'indique la géométrie descriptive, puisqu'on a sa projection verticale (ae) et sa projection horizontale vx ; les arêtes ($a'v$, $c'x$) se projettent en vraie grandeur, on a donc tout ce qu'il faut pour déterminer le panneau ($a'e'\,vx$). On construira de même les panneaux projetés en (*bc*) et en (*cd*) : quant au panneau (*e'd'x*C), il est projeté horizontalement en vraie grandeur; on aura donc tout ce qu'il faut pour déterminer le contour de la pénétration. Le cylindre de la grande voûte se tracera au moyen d'une droite que l'on fera mouvoir parallèlement à l'horizontale *x*C, en l'appuyant toujours sur le contour de la pénétration.

Nous engageons le lecteur à exécuter lui-même l'épure précédente en adoptant des données précises; il fera bien d'exécuter le développement des panneaux; après un pareil travail, il connaîtra parfaitement l'appareil d'une porte biaise en talus.

Au lieu d'une pénétration de voûte, on pourrait avoir une pénétration dans un second plan incliné : les deux têtes seraient donc terminées par des talus inclinés à horizontales non parallèles. C'est un exemple un peu plus simple que le précédent, qu'il est bon de traiter.

Autre exemple de porte : Imaginez un mur limité à deux cylindres verticaux au lieu d'être limité à deux plans verticaux; si ce mur est traversé par une porte, on a ce qu'on appelle une porte en tour ronde. Si l'axe du berceau rencontre l'axe commun des cylindres limitant le mur, on a une porte droite en tour ronde, presque aussi facile à traiter que la porte droite simple; si l'axe du berceau ne rencontre pas l'axe commun des cylindres, on a une porte biaise en tour ronde; dans ce cas, les panneaux de tête des voussoirs sont un peu plus compliqués. Enfin, si l'un des cylindres est remplacé par un cône, on a une porte en tour ronde en talus, qui peut être droite ou biaise. Ces différentes épures sont presque la reproduction de celle que nous venons de traiter en détail, et, si le lecteur possède bien cette dernière, il lui sera facile d'exécuter les autres que nous ne pourrions reproduire sans dépasser le cadre de notre travail.

BIAIS PASSÉ OU CORNE DE VACHE. Lorsqu'il s'agit d'ouvrir dans un mur droit une porte d'un faible biais, on emploie le biais passé ou corne de vache.

Soit un mur dont les parements verticaux se projettent suivant les droites (*mn*) (*pq*); l'un de ces plans (*pq*) est choisi comme plan vertical de projection (planche 8); on veut ouvrir dans ce mur une porte oblique dont les pieds-droits verticaux se projettent suivant (*mp*) et (*nq*), et dont les courbes de tête soient les cercles égaux décrits sur (*mn*) et (*pq*) comme diamètres. Pour la solidité de cette voûte on veut que les plans de joint des voussoirs soient normaux aux parements du mur, et on les fait passer par la droite (*gf*) menée par le centre du parallélogramme (*mnpq*) qu'il faut recouvrir. De la sorte, un voussoir en projection verticale aura pour contour le pentagone (*abcde*). On pourrait former la voûte d'un berceau cylindrique dont les génératrices seraient parallèles aux droites (*mp*) et (*nq*), et dont les directrices seraient les circonférences décrites sur (*mn*) et (*pq*) comme diamètres : mais alors l'intersection de la douelle d'un voussoir avec les joints adjacents tels que (*ae*) serait une ellipse. C'est ce que représente la figure (1).

Supposons un moment qu'on admette cette solution et cherchons à construire le voussoir. Il faut d'abord avoir les panneaux de joint : l'un de ces panneaux se projette verticalement sur (*ae*) et horizontalement sur le quadrilatère (*a'α'e'e''*) pour lequel le côté (*a'α'*) est une ellipse; cette ellipse se détermine par points en prenant pour plans auxiliaires des plans parallèles au plan vertical de projection, lesquels coupent le berceau suivant des cercles de diamètre *mn* ayant leur centre sur la droite (*o₁o'*) et le joint suivant une droite projetée en vraie grandeur suivant (*ge*); comme le cercle se projette aussi en vraie grandeur sur le plan vertical, on a facilement un point de l'intersection et on peut construire la courbe $(a'\,\alpha')$. Cherchons le panneau en vraie grandeur; pour cela, rabattons le plan (fge) sur le plan horizontal : le point a vient en a_1, α en α_1 et l'ellipse rabattue est $a_1\,\alpha_1$ que l'on construit en cherchant le rabattement de plusieurs de ses points sur le plan horizontal; l'arête (e) normale au plan vertical vient en $(\varepsilon\varepsilon)$ et le panneau en vraie grandeur est $(a_1\,\alpha_1\,\varepsilon\varepsilon)$.

Pour tailler le voussoir, on fera d'abord sortir d'un parallélipipède rectangle un prisme droit ayant $(abcde)$ pour base, et l'épaisseur du mur (gf) pour hauteur. Ceci fait, sur les deux bases du prisme on appliquera les panneaux $(abcde)$ et $(\alpha\beta\,cde)$, puis sur les faces latérales les panneaux $(ea\alpha)$, $(c\beta b)$ que nous avons appris plus haut à construire. Il n'y a plus qu'à faire apparaître la surface cylindrique de la douelle. Pour cela, on mènera sur l'épure une série de génératrices du cylindre, dont on cherche les points d'intersection soit avec les arcs $(ab, \alpha\beta)$, soit avec les ellipses projetées en $(a\alpha)$ et $(b\beta)$; on a soin de rapporter les points ainsi obtenus sur les panneaux, et en faisant mouvoir une règle qui passe toujours par deux points appartenant à une même génératrice, on fait apparaître la douelle.

Mais généralement on ne recouvre point le parallélogramme $(mnpq)$ avec un cylindre; on se propose d'avoir pour intersection du plan de joint (ge) avec la douelle une ligne droite, on adopte donc comme surface d'intrados la surface gauche engendrée par une droite mobile qui s'appuie à la fois sur les deux circonférences dont (mn) et (pq) sont les diamètres et sur la droite (fg) prolongée; les arêtes de voussoirs se trouvent donc être précisément des génératrices de cette surface, qu'on appelle corne de vache. Un voussoir du biais passé gauche se construit absolument comme celui du biais passé cylindrique (fig. 2, pl. 8); un plan de joint se projette sur le quadrilatère rectiligne $(a'\alpha'e'e'')$ et se rabat en vraie grandeur suivant le quadrilatère $(a_1\alpha_1\,\varepsilon\varepsilon)$. Pour faire apparaître la douelle, on se sert d'une règle mobile qui, à chaque instant, passe par deux points appartenant l'un à l'arc de tête (ab), l'autre à l'arc $\alpha\beta$.

On voit que la taille de la douelle est bien facilitée par ce fait que les points correspondants d'une génératrice de l'intrados sont uniquement situés sur les arcs de tête.

Nous engageons le lecteur à exécuter une épure spéciale du biais passé gauche : une des génératrices se projette verticalement sur (ge), elle rencontre les cercles directeurs en (a) et (α) et par suite se projette horizontalement suivant la droite $(a'\alpha')$; on construit une série de génératrices. Ceci fait, on cherche l'intersection de la surface par un plan parallèle aux plans de tête et par le plan vertical $(o_1 o')$ qui joint la ligne des centres. On reconnaît que l'intersection par ce plan vertical est une ligne bombée vers le milieu, ce qui donne à l'intrados un aspect fort désagréable. Les sections par des plans parallèles au plan vertical ne sont pas des cercles, de sorte que l'œil est choqué par une variation continue dans la courbure.

Pour faire la division en voussoirs, on décrit un cercle du point g comme centre enveloppant les deux cercles de tête, et on divise ce cercle en un nombre impair de parties égales. Il en résulte, et la figure le montre bien, des longueurs fort inégales pour les voussoirs d'une même tête, ce qui produit un fort mauvais effet; on peut remédier à cet inconvénient en noyant dans la maçonnerie de remplissage une partie des grands voussoirs; mais il est toujours mauvais d'employer un trompe l'œil en architecture.

Autre inconvénient : les lits de joint sont obliques sur l'intrados, de sorte que deux voussoirs voisins se touchent par des angles inégaux, et il faut nécessairement qu'au bout d'un certain temps le plus petit de ces angles s'écrase sous la pression de l'autre, si la différence est notable, comme cela arrive près du sommet.

On voit donc que les auteurs anciens, pour lesquels le biais passé était l'arche biaise parfaite, étaient loin de la vérité.

Arrière voussure de Marseille. Un second exemple de voûte à intrados gauche est la porte qu'on appelle arrière voussure de Marseille (planche 9). Cette porte est percée dans un mur droit dont XX', YY' sont les parements : son intrados se compose : 1° d'un cylindre circulaire droit projeté horizontalement sur le rectangle (ab a'b') et verticalement sur la circonférence de diamètre φφ'; 2° d'une partie plane et verticale projetée horizontalement sur la droite (cbb'c') et verticalement sur la surface annulaire comprise entre les circonférences de diamètre φφ' et δδ'; 3° d'un cylindre circulaire droit projeté horizontalement sur le rectangle (cd c'd') et verticalement sur la circonférence de diamètre (δδ'); 4° d'une surface gauche engendrée par une ligne droite qui s'appuie sur la droite indéfinie (ωβ) située dans le plan des naissances, sur la circonférence (dd', δδ') et sur l'arc de cercle (hlk) de grand rayon, arc situé dans le plan de tête YY'; 5° de plans verticaux projetés horizontalement sur (ed, e'd'). Le trapèze ede'd' est donc recouvert par une surface gauche. Le cylindre (ab a'b') est le tableau de la porte, le cylindre cd c'd' est la feuillure où se logent les ventaux et leurs gonds, enfin la surface gauche constitue l'arrière voussure proprement dite; la forme évasée est destinée à faciliter l'accès des voitures et à protéger les ventaux contre les chocs des roues.

Cette disposition se remarque aussi dans les fenêtres monumentales. Considérons d'abord une assise du pied-droit : la pierre sera facile à tailler en prenant un panneau de profil (a'b'c'd'e'Y') que l'on appliquera sur la face horizontale de la pierre, et on fera apparaître les autres faces avec l'équerre.

On appelle faces d'ébrasement les plans verticaux projetés sur (de, d'e'). Les verticales (e, εh) (e', ε'k) limitent l'arc de cercle directeur hlk; les génératrices de l'intrados correspondantes se projettent suivant (α'sh, rs'e) (α'qk, rq'e') et elles limitent la surface gauche : pour recouvrir les surfaces projetées sur les triangles (hsδ'), (kqδ), nous nous servirons de deux autres surfaces gauches un peu différentes de la première, et engendrées par une droite qui s'appuie sur l'axe (α', αβ), sur le cercle de feuillure (dd', δδ') et sur un arc de cercle placé dans le plan des faces d'ébrasement; si l'on fait tourner une face d'ébrasement autour de la verticale (d') de manière à l'amener parallèlement au plan vertical, cet arc directeur se projettera sur l'arc δk'. Il doit satisfaire à une seule condition : permettre à la partie arrondie du ventail, laquelle est un quart de cercle ayant pour rayon (α'δ'), de venir s'appliquer contre la face d'ébrasement, afin que la porte puisse s'ouvrir complétement. Il faut donc que le rayon de l'arc (δk') soit un peu supérieur au rayon de la feuillure.

On voit que l'arc δk' est forcément déterminé; on s'en sert pour construire l'arc de tête (hlk), ainsi que nous allons l'expliquer : Lorsque deux surfaces ont une génératrice commune, généralement elles se coupent, et si l'on veut prolonger l'une par l'autre on obtient une cassure produisant à l'œil un effet désagréable. C'est ce qui arriverait ici, si nous choisissions au hasard l'arc (hlk) directeur de la seconde surface gauche qui a avec la première la génératrice commune (α'qk, rq'e'). On veut au contraire que les deux surfaces se raccordent tangentiellement, c'est-à-dire qu'elles soient tangentes tout le long de la génératrice commune; or, on démontre que, pour que les deux surfaces soient tangentes tout le long d'une génératrice, il faut et il suffit qu'elles soient tangentes, c'est-à-dire qu'elles aient même plan tangent en trois points de cette génératrice. Dans le cas actuel, les plans tangents sont les mêmes: 1° au point (r, α'), car ils contiennent chacun la génératrice $(\alpha'qk, rq'e')$ et la directrice $(\alpha', \alpha\beta)$ de la surface; 2° au point (qq'), car ils contiennent chacun la génératrice et la tangente en qq' au cercle de feuillure directeur. Reste à établir la coïncidence des plans tangents au point $(e'k)$. La tangente en k' à l'arc d'ébrasement est $k'm$ qui rencontre la verticale (d') de la feuillure en (m); mais la génératrice rencontre le plan dd' au point q,q', donc le plan tangent en (e', k) à la surface gauche latérale coupe le plan vertical (dd') suivant la droite qm, et par suite le plan YY′ suivant km' parallèle à (qm). Si au point k j'élève la droite $k\omega$ perpendiculaire à la ligne km', cette droite située dans le plan de tête YY′, rencontre la verticale $\alpha'l$ de ce même plan de tête en un point ω qui sera le centre de l'arc hkl, ωk sera le rayon; on voit en effet que les plans tangents aux deux surfaces comprennent, outre la génératrice, la droite km', donc ces deux plans se confondent, et les surfaces se raccordent.

On prend pour plans de joint des voussoirs des plans passant par l'horizontale $(\alpha', \alpha\beta)$: il en résulte que les arêtes de douelle sont des droites, et qu'il est facile de construire le panneau projeté par exemple sur $(\alpha'qk)$; en le rabattant sur le plan horizontal on l'aura en vraie grandeur, la figure le représente en (BCD xz GFE); si le joint coupe à la fois la surface gauche latérale de la voussure et la face verticale d'ébrasement, le profil du panneau, qui se construit comme plus haut, devient celui que représente la figure en (BCD yz GFE).

Taille du voussoir : Les voussoirs se limitent sur les plans de tête comme pour des voûtes ordinaires. D'un bloc de pierre, formant un parallélipipède droit, on pourra extraire un prisme droit sur les bases duquel on indiquera les panneaux de tête et sur deux des faces les panneaux de joint. On comprend sans peine comment on pourra alors faire apparaître les différentes surfaces de la douelle. La taille ne présente pas de difficultés.

Remarque : En réalité, dans l'arrière voussure, le plan de joint que nous avons choisi n'est pas normal partout à la surface gauche de douelle, car les normales à une surface gauche le long d'une même génératrice forment un hyperboloïde du second degré, surface que nous avons étudiée en géométrie analytique. Les dimensions de la porte rendent ce défaut peu sensible, et on ne s'en inquiète pas en présence de l'avantage que l'on trouve à avoir un joint plan.

DESCENTES : On appelle descentes de petites voûtes cylindriques recouvrant des passages inclinés, par exemple : des cages d'escalier, des soupiraux. Le plan des naissances a la même inclinaison que le terrain ou passage qu'il faut recouvrir. Cette inclinaison est la seule différence qu'il y ait entre les portes et les descentes. On conçoit bien que l'appareil et la taille seront analogues. La forme des parements qui limitent le mur dans lequel on pratique une descente influe sur l'appareil, et l'on peut avoir une descente droite, une descente droite et biaise, une descente rachetant un berceau, une descente en tour ronde.

Exemple : Construire une descente biaise rachetant un berceau cylindrique (Pl. 10). Supposons que la descente recouvre le parallélogramme $(abcd)$ compris entre les deux parements du mur droit et les plans verticaux projetés sur (ac) et (bd). On prend pour courbe de tête la circonférence décrite sur (ab) comme diamètre, et l'on forme les voussoirs en prenant des joints passant par l'axe du cylindre, et par les points de division de la courbe de tête. Cette disposition est vicieuse en ce sens que les plans de joint ne sont pas normaux à la section droite du berceau. Cherchons cette section droite, faite par un plan perpendiculaire aux génératrices, plan dont la trace horizontale est ts, et la trace sur le plan vertical auxiliaire sx parallèle aux génératrices est st_1; supposons ce plan transporté parallèlement à lui-même en $(s't')$ et rabattu sur le plan horizontal. .

La ligne (cd) est dans les plans de naissance de la voûte qu'il s'agit de racheter et de la descente. L'intersection du plan (tst_1) avec le plan des naissances de la descente se rabat en s' o', le point o' étant déterminé par la condition que $\omega o'$ soit égal à so_1 (en effet, le plan tst_1, étant perpendiculaire au plan vertical auxiliaire, la distance du point o du plan horizontal au point où l'axe du berceau perce le plan tst_1 se projette en vraie grandeur sur la trace verticale st_1). Avant d'achever de construire la section droite rabattue du cylindre, expliquons comment on établira la projection sur le plan vertical auxiliaire sx. Le point e de l'axe du berceau se projette en e', et le point f en f', à une distance yf' au-dessus de la ligne de terre sx, déterminée par l'inclinaison connue de la descente. Connaissant f', la parallèle $(a'f'b')$ à (sx) sera la projection du diamètre (ab) : la nouvelle projection du point (m) s'obtient par la méthode ordinaire des changements de plans de projection, c'est-à-dire en abaissant mm', menant $(m'm'')$, perpendiculaire à la nouvelle ligne de terre, et prenant $ym'' = mm'$. On construira ainsi par points l'ellipse $(a'b'm'')$ projection du cercle de tête, et la génératrice qui passe en m'' se projettera suivant $m''u$. De sorte que pour avoir le rabattement m_1 du point M sur la section droite il faudra prendre $\mu m_1 = o_1u$. Les autres points du rabattement se construiront de même. On voit bien sur ce rabattement le défaut que nous avons signalé plus haut : toutes les lignes de joint telles que $o'm_1$ passent par le centre de l'ellipse section droite ; ce ne sont donc point des normales à cette ellipse.

Reste à trouver maintenant l'intersection des diverses faces du voussoir avec la voûte à racheter, voûte dont (re) est le rayon de section droite et (ekz) le cercle de section droite. Cherchons l'ellipse d'intersection de ce cylindre avec le plan vertical projeté en $e\omega$; la génératrice dont la projection horizontale passe en j, est (ji) et (ik) est la hauteur de cette génératrice au-dessus du plan des naissances; si maintenant on rabat le plan vertical $(e\omega)$ autour de cette droite $e\omega$, le point du cylindre projeté en j se rabattra en (l) à une distance $jl = ik$. On a donc un point l de l'ellipse cherchée, et on pourra avec un papier un peu fort découper un patron ayant le profil de cette ellipse.

Veut-on maintenant avoir le point où l'arête $(m''u)$ perce le cylindre, il suffira d'imaginer le plan vertical $(m'm_1)$ lequel coupe le berceau suivant la génératrice $(m''u)$ et la voûte suivant l'ellipse dont nous avons le patron et qui se projette en vraie grandeur sur le plan auxiliaire ; elle part du point z' tangentiellement à la droite $(hz'.)$ Il sera facile de la tracer et on obtiendra ainsi le point z_1, extrémité de la génératrice $(m''u)$. De même pour les autres génératrices.

On a construit finalement les projections complètes du voussoir.

La taille est facile maintenant : d'un parallélipipède rectangle, on extraira un prisme droit ayant pour base la section droite $(m_1n_1p_1q_1r_1)$ du voussoir et une longueur égale à la plus grande dimension du voussoir (les dimensions longitudinales sont projetées en vraie grandeur sur le plan vertical auxiliaire). La douelle cylindrique se tracera au moyen d'une règle se mouvant parallèlement à elle-même en s'appuyant sur les arcs (m_1n_1). Il ne reste plus qu'à faire apparaître les surfaces de tête : on indiquera au crayon sur le prisme la section droite faite par le plan tst_1, soit u le point de cette section correspondant à m_1, on prendra sur la génératrice les longueurs um'', uz_1 qui donneront les extrémités de cette génératrice et de même pour les autres. En général, on construit le rabattement des panneaux de joint que l'on vient appliquer sur les faces du prisme droit.

Nous traiterons ce seul exemple de descente : on voit qu'il est assez compliqué. Là encore, nous répéterons que toutes les constructions sont simples et faciles et que si, le lecteur veut se donner la peine d'exécuter soigneusement l'épure en suivant pas à pas nos explications, il arrivera bien vite à posséder parfaitement la question.

ESCALIERS.

La partie d'un édifice occupée par un escalier se nomme la cage de cet escalier. On distingue les escaliers à marches parallèles et les escaliers à marches tournantes; les premiers conviennent aux grands édifices dont ils doivent être un ornement; les seconds se rencontrent partout et peuvent être à noyau plein ou à jour, ils sont seuls intéressants en stéréotomie. Nous aurons l'occasion en architecture d'exposer les principes relatifs aux dimensions des marches.

Escalier à noyau plein (planche 11, n° 1). Cet escalier est généralement placé dans une tour, dont A est le centre et DD' l'épaisseur du mur ; A B est le noyau cylindrique en pierre, ou noyau plein. Il y a généralement une rampe le long du cylindre 1. 2. 3. 4 ; la personne qui monte dans le sens de la flèche marche donc à une distance sensiblement constante de ce cylindre ; elle parcourt la ligne de foulée, généralement située à $0^m,50$ de la rampe ; c'est ici le cercle de rayon AF. C'est sur ce cercle que les marches doivent intercepter leur largeur normale, telle qu'on puisse au moins y poser tout le pied. Divisons donc le cercle AF en parties égales, les arêtes des marches seront projetées suivant des rayons tels que A33' par exemple, menons le plan tangent XY au point 3, et développons sur ce plan le cylindre intérieur de la tour. La section de la marche dont A3 est l'arête se développera suivant ($abcde$), ab est la hauteur de la marche, (bc) est la quantité dont la marche s'appuie sur la précédente, (ad) est la somme de (bc) et de la largeur de marche, (de) est une hauteur de pierre suffisante pour la résistance, (ec) est la ligne du dessous de la marche, elle s'enroule suivant une hélice sur le cylindre. La ligne qui joint les arêtes horizontales des marches est sur le développement la droite (lm) et sur le cylindre une hélice dont l'inclinaison est le rapport de la hauteur (ab) à la largeur (bh) de la marche. Il faut que le pas soit assez grand pour qu'on puisse monter dans l'escalier sans se cogner à la spire supérieure : l'intervalle des deux spires doit être d'au moins $2^m.00$. Les arêtes telles que (e) sont aussi sur une surface héliçoïdale dont la ligne ($l'm'$) est la directrice en développement. La surface (ec) est une portion d'héliçoïde engendrée par une horizontale s'appuyant sur l'axe vertical de la tour et sur l'hélice dont ce est le développement. Nous avons donc tout ce qu'il faut pour déterminer la marche ; elle se projette en EE'33', et vient rencontrer le noyau (AB) suivant un polygone ($abcde$) dont la figure (3) donne le développement : (aa', bc',) sont les développements des deux sections droites du noyau qui comprennent la marche : l'intervalle du noyau compris entre ces deux sections est formé par le prolongement même de la marche. Chaque marche porte avec elle sa portion de noyau.

La taille d'une marche est assez simple pour que nous n'ayons pas besoin de l'expliquer.

Cette forme d'escalier a le désavantage, de présenter à la vue une surface inférieure d'une discontinuité disgracieuse. Il vaut mieux la remplacer par celle que représente le n° 1 *bis* de la planche 11 :

Le profil développé de la marche se compose de la contre-marche (*ab*), de la portée (*by*), du joint (*yc*), de la surface vue (*ce'*), d'un autre joint *e'd*, et de la surface horizontale (*de*) égale à (*by*) plus la largeur de marche.

Connaissant les droites *lm*, *l'm'*, résultant des données de la construction, on prend la hauteur (*cp*) que l'on porte en (*p'e'*), ce qui détermine le point (*e'*) de telle sorte que tous les joints sont égaux. La surface vue (*e'c*) est engendrée par une horizontale qui s'appuie sans cesse sur l'hélice dont (*e'c*) est le développement et reste constamment tangente au noyau AB ; EE', CC' sont des positions de cette génératrice. On voit que par là on affaiblit beaucoup moins l'attache de la marche avec la portion de noyau qui lui est adhérente. Les plans de joints auxquels appartiennent sur le développement les courbes (*e'd*), (*cy*) sont formés par une horizontale EE' tangente au noyau et par la normale à l'intrados au point où cette droite EE' rencontre le cylindre qui sépare en deux parties égales l'intervalle BD. On a construit sur la figure 3 le développement de l'intersection de la marche avec le noyau.

Escalier en vis à jour. Il se compose de marches qui sont encastrées dans le mur de la cage à un bout seulement et qui reposent l'une sur l'autre ; elles sont terminées en dessous par une surface gauche réglée formant intrados (planche 12). Les murs de cage étant droits, leur projection horizontale forme un polygone LMNO ; menons une courbe dont ce polygone soit l'enveloppe ; la parallèle (*abcd*) à cette courbe, menée à une distance donnée, est la courbe de jour, base du cylindre vertical à la surface duquel s'arrêtent les marches. Dans chaque marche est scellé un balustre, et les balustres supportent la rampe qui se trouve à peu près à l'aplomb de la courbe de jour. Donc, à 0^m,50 se trouvera la ligne de foulée, trajectoire habituelle des personnes qui montent ou descendent l'escalier. On divise la ligne de foulée en parties égales à la largeur de marche, soit 23 une de ces parties. Lorsque dans un escalier on passe d'une partie droite à une partie courbe, d'une volée droite à une volée courbe, ou plus généralement d'une volée courbe à une volée courbe de courbure différente, il se produit une variation brusque dans les largeurs des marches, si on prend toujours les arêtes des marches perpendiculaires à la ligne de foulée ; c'est cette variation brusque fort disgracieuse que l'on veut éviter par l'opération appelée balancement des marches, qui consiste à passer par petites gradations d'un changement de dimension à l'autre, et à répartir sur plusieurs marches l'angle qui existe entre les normales au point de raccordement de deux arcs de la ligne de foulée, dont les courbures sont différentes.

C'est ainsi que l'on a tracé les lignes 2, 3, 4, 5, 6... qui prolongées forment un polygone servant d'enveloppe à la courbe αβγω, que l'on trace et que l'on considère comme la base d'un cylindre vertical.

Le profil de la marche sur le cylindre qui a pour base la ligne de foulée est une donnée naturelle de la question, il est donc facile de construire la projection horizontale des arêtes 2*b*, 3*c*, R*r*, S*t*, S'*t'*, R'*r'*. Quelle est la génération de la surface du dessous des marches ? Le cylindre vertical qui a pour base la courbe 1.2.3... coupe les arêtes horizontales des marches en des points qui appartiennent à une hélice, puisque les hauteurs et les largeurs des marches sur la ligne de foulée sont égales. On prend cette hélice pour la directrice d'une surface réglée, dont la génératrice, constamment horizontale, se meut en touchant le cylindre vertical qui a pour base la courbe α.β.γ.ω..., et, pour déduire de cette surface celle qui termine le dessous des marches, on suppose que, les droites génératrices des deux surfaces sont, pour chaque position, parallèles entre elles dans le même plan vertical, et que leur distance verticale ne change pas. Tout plan vertical passant par l'une des droites a.1, b.2, c.3 contient l'arête horizontale de marche dont cette droite est la projection, et une génératrice de la surface du dessous des marches; la distance verticale de l'arête et de la génératrice est constante. Suivant les arêtes de douelle, on substitue à cette douelle un paraboloïde tangent, on cherche la normale à ce paraboloïde à l'aplomb de la ligne de foulée, et le plan de joint est le plan de cette normale et de l'arête de douelle.

Taille de la marche. On construit le panneau (R*s* 22′ *s*′R′) qui limite l'encastrement de la marche dans le mur de la cage, et aussi le panneau développement de l'intersection de la marche avec le cylindre (*abcd*), puis on exécute le solide dont la projection horizontale est égale à celle de la marche, et dont la hauteur est *kr*′; sur les têtes de ce solide, on applique les panneaux, et la taille s'achève sans difficulté.

L'escalier précédent n'est pas capable de supporter de lourds fardeaux car les marches sont encastrées dans la cage, et n'ont guère d'autre point d'appui. Lorsqu'on veut rendre l'escalier solide, il faut recourir à une courbe rampante, que nous étudierons en charpente.

VOUTES PROPREMENT DITES.

Nous venons d'étudier les portes, les descentes et les escaliers, nous allons parler maintenant des voûtes proprement dites. Il existe pour elles plusieurs conditions indispensables à la stabilité et à l'effet architectural. Voici ces conditions : 1° le joint de deux voussoirs consécutifs doit être, en chaque point de la ligne de séparation de la surface de joint et de la douelle, perpendiculaire à cette douelle, afin que pour deux voussoirs voisins, l'angle de contact étant partout le même, la résistance de la pierre soit aussi la même; 2° pour la même raison, il est nécessaire que la surface d'un joint et les surfaces des joints qui l'environnent soient partout normales entre elles; 3° les surfaces de joint doivent être susceptibles d'être engendrées par le mouvement d'une droite, parce que dans ce cas seulement elles sont susceptibles d'une exécution parfaite, et qu'alors on n'a pas à craindre de porte à faux dans l'appareil; 4° les joints doivent être formés de surfaces développables afin que la taille puisse se faire par panneaux.

Monge a montré que ces conditions sont remplies, si l'on divise l'intrados d'une voûte en ses deux systèmes de lignes de courbure que l'on prend pour arêtes de joint. C'est là le principe qu'il faut toujours appliquer.

Voûte sphérique. (Planche 13).

Une voûte sphérique est destinée à recouvrir un espace circulaire; les pieds-droits se composent d'un mur en tour ronde, dont la demi-circonférence (*abc*) représente la demi-projection horizontale. Tout plan vertical tel que (*ab*) passant par un diamètre de la tour ronde coupe la sphère suivant un demi grand cercle (*ad*′*b*), qui en tournant autour de l'axe vertical de la tour engendre l'intrados de la voûte sphérique. Divisons le méridien (*ad*′*b*) en un nombre impair de parties égales, et soit $(n'q')$ une de ces parties : les points de divisions engendrent des parallèles de la surface projetée, par exemple en (mn) et (pq), et ces parallèles forment le premier système de lignes de joint. Le second est normal au premier et s'obtient en divisant le cercle (acb) en parties égales et menant le méridien en chaque point de division, on prend ces méridiens pour arêtes des joints montants de la première assise : pour la deuxième assise, on prend les méridiens qui divisent les angles des premiers en deux parties égales, et on alterne ainsi les joints montants afin d'obtenir la découpe. La clef est faite d'un seul morceau, elle est engendrée par la rotation de la division médiane du méridien. Le profil méridien d'un voussoir a la forme $(n'q'r's't')$ que nous avons déjà vue pour une voûte droite, et le voussoir est la surface de révolution engendrée par ce profil et limitée aux deux méridiens verticaux (or, ov). Il est donc facile de construire les projections d'un voussoir; l'arc $(n'q')$ engendre une zône horizontale de sphère, les arêtes de joint $(n't')$ $(q'r')$ engendrent des cônes droits, la droite $(r's')$ engendre un cylindre vertical, et la droite $s't'$ un plan horizontal : les arêtes vives du voussoir sont des arcs de cercles projetés en vraie grandeur sur le plan horizontal.

Taille du voussoir :
Entourons le profil méridien par un rectangle et supposons que ce rectangle soit la projection de la pierre donnée sur le plan vertical ok : le point k' par exemple se projettera en k, et la projection du parallélipipède sur le plan horizontal sera le rectangle $(ehgf)$ construit de manière à envelopper toute la projection horizontale du voussoir. La face inférieure (ωx) du parallélipipède, face qui contient les cordes mn, pq, coupe la sphère suivant un petit cercle dont (xy) est le diamètre; il est facile de tracer sur la face de la pierre ce cercle xy du point α comme centre. Ce cercle va nous servir à faire apparaître l'écuelle, c'est-à-dire la portion de sphère qu'il limite; il suffira pour cela d'une cerce en tôle découpée suivant l'arc $(xq'n'y)$; on creusera l'écuelle de façon que cette cerce puisse s'y mouvoir toute entière en s'appuyant sur les bords du cercle xy. On fera apparaître la calotte sphérique. Puis on placera la corde (mn) et sa parallèle la corde (pq), dont on marquera les extrémités sur le bord de l'écuelle; on découpera des cerces suivant les arcs (mn, pq), et en les appliquant sur l'écuelle, on tracera ces arcs eux-mêmes : avec d'autres cerces, on tracera les arcs de grand cercle (mp, nq).

Reste à faire apparaître les surfaces de joint, rien de plus facile avec une équerre, dont un des côtés, au lieu d'être droit, est découpé suivant le profil du grand cercle de la sphère; on s'arrange de manière à ce que ce côté courbe reste constamment appliqué dans l'écuelle, et on fait apparaître ainsi les surfaces de joint. Sur les joints-plans situés dans des méridiens, on applique les panneaux de tête, on a donc deux horizontales telles que $(t's')$ qui servent de directrice à une règle pour faire apparaître le plan horizontal supérieur. Sur ce plan, on applique le panneau $(utvr)$ que l'on a en vraie grandeur sur le plan horizontal, on trace l'arc vr, et avec une équerre qui se promène le long de cet arc, on fait apparaître le cylindre vertical dont $r's'$ est la génératrice.

PÉNÉTRATIONS DE VOUTES :
Nous avons déjà vu quelques pénétrations de voûtes dans le cas de portes ou de descentes rachetant des berceaux. Nous allons étudier maintenant les pénétrations de grandes voûtes : les grandes voûtes qui se rachètent ont mèmes naissances et sont égales en montée, c'est-à-dire qu'elles ont leurs naissances dans

un même plan horizontal, et que leurs plans tangents au point le plus élevé de chacune d'elles se confondent.

Voûtes d'arêtes :

Les voûtes d'arêtes sont destinées à couvrir l'espace compris entre quatre plans verticaux parallèles deux à deux. La section de ces quatre plans par un plan horizontal est un parallélogramme; selon que ce parallélogramme est rectangle ou oblique, la voûte est droite ou biaise. Lorsque les plans verticaux passent seulement par les prolongements des côtés du parallélogramme et s'arrêtent aux verticales des quatre sommets, on a une voûte d'arêtes barlongue, formée par la rencontre de deux galeries indéfinies.

Lorsque les plans verticaux passent seulement par les côtés du parallélogramme, on a une salle voûtée, et la voûte est dite en arc de cloître. Sur la planche (14), la moitié supérieure du plan représente une voûte d'arêtes barlongue, et la moitié inférieure est une voûte en arc de cloître.

Occupons-nous de la voûte d'arête. On se propose de recouvrir par une voûte de cette espèce le rectangle ABCD; on se donne un des berceaux, celui par exemple qui a pour ouverture AB et on le prend à section droite circulaire projetée en $k'a'b$. Il faut déduire de ces données la section droite du second berceau, sachant qu'il a pour ouverture AC et qu'il passe par les ellipses d'intersection du premier berceau avec les plans diagonaux AD, BC. Cherchons à construire la section droite $o_1 t_1$ de ce second berceau. La génératrice b' vient rencontrer le plan (BC) en un point b d'où part une génératrice (bb_1) du second berceau, laquelle se projette sur la section droite dont $o_1 t_1$ est la trace en un point b_1 situé à la même hauteur au-dessus de $o_1 t_1$ que b' au-dessus de $o't'$.

Veut-on la tangente au point b_1, remarquons que le plan tangent au point k' (symétrique de b') sur le premier berceau a pour trace horizontale la droite $t't$; le point t intersection de la trace du plan tangent avec le plan diagonal AD est trace horizontale de la tangente au point k de l'intersection commune des deux berceaux; la trace horizontale du plan tangent au second berceau tout le long de la génératrice (kb) est donc tt_1 et la tangente au point b_1 de la section droite cherchée est $t_1 b_1$.

Nous avons autant de points et de tangentes que nous voulons de cette section droite. Connaissant a_1 et b_1, nous mènerons les normales en ces points, qui représentent l'intersection des joints, et nous limiterons ces joints par des lignes de rappel $(c'\varepsilon, \varepsilon\varepsilon_1, \varepsilon_1 e_1)$. L'intersection des plans verticaux $(c'd', c_1 d_1)$ nous donne le point (m) et par suite la projection (bm) d'une arête du voussoir : on obtient de même la projection de l'arête (an), et le voussoir est connu complètement en projection. On construit maintenant le panneau de la douelle P, en développant l'arc $(a'b')$ et portant perpendiculairement à ce développement des longueurs de génératrices telles que (fa) que l'on trouve en vraie grandeur sur le plan horizontal; pour les panneaux de joints P' et P_1, on prend les longueurs $(a'e')$ $(b'c')$ et l'on porte perpendiculairement à leurs extrémités des longueurs telles que (fa) et (pn). On construit de même les panneaux relatifs au second berceau.

Pour tailler le voussoir, on prendra le bloc de pierre ayant pour section la projection horizontale $(fgmhia)$ du voussoir, et pour hauteur la distance du point b' à l'horizontale $(e'd')$. On applique le panneau de tête $(a'b'c'd'e')$ et avec une équerre on fait apparaître le joint projeté sur $(a'e')$: sur cette face de joint on applique le panneau P', et l'on marque la droite dont (an) est la projection; on peut alors tracer la droite (nq) et abattre la partie de pierre qui dépasse le joint $ainq$. On fait de même pour le second joint projeté en $(b'c')$, mais ici il y a plus de précautions à prendre, parce que l'angle dièdre dont (*bm*) est l'arête, est un angle rentrant, et il ne faut pas lorsqu'on taille la face (*b'c'*) dépasser les limites du panneau P₁.

Il ne reste plus qu'à faire apparaître les surfaces de douelle; pour cela on fera d'abord apparaître les faces planes obtenues en substituant les cordes aux arcs, puis avec des cerces on creusera les douelles; ou mieux encore ayant tracé l'arc (*a'b'*) sur la face de tête, on promènera une équerre le long de cet arc de manière à faire naître la douelle, mais là encore il faudra essayer fréquemment le panneau P.

La partie inférieure de la figure représente le voussoir de l'arc de cloître, pour lequel les constructions sont identiques aux précédentes.

La voûte d'arêtes en tour ronde se présente aussi quelquefois en architecture.

APPAREIL HÉLIÇOIDAL DES ARCHES BIAISES.

Nous avons étudié déjà une voûte biaise, le biais passé ou corne de vache, et nous avons montré combien cette solution était loin de la perfection. Depuis l'invention des chemins de fer, dont il n'a pas toujours été possible d'infléchir le tracé de manière à le rendre normal aux cours d'eau, il a fallu construire des arches biaises d'une grande portée satisfaisant convenablement aux conditions de stabilité.

L'équilibre d'une construction quelconque dépend beaucoup de la manière dont sont agencés entre eux les éléments de la construction. Imaginez un mur droit à assises horizontales, les pressions sont verticales, c'est-à-dire normales aux assises, et l'équilibre existe comme si le mur était un monolithe. Mais supposez les assises inclinées suffisamment, le frottement et l'adhérence des mortiers ne pourront résister à l'effort de renversement, il y aura poussée au vide et le mur tombera.

Au lieu de changer la direction horizontale des assises, modifiez la direction des pressions, chargez le mur de soutenir un bloc de terre par exemple, il y aura encore tendance au renversement, parce que la pression est oblique à la surface de séparation. Il faut donc avoir soin, dans les murs de soutènement tels que les murs de quai, d'incliner du côté des terres les plans des assises.

Prenons maintenant une voûte. Si c'est un monolithe, cette voûte subsistera en équilibre sur ses pieds-droits, mais à l'extrados il y aura des pressions et à l'intrados des tensions. Si la voûte est composée de voussoirs, en tendant à s'affaisser elle repoussera ses culées qui, si elles sont assez fortes, réagiront sur la voûte et transformeront en pressions les tensions de l'intrados. Mais ces résultats sont dus à une déformation de la voûte qui a lieu après le décintrement, et le tassement est indispensable pour qu'ils se produisent.

Le calcul montre, et on le conçoit bien, que les poussées qui tendent à renverser voûte et culées sont dans le plan de la moindre section. Pour les ponts droits les poussées se font donc dans des plans parallèles aux têtes et se reportent sur les culées; dans les arches biaises, il y a près des têtes une série de moindres sections qui ne s'appuient que sur un pied-droit de la voûte, et il se produit de la sorte ce qu'on appelle la poussée au vide, tendance au renversement en dehors du plan de tête. Ce qu'on se propose, c'est de trouver un appareil qui dévie les poussées en les ramenant autant que possible dans un plan parallèle au plan de tête. Si on appareille les voûtes biaises comme les voûtes droites, on voit que les voussoirs ont sur les têtes des angles aigus accolés à des angles obtus : la poussée au vide rencontre donc des résistances inégales : l'appareil théorique qui rend égaux les angles des voussoirs diminue les chances de rupture.

Il est donc nécessaire que les lits de joint soient perpendiculaires aux plans de tête. Ils doivent en outre satisfaire à la condition d'être normaux à l'intrados, la raison en est facile à comprendre, si on examine une voûte droite en plein cintre, dont la clef serait limitée à des plans obliques à l'intrados ; dans ce cas en effet, suivant la direction de l'inclinaison des plans, la clef tomberait ou serait chassée vers l'extrados. (Une étude rigoureuse, faite par M. Yvon Villarceau, montre qu'en réalité les joints ne doivent pas être normaux à l'intrados, mais à une courbe qui n'en diffère sensiblement que dans les plates bandes horizontales des portes ordinaires).

Peut-on satisfaire aux deux conditions de faire les lits normaux à l'intrados en même temps que normaux aux plans de tête et aux plans parallèles aux plans de tête? Oui, en prenant pour surface de joint non pas un plan, mais un cylindre ayant pour génératrices des droites perpendiculaires aux plans de tête, et dont la directrice sur l'intrados serait la trajectoire orthogonale des sections faites par des plans parallèles aux têtes. Cette solution théoriquement parfaite n'est pas acceptable pratiquement, vu les difficultés de taille : l'exécution de cet appareil serait défectueuse et l'on arriverait à de mauvais résultats, tandis qu'un appareil, théoriquement moins exact, mais plus facile à exécuter en pratique en donnera d'excellents.

Appareil orthogonal. On substitue donc aux cylindres la surface gauche engendrée par la normale à l'intrados le long de la trajectoire orthogonale des sections parallèles aux plans de têtes ; cela ne change pas l'habitude des appareilleurs qui engendrent d'ordinaire les lits par le mouvement d'une normale à l'intrados.

Indiquons comment on construira l'appareil ainsi modifié :

Soit un cylindre (planche 15, figure 1) dont les pieds-droits sont projetés sur les lignes Aa, Bb ; AB est la trace de la section droite, (ab) celle de la section de tête et l'angle α de ces deux droites est l'angle du biais. Généralement on prend un cercle pour section droite, et soit (AK‴B) ce cercle rabattu sur le plan horizontal ; pour construire le rabattement de la courbe de tête, on mène la génératrice K‴RF jusqu'à la rencontre avec la trace (ab) du plan de tête, et l'on élève la perpendiculaire FK = RK‴, le point K est un point de la courbe de tête rabattue ; on en construira ainsi autant de points que l'on voudra.

Imaginons maintenant que l'on développe le cylindre d'intrados sur le plan tangent le long de l'arête Aa et que l'on applique ce développement sur le plan horizontal. La section droite se développe suivant la droite AB, dont la longueur est égale à celle de la demi-circonférence AK‴B ; le point K‴ de la section droite vient en K‴ du développement, et la génératrice, projetée en RF, vient en K‴K parallèle à Aa ; le point M de cette génératrice ne la quitte pas et d'autre part reste dans un plan perpendiculaire à la charnière Aa, donc ce point M vient en K′ ; de même le point F de l'arc de tête vient en K sur le développement ; il est donc facile, étant connu le développement de la section droite, de trouver le développement d'une section quelconque de l'intrados, et en particulier le développement de l'arc de tête, lequel est une sinusoïde dont le point d'inflexion est au milieu K. Pour vérifier la construction, on cherche par le calcul la longueur de l'arc de section droite et celle de l'arc elliptique de tête, et l'on voit si ces longueurs sont les mêmes que celles qu'on mesure directement sur le développement.

Il faut remarquer, d'une manière générale, que les angles situés dans les plans tangents à l'intrados se conservent dans le développement, car ce développement se compose d'éléments de plans tangents juxtaposés. Ainsi les trajectoires orthogonales des sections successives se transforment en trajectoires orthogonales de ces sections transformées. M. Graeff, inspecteur général des ponts et chaussées, dans un savant mémoire publié dans les annales de 1852, a calculé dans les différents cas les équations de ces trajectoires orthogonales transformées, qu'il est facile par ce moyen de construire par points.

Le principe de l'appareil orthogonal étant connu, appliquons-le à une voûte en plein cintre représentée dans la *fig.* 2; aKb est le demi-cercle de tête (la section droite est une ellipse surhaussée). On transporte la génératrice de naissance (aa') parallèlement à elle-même en xx, et l'on construit les sinusoïdes développement des arcs de tête; on taille dans une feuille mince de sapin le patron de ces sinusoïdes égales qui représenteront aussi le développement de toutes les sections parallèles aux plans de tête. D'autre part, on a calculé le profil de la trajectoire orthogonale q_1Ku; on peut même se dispenser de le calculer et tracer à la main la trajectoire orthogonale des sinusoïdes; avec un peu de coup d'œil et d'habitude, on arrivera généralement à un résultat satisfaisant; le profil connu, on taillera dans une feuille de bois ce profil (q_1Ku), que l'on fera mouvoir parallèlement à lui-même le long de la génératrice de naissance (xx) : on pourra ainsi tracer toutes les trajectoires orthogonales, qui sont évidemment égales et parallèles entre elles. Ces trajectoires orthogonales ont un point d'inflexion qui est toujours sur la génératrice du sommet. Les voussoirs de tête se limitent à deux sections parallèles aux têtes, comme on le voit sur le développement. Les deux moitiés de la voûte étant symétriques par rapport à la génératrice du sommet, on voit que les lignes de joint ne se raccordent pas sur cette génératrice, on opère le raccordement au moyen d'une ligne comprise entre les deux tronçons, ce qui influe peu sur l'appareil.

Les projections des trajectoires orthogonales ou lignes de joint s'obtiennent facilement, en remarquant (*fig.* 1) que le point f est situé sur la génératrice d' laquelle se projette horizontalement suivant (dg) et verticalement suivant (il); donc le point (f) de la trajectoire orthogonale aura pour projection horizontale (g) et pour projection verticale (l). Par ce moyen, il sera facile de construire la projection horizontale et la projection verticale de la voûte représentée par la *fig.* 2. Pour les projections horizontales et verticales des trajectoires orthogonales, on peut aussi se servir de patrons. Dans le cas du plein cintre, les trajectoires orthogonales sont asymptotes aux génératrices des naissances (aa',bb') : s'il s'agit d'une voûte en arc de cercle, dont (MM_1, mm') soit l'ouverture et KE la montée, la partie utile du développement sera comprise entre les génératrices mm' et $m_1m'_1$: les portions utiles de trajectoires orthogonales viendront couper les génératrices de naissance, la maçonnerie de la voûte rencontrera obliquement la maçonnerie des pieds-droits au lieu de se raccorder avec elle comme dans le cas du plein cintre, et il sera nécessaire d'établir des coussinets tels que A de la *fig.* 4. En général, dans la largeur de douelle d'un voussoir de tête, on place deux assises de moellons courants.

Quelques arches ont été appareillées par la méthode précédente, mais on voit qu'elle est fort compliquée, il est nécessaire dans la plupart des cas que l'ingénieur trace lui-même les épures; les appareilleurs exécutent mal ce qu'ils ne comprennent pas bien. Enfin, il faut pour chaque voussoir une épure spéciale, et si l'on se trouve dans un pays comme l'Angleterre où l'on n'emploie guère que la brique, il faut pour chaque brique un moule spécial ; on a donc peu à peu abandonné le système orthogonal, qu'on a presque partout remplacé par l'appareil hélicoïdal, que l'on obtient comme il suit :

On développe l'intrados ; on ne construit pas les sinusoïdes représentant le développement des sections de tête et des sections parallèles aux têtes, on les remplace par leurs cordes : les trajectoires orthogonales deviennent tout simplement des perpendiculaires à ces cordes : après l'enroulement, toutes ces lignes droites formant les arêtes des joints deviennent des hélices, et les surfaces de joint sont engendrées par les normales à l'intrados le long de ces hélices ; ces surfaces de joint seront donc des surfaces de vis à filet carré. Le joint sera partout identique à lui-même, et un seul système suffira pour la taille de tous les voussoirs. Un même voussoir peut en outre occuper toutes les positions. On voit que ce sont là de grands avantages pratiques ; il est vrai que les joints ne sont plus exactement normaux aux têtes, ce qui est un faible inconvénient.

Pour appareiller avec des hélices la voûte de la *fig.* 2, on tirera la corde (*a'b'*) de la sinusoïde et on mènera la perpendiculaire DK'D' à cette corde. Il y a généralement une légère correction à faire : si cette ligne DK' passe par le point de division (*m₁*) de l'une des têtes, généralement elle ne rencontrera pas l'autre tête précisément en un point de division, alors on la déviera un peu de manière à la faire passer par le point de division le plus voisin, et c'est la ligne ainsi déviée que l'on considère comme développement de la ligne de joint. Les lignes de joint ne sont plus perpendiculaires entre elles, mais la déviation est insensible et sans influence pour la stabilité : la pose en elle-même peut entraîner des erreurs bien plus considérables.

L'obliquité des joints sur les têtes, dans le système hélicoïdal, se fait surtout sentir près des naissances dans la voûte en plein cintre ; aussi lorsqu'on se sert de cet appareil, il vaut mieux prendre des voûtes surbaissées en arc de cercle. Ainsi, *fig.* 2, considérons la voûte d'ouverture (MM₁, *mm'*) et de montée KE, son développement sera compris entre les génératrices (*mm'*, *m₁m'₁*), et dans ces limites l'arc sinusoïde *m'*K'*m'₁*, développement de l'arc de tête, se confond sensiblement avec sa corde, puisqu'il y a un point d'inflexion entre *m'* et *m'₁* ; dans cet intervalle, l'obliquité des lignes de joint sur la courbe de tête sera donc peu accusée. L'intrados de cette voûte en arc de cercle a été développé sur la *fig.* 4 qui montre bien la disposition des douelles des voussoirs. Ces voussoirs viennent s'appuyer aux naissances sur des coussinets A qui font corps avec la première assise des pieds-droits. Les projections horizontale et verticale des lignes d'assises s'obtiennent en cherchant, comme nous l'avons fait pour les trajectoires orthogonales, les projections d'une des hélices pour chaque système, et avec les profils ainsi obtenus on exécutera des patrons qui serviront à tracer les autres hélices.

La *fig.* 3 est un exemple de voûte biaise appareillée avec des hélices ; nous engageons le lecteur à faire à plus grande échelle l'épure de cette voûte, afin de se rendre parfaitement compte de l'agencement des voussoirs. On voit bien sur cette figure, comment le dernier voussoir E des pieds-droits se prolonge pour former un coussinet de la voûte.

L'intersection des surfaces de joint avec les plans de tête, dans le système orthogonal et dans le système hélicoïdal, est formée de courbes, or ces intersections sont apparentes et produiraient un fort mauvais effet, on les remplace par des droites normales à la courbe de tête.

Nous empruntons au remarquable mémoire de M. Graeff, l'explication de la taille d'un voussoir dans son appareil hélicoïdal simplifié : « Dans l'appareil hélicoïdal, les lignes d'assise en douelle CE, DF, pl. 16, *fig.* 4, sont des arcs d'hélice parallèles, la ligne CD est l'arc de tête, et la ligne EF un arc d'hélice perpendiculaire aux arcs d'hélice CE, DF. Les surfaces de joint s'engendrent comme il a été dit pour l'appareil orthogonal parallèle. Quand les voussoirs ont peu de largeur, ce qui arrive toujours pour les moellons piqués de l'intérieur de la voûte, les surfaces de joint ayant pour base les lignes CD, EF de division des assises en voussoirs, peuvent, sans erreur sensible, se remplacer par des plans; mais cela n'arrive pas en général pour les voussoirs de tête.

Taille des voussoirs de tête. — Méthode par équarrissement.

Prenons pour exemple le pont indiqué par la pl. 15, *fig.* 3. La pl. 16 donne à une grande échelle les parties de ce pont nécessaires à l'intelligence des développements dans lesquels nous allons entrer.

Supposons d'abord qu'il s'agisse du voussoir C, pl. 16, *fig.* 6.

La projection verticale de la tête du voussoir, les projections verticale et horizontale de la douelle, ainsi que le développement de cette dernière, étant connus par les *fig.* 5, 6, 7, on commencera par déterminer les projections verticales de la face postérieure du voussoir et des surfaces gauches des joints; pour cela, on supposera que, suivant ce qui a été dit dans la section précédente, la surface gauche de chaque joint est engendrée par une ligne droite qui glisse le long de la ligne d'assise dans la douelle, en se dirigeant toujours suivant les rayons des cercles situés dans les plans parallèles à la tête du pont; si donc nous menons par les points f' et g', *fig.* 7, les traces horizontales des plans parallèles à la tête, ces traces rencontreront l'axe du cylindre aux points o' o'', qui seront les projections horizontales des centres des cercles situés dans ces plans; en menant par les projections verticales de ces mêmes centres, *fig.* 6, les rayons $o'f'$ et $o''g'$ prolongés jusqu'en k' et h' sur les lignes horizontales $a'k'$ et $c'h'$ passant par les points a' et c' et en menant ensuite du point h' la ligne $h'i'$ parallèle à $c'a'$, nous aurons déterminé les projections verticales des surfaces gauches $b'e'f'k'$, et $a'c'd'g'h'i'$ des joints du voussoir et de la face postérieure $i'h'g'f'k'$ qui sera aussi une surface gauche, puisque les points g' et f' ne sont pas situés dans un même plan parallèle à la tête du pont. Connaissant les projections verticales des faces du voussoir, ainsi que la projection horizontale et le développement $d'g'f'e'$ de sa douelle, *fig.* 5, 6 et 7, nous possédons tous les éléments nécessaires pour tailler ce voussoir.

Taille du voussoir : On commencera d'abord par faire débiter à la carrière une pierre en forme de prisme qui aura pour base la *fig.* $a'c'd'g'f'k'$ dans la projection verticale, *fig.* 6, et dont la longueur sera égale à la ligne $g'y'$ prise dans la projection horizontale, *fig.* 7. La *fig.* 8 représente cette pierre en perspective par les lettres $a'c'd'q'p'l'm'n'o'g'x'v'$.

On fixera sur la face $a'c'd'q'p'l'$ le panneau de tête $a'c'd'e'b'$; pris dans la projection verticale, *fig.* 6, en le faisant coïncider sur les arêtes $a'l'$, $a'c'$ et $c'd'$, et l'on tracera les lignes $b'e'$ et $d'e'$; on fera la distance $x'f'$ sur l'arête $p'x'$ égale à la ligne $x'f'$ prise dans la projection horizontale, *fig.* 7, et l'on mènera par le point f' sur la face $l'p'x'v'$ la ligne $f'k'$ parallèle à l'arête $x'v'$, et par le même point f' la ligne $f'g'$ sur la face $q'p'x'g'$. On fera de même $m'i'$ égale à $a'i'$ prise dans la projection verticale *fig.* 6, et l'on mènera $i'h'$ sur la face $m'n'o'g'x'v'$ parallèle et égale à l'arête

$m'n'$; on tracera ensuite sur la même face la ligne $h'g'$, sur la face $a'l'v'm'$ les lignes $b'k'$ et $a'i'$, enfin sur la face $d'q'g'o'$ la ligne $d'g'$; ces opérations faites, le tracé du voussoir sera terminé : pour tailler la pierre, on commencera d'abord par ébaucher la douelle en faisant passer une surface par les lignes $e'd'$, $d'g'$ et $g'f'$ et l'on enlèvera la partie de la pierre $d'e'f'g'q'p'$, puis par les lignes $i'k'$, $k'f$ et $f'g'$, on taillera la face $i'k'f'g'h'$; par les lignes $a'c'$, $a'i$ et $i'h'$, on taillera le plan $a'i'h'c'$; enfin par les lignes $c'd'$, $d'g'$, $g'h'$, $h'c'$ et $b'e'$, $e'f'$, $f'k'$, $k'b'$, on taillera les surfaces gauches des joints $c'd'g'h'$ et $b'e'f'k'$. On vérifiera leur exécution en divisant, par exemple, les arêtes $b'k'$ et $e'f'$ en un même nombre de parties égales aux points 1 et 2, et en appliquant successivement une règle droite $n'l'$ sur les points de division correspondants, comme le montre la *fig.* 8; tous les points de cette règle devront se trouver dans chacune de ses positions sur la surface gauche $b'e'f'k'$, qui sera, dès lors, exécutée suivant le mode de génération que nous avons indiqué plus haut.

On déterminera la douelle $d'e'f'g'$ par le moyen d'un arc recourbé, suivant l'arc de cercle $d'e'$ que l'on fera glisser parallèlement à $d'e'$. La surface de douelle pourra encore se vérifier au moyen d'une règle que l'on fera glisser parallèlement à la direction d'une génératrice $d's'$, et dont tous les points devront s'appliquer dans chacune de ses positions sur la surface.

Si dans l'épure, on a le soin de tracer sur le panneau de tête la direction d'une verticale $d'r'$, *fig.* 6, pl. 16, et sur la douelle, la direction d'une génératrice du cylindre $d's'$, *fig.* 5, on pourra rapporter exactement ces deux lignes sur les faces correspondantes du voussoir, *fig.* 8, en $d'r'$ et $d's'$, et ces deux lignes devront toujours faire entre elles un angle droit, puisque l'une d'elles est une verticale et l'autre est une horizontale.

La méthode que nous venons d'employer pour tailler le voussoir C, et qui est connue, dans les traités de Coupe de pierres, sous le nom de méthode par équarrissement, est, sans contredit, la meilleure et la plus sûre pour arriver à la forme exacte du voussoir; mais elle a cet inconvénient que, dans beaucoup de cas, elle entraîne trop de déchet dans les pierres que l'on ne peut débiter aux carrières. Si l'on voulait l'appliquer, par exemple à la taille des voussoirs inférieurs dans la *fig.* 6, la perte de la pierre serait considérable; aussi est-il préférable, dans ce cas, de lui substituer la méthode par panneaux.

Tracé des épures d'exécution.

Lorsque les ponts ont peu d'ouverture, on peut tracer les épures nécessaires à la détermination du développement et des projections des lignes d'assise en grandeur naturelle sur des aires en planches préparées à cet effet sur les chantiers; mais lorsqu'il s'agit de grandes ouvertures, le mouvement de longues règles pour le tracé des arcs de cercle et des lignes droites donne beaucoup de chances d'erreur. Les patrons des trajectoires sont, d'ailleurs, énormes dans certains cas, et il devient matériellement impossible de s'en servir, à moins de les couper en plusieurs morceaux, qu'il faut assembler bout pour bout, ce qui donne beaucoup d'incertitude aux tracés. On opérera toujours d'une manière plus simple et plus exacte à la fois en faisant les épures à l'échelle de 1/10 et en mesurant toutes les dimensions sur ces épures. Les chances d'erreur, dues à l'emploi d'une échelle, sont, nous n'hésitons pas à le dire, car nous en avons acquis l'expérience par la pratique, beaucoup moindres que celles qui résultent, pour l'exécution de l'épure en grandeur naturelle, des longues règles qu'on est obligé d'employer. Nous ne saurions, d'ailleurs, trop recommander aux ingénieurs qui auraient à exécuter des constructions biaises de quelque importance de faire toujours construire préalablement un modèle en plâtre à l'échelle de 1/10 ou de 1/20, sur lequel il sera possible de tracer toutes les lignes d'assise dans leur position réelle au moyen de l'épure de détail exécutée à la même échelle, et de tailler complétement les voussoirs de tête.

On évitera ainsi les fautes d'appareil qui se remarquent souvent dans les plus beaux ouvrages, et auxquelles il est impossible de remédier une fois que la construction est terminée. C'est par ce moyen que nous avons étudié en détail les procédés qui ont été indiqués dans le cours de ce chapitre pour la taille des pierres.

Pose des voussoirs.

Pour l'appareil ordinaire, suivant les génératrices et les sections droites, les assises des moellons piqués se règlent par les génératrices qui correspondent aux points de division des arcs de tête ou des voussoirs. La pose ne présente donc aucune difficulté, les lignes d'assise étant des lignes droites sur le cylindre. Il en est autrement pour l'appareil héliçoïdal.

Pour l'appareil héliçoïdal, les lignes d'assise, qui sont des lignes droites sur le développement, sont courbées sur le cylindre. Elles se tracent sur les bois des couchis au moyen d'un cordeau ou d'une règle droite flexible que l'on tend sur le cylindre entre les deux points des arcs de tête opposés, par lesquels doit passer la ligne d'assise. Ce moyen ne serait, d'ailleurs, pas assez exact pour le plein cintre, où les lignes d'assise prennent une courbure très-prononcée sur la surface cylindrique; il demande, dès lors, à être vérifié. Cette vérification se fait en traçant sur le développement et sur le cylindre des arcs de section parallèles aux têtes, ce qui n'offre aucune difficulté au moyen des génératrices qu'on peut tracer très-facilement sur le cylindre, et dont toutes les parties, interceptées entre deux arcs parallèles aux têtes, sont toujours égales. Les points où ces arcs parallèles aux têtes rencontrent les lignes d'assises sur le développement se reportent sur les arcs de cercle correspondants établis sur le cylindre, et donnent sur celui-ci autant de points exacts des lignes d'assise. Ces lignes d'assise, étant toutes équidistantes et parallèles sur le développement, devront l'être aussi sur le cylindre; on a donc tout moyen d'en vérifier l'exactitude. Comme on ne peut d'ailleurs les tracer qu'au crayon sur le bois des cintres, elles s'effacent facilement par suite des bavures de mortier et du bardage des pierres; il est bon de les fixer, de distance en distance, par des clous visibles qui servent de points de repère pour les rétablir au besoin.

CHARPENTE.

ORIGINE ET DÉVELOPPEMENTS DE L'ART DE LA CHARPENTE.

Parmi les arts de construction, la charpente a dû naître l'un des premiers. A l'origine des sociétés, l'homme sauvage sentit bien la nécessité de se créer un abri, et pour en faire l'ossature il n'eut qu'à prendre quelques-uns des arbres qui l'entouraient de toutes parts; il forma sa cabane de pieux solidement fichés en terre et réunis par des pièces transversales qu'il attacha au moyen de branches flexibles ou de harts : les interstices furent garnis de feuillage ou de terre. Mais on s'aperçut vite que les poteaux enfoncés dans le sol pourrissaient par le pied : on se servit alors de poteaux reposant sur le sol et consolidés par un massif de pierres et par des jambes de force ; on reconnut qu'il fallait obtenir l'invariabilité de forme de l'ensemble : or la seule figure à côtés constants qui soit invariable est le triangle.

Les pièces d'une charpente bien organisée ne doivent donc, autant que possible, former que des triangles : ce principe de la triangulation régit encore aujourd'hui l'art du charpentier. Peu à peu on s'aperçut en outre des difficultés et du mauvais aspect que produisaient les croisements de pièces ; on en vint à entailler les pièces lorsqu'elles se croisent, et à les réunir les unes aux autres par des pénétrations mutuelles ou assemblages. C'est au perfectionnement des outils qu'on doit ce perfectionnement de la charpente : l'invention de la scie permit de tailler et de dresser tous les bois. Les besoins augmentant sans cesse, il fallut des édifices plus vastes, des maisons à plusieurs étages, des temples monumentaux, des navires énormes dont un seul absorbait une forêt entière : la charpente devint plus compliquée, plus difficile à exécuter, ce fut un art exigeant de vastes connaissances. Aujourd'hui encore, c'est une grosse branche de l'industrie humaine; l'emploi du métal dans les constructions semble devoir réduire l'importance de la charpente, il n'en est rien ; le nouveau monde nous offre d'énormes richesses forestières qu'il faudra mettre en œuvre, et l'art du charpentier est destiné à rendre encore de longs et utiles services.

Des assemblages. Les pièces de bois équarries et réunies les unes aux autres doivent, pour la stabilité, se transmettre les pressions dans la direction de leurs axes. Lorsque deux pièces s'arc-boutent, il est donc nécessaire qu'elles aient leur axe dans le même plan. Les entailles saillantes et creuses au moyen desquelles on rend un joint invariable s'appellent un assemblage.

Il y a trois grandes classes d'assemblages :

1° Deux pièces de bois qui se joignent peuvent faire un angle, et elles donnent lieu alors, soit à un assemblage par tenon et mortaise si l'une des pièces est limitée par l'autre, soit à un assemblage d'angle si les deux pièces se terminent à un angle commun, soit à un assemblage par entailles si les deux pièces se croisent.

2° Deux pièces de bois peuvent s'assembler bout à bout; l'assemblage porte alors le nom d'enture.

3° Deux pièces de bois peuvent s'accoler parallèlement l'une à l'autre ; ce sont alors des pièces jumellées.

PREMIÈRE CLASSE D'ASSEMBLAGES.

Assemblage droit à tenon et mortaise (*fig.* 1). La pièce A pénètre dans la pièce B, au moyen d'un prisme droit occupant toute la hauteur de la pièce A et seulement le tiers de sa largeur ; cette saillie est le tenon. La pièce B présente un creux égal, qui est la mortaise. Le tenon pénètre dans la mortaise à frottement dur, on les assujettit par une cheville en bois ou en fer. La longueur du tenon est variable suivant la plus ou moins grande résistance qu'on veut laisser à la pièce mortaisée. Pour les charpentes provisoires, on emploie des tenons passants, c'est-à-dire traversant toute la pièce ; alors on fixe le tenon par un coin au lieu de le fixer par une cheville. Les tenons ont presque toujours une forme insensible de coins, afin de faciliter l'entrée.

La *fig.* 2 représente un assemblage droit à tenon et mortaise ; les bords du tenon sont taillés en biseau *ff*, afin de faciliter l'entrée. On saisit bien sur cette figure la disposition respective du tenon et de la mortaise. On appelle donner quartier à une pièce l'opération qui consiste à la faire tourner de 90° et à prendre la nouvelle projection : on a pour but de suppléer ainsi au second plan de projection que l'on ne possède pas. Ainsi la pièce A, à laquelle on a donné quartier, devient A_1 ou A_3, et la pièce B devient B_1 ou B_2.

Assemblage oblique à tenon et mortaise. C'est le même que le précédent, sauf que la pièce A est inclinée sur la pièce B au lieu de lui être normale. Dans ce cas, le tenon a pour profil le trapèze (*a*) ; la face supérieure du tenon (*ih*) est horizontale, tandis que la face inférieure reste parallèle aux faces de la pièce ; le plan horizontal (*ih*) coupe le fil du bois.

La *fig.* 3 montre les dispositions de cet assemblage ; A, A_1, A_3, A_4 sont des projections de la pièce A sur ses diverses faces, les hachures indiquent les parties où les fibres du bois sont coupées. B, B_1, B_2 donnent les projections de la pièce mortaisée.

Assemblage oblique à tenon et mortaise avec embrèvement. C'est une complication du précédent ; lorsque la pièce A est arc-boutée contre B, le tenon pourrait n'être pas assez fort pour résister à la pression ; alors on fait pénétrer les faces latérales de A dans B, où existe une entaille correspondante ; cette entaille a pour profil le triangle *l'k'h'*, où s'engage le triangle *lkh*, comme le montre la *fig.* 4 qui offre aux yeux les diverses projections des deux pièces. *lkh* est l'embrèvement.

Assemblage oblique à tenon et mortaise avec embrèvement par encastrement.
La *fig.* 5 représente cet assemblage qui ne diffère du précédent que par ce fait
que la pièce A est moins large que la pièce mortaisée B; l'embrèvement se
trouve encastré.

Assemblage oblique à tenon et mortaise avec embrèvement à deux abouts (fig. 6).
Si les deux pièces A et B doivent exercer l'une sur l'autre une pression énergique,
il est à craindre qu'un seul embrèvement ne suffise pas. On emploie alors l'embrèvement à deux abouts (*uvxyz*). Cet assemblage doit être exécuté avec beaucoup
d'exactitude afin que les deux abouts travaillent à la fois et travaillent également.

Assemblage à tenon et mortaise avec renfort en chaperon. Il sert à réunir deux
pièces qui peuvent être droites ou obliques; le renfort a pour but de ne pas trop
affaiblir la pièce A. Les *fig.* 7, 8, 9, 10 et 11 donnent des exemples de renfort;
la *fig.* 7 montre un renfort en chaperon, la *fig.* 9 un renfort carré. Les *fig.* 12,
13, 14, 15 montrent comment on peut assembler une pièce horizontale A sou-
mise à des efforts verticaux avec une pièce horizontale B; on voit que les tenons
sont considérablement simplifiés, parce qu'ils n'ont plus qu'à soutenir la pièce
A et sa charge.

Assemblage à queue d'hironde. On désigne sous ce nom des assemblages dont
les tenons, resserrés à la naissance, s'élargissent à leur extrémité, de manière à
offrir l'aspect d'une queue d'hirondelle : on ne peut arracher le tenon de la
mortaise par une traction dirigée dans le sens de la pièce A qui porte le tenon.
On n'a pas besoin de la sorte de recourir à une cheville pour fixer le tenon. Cet
assemblage est surtout employé en menuiserie.

Assemblage à queue d'hironde à mi-bois.
La *fig.* 16 donne un exemple de cet assemblage droit ou oblique. La pièce A
forme avec B un assemblage droit à queue d'hironde, et la pièce E un assemblage oblique. On voit bien la forme du tenon qui va s'évasant de x en y. Si l'on
donne quartier à la pièce A et qu'on la mette en A_1, on voit la projection du
tenon dont l'épaisseur est moitié de l'épaisseur commune des pièces A et B,
d'où le nom d'assemblage à mi-bois. La pièce B_2 représente la pièce mortaisée
à laquelle on a donné quartier. Quelquefois la queue d'hironde n'est point passante : on en proportionne la longueur à la résistance. La *fig.* 17 montre l'assemblage de deux pièces A et B, dont la première est placée au-dessus de la
seconde comme on le voit en A_2; la pièce A garde toute sa hauteur, seulement
sur la moitié de cette hauteur on taille une queue d'hironde qui en projection
se trouve cachée, mais que l'on aperçoit en donnant quartier à la pièce A. La
pièce E montre une queue d'hironde non passante et d'un dessin plus compliqué.

La *fig.* 18 montre une pièce A_1 qui s'assemble avec une autre pièce B_1 au
moyen d'une double queue d'hironde.

De même on emploie quelquefois des assemblages à double tenon et double
mortaise, comme on le voit sur la *fig.* 19.

Assemblage à tenon et mortaise en queue d'hironde avec clef.
Si l'on veut au milieu d'une pièce de bois pratiquer un assemblage à tenon et
mortaise en queue d'hironde, il faut que le tenon puisse pénétrer dans la mortaise, et l'ouverture de celle-ci doit par suite être égale à la plus grande largeur
du tenon; mais celui-ci une fois entré, il existerait beaucoup de jeu entre les
deux pièces si l'on n'employait une pièce auxiliaire qu'on appelle clef (*fig.* 20).

On voit sur la *fig.* 20 un exemple de cet assemblage droit et oblique, x est la
clef que l'on presse avec un maillet. On a donné quartier aux pièces afin de
faire bien comprendre l'agencement de cet assemblage.

Assemblage droit à tenon sur l'arête (fig. 21).

Cet assemblage se fait entre deux pièces carrées : l'axe de A tombe non pas au milieu d'une face de B, mais sur une arête de B, de sorte que les arêtes de contact sont telles que xz. La pièce A est entaillée de façon à venir emboîter B, mais on a réservé dans l'entaille un tenon dont yy est la base et qui pénètre dans une mortaise égale de B. Les diverses projections des pièces, avec les hachures marquées sur les parties où l'on a coupé les fibres du bois, donnent une image saisissante de l'assemblage. La *fig.* 21 suppose que les pièces carrées A et B sont de même équarrissage : si elles étaient d'équarrissage différent, l'épure ne serait pas plus difficile.

Embrèvement simple avec enfourchement.

Dans les charpentes provisoires, on emploie souvent cet assemblage simple que représente la *fig.* 22.

Joint anglais (fig. 23). C'est une modification du précédent : le pan xy de l'embrèvement, au lieu d'être plan, est cylindrique, et prend le profil xyz. Ce joint demande a être exécuté très-soigneusement, car si la taille est mauvaise, les surfaces ne portent l'une sur l'autre que par quelques points et la solidité est compromise.

Assemblage à oulice (fig. 24). Les pans de bois sont formés de pièces principales verticales qui sont les poteaux, et de pièces en écharpe destinées à assurer l'invariabilité du système qu'on appelle guettes. A la rencontre des guettes, les poteaux sont coupés et portent alors le nom de tournisses. On réunit la tournisse à la guette par un assemblage qui porte le nom d'oulice et que montre la *fig.* 24 ; c'est un tenon dont le profil est triangulaire (xyz) et qui occupe le tiers de la pièce J ; on a pratiqué dans la pièce F une mortaise égale au tenon

Dans la figure, les deux tournisses ont leur axe dans le prolongement l'une de l'autre : quelques constructeurs pensent que, pour la solidité, il est préférable d'écarter un peu les deux axes ; de la sorte la guette est moins affaiblie en un même point.

Assemblage à oulice avec embrèvement (fig. 25). C'est une complication du précédent auquel on a ajouté un petit embrèvement horizontal pour mieux répartir la pression transmise par la tournisse à la guette.

Assemblage à onglets avec tenons croisés (fig. 26). Cet assemblage à onglets (ou plutôt à anglets) est l'assemblage de deux pièces se terminant à un même angle. La pièce A porte deux tenons à profil triangulaire qui pénètrent dans deux mortaises de B, et réciproquement, la pièce B est garnie de deux tenons égaux à ceux de A et qui pénètrent dans des mortaises ménagées entre ceux-ci. Nous représentons un assemblage à double onglet ; il pourrait n'en exister qu'un. L'onglet s'emploie surtout en menuiserie (assemblage des pièces d'une porte).

DEUXIÈME CLASSE D'ASSEMBLAGES.

Assemblages de pièces bout à bout ou entures. Les entures servent à pallier l'insuffisance de longueur des pièces, en permettant de composer une longue pièce avec plusieurs petites. Les entures sont de forme très-variée ; toutefois elles se divisent en deux types suivant qu'il s'agit de pièces soumises à une compression ou de pièces soumises à l'extension. On les distingue encore en entures verticales et entures horizontales ; mais cette classification n'est pas rationnelle

Enture par quartier à mi-bois (fig. 27). Elle est destinée à une pièce sou- mise à des efforts de compression. On voit que chaque pièce A et B a sa section carrée divisée en quatre carrés égaux; deux de ces carrés non adjacents restent pleins, on enlève le bois des deux autres. Au vide de A correspond le plein de B et inversement; ce qui permet aux deux pièces de se pénétrer l'une l'autre et de sembler ne faire qu'une seule pièce.

Cette enture est la plus simple : on peut la varier de bien des façons : la *fig.* 28 est une complication de la précédente; au lieu de rapprocher les surfaces par des prismes à section carrée constante, on les rapproche par des prismes à sec- tion carrée variable, formant une série de redans. Toutes ces complications nous semblent inutiles. L'assemblage de la *fig.* 27 est le meilleur, et encore, si l'on est bien certain que les pièces considérées n'ont à subir que des compres- sions suivant leur axe, il est plus simple de les réunir par un simple goujon de bois dur ou de métal pénétrant également dans chacun des morceaux comme le montre la *fig.* 29.

La *fig.* 30 donne encore une enture qui est une complication de celle repré- sentée à la *fig.* 27; on voit qu'il y a au fond de chaque assemblage une sorte de rainure carrée, destinée à empêcher tout vacillement.

Enture à queue d'hironde à mi-bois (fig. 31). Les pièces A et B portent cha- cune un tenon en queue d'hironde, occupant la moitié de leur hauteur, et chacune présente aussi une mortaise égale destinée à recevoir le tenon de l'autre, comme le montre la figure. Cette enture peut résister à des efforts de traction; mais elle ne sert guère qu'en menuiserie. Les *fig.* 33 et 32 donnent des exemples d'entures que l'on rencontre quelquefois; dans la seconde, les abouts des pièces forment une sorte de chevron.

Traits de Jupiter. Lorsque les pièces doivent résister à des efforts de trac- tion, le mode d'assemblage le plus solide et le plus connu est le trait de Jupiter avec clef. Le nom de trait de Jupiter vient précisément du profil de cet assem- blage qui est brisé comme un éclair. La *fig.* 34 représente le trait de Jupiter simple; les lignes tracées sur la face A_1B_1 sont les traces de plans perpendicu- laires à cette face. La *fig.* 35 est le trait de Jupiter précédent avec une clef *st*, pour le passage de laquelle on a ménagé un trou dans la pièce D. La *fig.* 36 est le trait de Jupiter avec clef et abouts en chevron; cette forme d'abouts est des- tinée à empêcher la pièce de se déjeter. La figure 37 donne un trait de Jupiter plus compliqué que les précédents.

TROISIÈME CLASSE D'ASSEMBLAGES.

Pièces jumellées. S'il s'agit de réunir entre elles deux pièces A et B, afin d'en faire une poutre puissante, on peut les juxtaposer en les réunissant soit par des goujons, soit par des rainures de formes diverses, comme on le voit sur la *fig.* 38; mais il est préférable, en général, de les accoler et de les serrer inva- riablement l'une à l'autre au moyen de frettes en fer, comme le montre la *fig.* 39. La frette se compose le plus souvent d'une barre de fer deux fois recourbée à angle droit, et dont les extrémités taraudées traversent une lame de fer (*a*); les boulons compriment cette lame et resserrent le tout. Quelquefois la partie infé- rieure de la frette est noyée dans la face inférieure de la pièce B.

Moises. Autrefois, moise voulait dire la moitié d'une poutre sciée en long, aujourd'hui on entend par moises deux pièces jumelles **MM** (*fig.* 40) qui resserrent entre elles un certain nombre d'autres pièces dont les axes sont dans un même plan. Une moise n'est jamais isolée; lorsqu'on emploie une seule pièce pour en réunir plusieurs autres, on lui donne le nom de semelle, lierne, écharpe, décharge ou lambourde, suivant sa position ou son objet. La *fig.* 40 montre que les moises sont entaillées au droit des pièces qu'elles enserrent, telles que A; quelquefois, mais c'est assez rare, les pièces enserrées telles que A sont elles-mêmes entaillées sur toute la hauteur où règnent les moises; c'est ce que représentent les pièces B et C de la *fig.* 40; on a réuni sur cette figure les diverses positions de pièces que peuvent enserrer les moises. Les deux moises sont réunies par des boulons que l'on serre fortement après la mise en place.

Les moises et les pièces qu'elles enserrent donnent un exemple de la manière dont il faut réunir deux pièces qui se rencontrent; on se sert généralement, dans ce cas, de l'assemblage à mi-bois, qui rentre dans la première classe d'assemblage et que représente la *fig.* 41.

Les deux pièces A et B sont entaillées de la moitié de leur hauteur : l'une sur sa face supérieure, l'autre sur sa face inférieure, de sorte que le vide de l'une correspond au plein de l'autre; les deux pièces peuvent donc se croiser sans qu'il en résulte de saillies disgracieuses.

Dans la troisième classe d'assemblages, rentre un assemblage employé quelquefois dans les enceintes de fondations; les palplanches s'assemblent à grain d'orge, comme on le voit sur la *fig.* 42.

Remarque. Nous venons d'exposer les différents modes d'assemblage. Les dessins, que nous avons extraits du *Grand Atlas de charpenterie* du colonel Émy, ne sont que des projections orthogonales; on y ajoute quelquefois des perspectives des différents assemblages. Ces perspectives permettent de mieux saisir d'abord la forme des pièces, mais elles ne servent point dans la pratique, et il vaut mieux s'habituer à reconstruire une pièce dans l'espace uniquement d'après ses projections qui, du reste, en donnent la représentation complète.

Il faut bien se souvenir qu'un assemblage, fût-il parfaitement taillé, est mauvais si les saillies formées dans les pièces par les entailles et les coupes ne sont pas de droit fil, c'est-à-dire exécutées parallèlement aux fibres du bois. On n'excepte de cette règle que les traits de Jupiter et les queues d'hironde.

COMPOSITION D'UN PAN DE BOIS.

Un édifice en pans de bois est composé d'un squelette en charpente; chaque face est formée de plusieurs cadres en bois, que l'on vient remplir ensuite d'une maçonnerie légère, tantôt en briques, tantôt en moellons de plâtre, tantôt plus simplement en boue recouverte d'un enduit.

C'est une construction rapide, commode, économique, on peut même ajouter durable si elle est bien exécutée; mais on tend à l'abandonner presque partout: là où l'on ne fabriquait pas de chaux ni de briques, on en trouve aujourd'hui; les bois et surtout les grosses pièces ont augmenté de prix dans des proportions considérables. Toutefois, un ingénieur peut encore être appelé dans certains pays à construire des maisons en pans de bois, et il est utile d'en donner la composition.

Les bois au contact du sol pourrissent vite : aussi établit-on un pan de bois sur un soubassement en maçonnerie B, et l'on accède au rez-de-chaussée par plusieurs marches A ; le rez-de-chaussée est ainsi exhaussé pour être à l'abri de l'humidité, car les maisons en pans de bois ne sont généralement pas élevées sur caves (*fig.* 43).

A chaque étage correspond un pan de bois partiel qui se compose d'une semelle basse S, et d'une semelle haute ou chapeau H, réunies par des montants verticaux P ou poteaux. Les poteaux qui limitent les baies, portes ou fenêtres sont des poteaux d'huisserie ; les autres sont des poteaux de remplage ou de remplissage. Les poteaux s'assemblent par tenon et mortaise dans les sablières haute et basse : pour empêcher la déformation du pan de bois dans son plan vertical, il faut le trianguler ; on le fait au moyen de pièces inclinées qui s'appellent écharpes ou décharges si l'angle de ces pièces G avec les semelles est moindre que 60°, et qui s'appellent guettes dans le cas contraire.

Les pièces L qui limitent les huis à leur partie supérieure sont des linteaux ; les pièces V sont les appuis des fenêtres, et les pièces U qui supportent les appuis sont des potelets. Les assemblages des guettes, des linteaux, des appuis et des potelets sont à tenon et mortaise.

On appelle trumeau la surface d'un cadre entre deux huis ; c'est la surface qu'il s'agit de remplir : lorsque cette surface est trop grande, deux poteaux auxiliaires J ou tournisses viennent s'engager avec la guette soit par un assemblage à tenon et mortaise, soit par un assemblage à oulice avec embrèvement : quelquefois encore, au lieu de tournisses, on emploie une seconde guette en sens inverse de la première, et qui vient la rencontrer à mi-bois : c'est ainsi qu'est formée la croix de Saint-André KF. Les joints à tenon et mortaise des bois inclinés les uns sur les autres sont tous à embrèvement : c'est une condition indispensable à la solidité et à l'invariabilité de l'ouvrage.

Aux angles du bâtiment, comme aussi à la séparation des diverses travées, on trouve un poteau de fort équarrissage qui règne sur toute la hauteur de l'édifice : c'est le poteau cornier C, auquel les sablières sont rattachées par des équerres en fer. Il fait saillie sur le reste du pan de bois, mais cette circonstance se prête fort bien à une décoration rationnelle de l'édifice, puisqu'elle a pour effet de mettre en relief les principaux éléments de construction.

Lorsqu'on fait des fenêtres en arc ou en plein cintre comme sur la *fig.* 43, les arrondissements sont formés par des goussets I en bois découpés en courbe et qui s'engagent à tenon et mortaise dans les poteaux d'huisserie.

Chaque pan de bois partiel supporte le plancher de l'étage supérieur : les solives de ce plancher s'appuient sur le chapeau de dessous, et supportent elles-mêmes la sablière du dessus.

Autrefois on laissait souvent les bois apparents pour les recouvrir de sculpture ; aujourd'hui l'on préfère donner à l'édifice un aspect menteur en le recouvrant d'un enduit sur lequel on dessine des pierres de taille et des moulures. Dans le cas où l'on applique un enduit, il faut avoir soin de le faire adhérer au bois au moyen de rainures creusées dans celui-ci : par raison d'économie, on se contente généralement d'obtenir une mauvaise adhérence au moyen de vieux clous dont on larde les pièces de bois et dont la tête se trouve engagée dans l'enduit.

La *fig.* 44 représente une autre maison en pans de bois, et qui est portée par des pilastres en pierre de taille occupant toute la hauteur du rez-de-chaussée ; on établit sur ces piliers une très-forte pièce de bois qu'on appelle poitrail et sur laquelle vient reposer le reste de la charpente : on reporte une partie de la charge qui tend à faire fléchir le poitrail M sur les pilastres Q au moyen des écharpes ou décharges D, que l'on établit aussi au deuxième étage. On remar-quera, aux grandes fenêtres du troisième étage, les liens Y qui consolident les cintres O des grandes fenêtres. Les pièces horizontales X assemblées à tenon et mortaise avec deux poteaux consécutifs sont des étrésillons s'ils sont de faible longueur, sinon ce sont des traverses.

Il est de toute nécessité, si l'on veut arriver à l'invariabilité de la charpente, que les poteaux et tournisses des différents étages se trouvent bien à l'aplomb les uns des autres ; que les huis se correspondent verticalement. L'observance de ces règles ne peut du reste que profiter à l'aspect architectural.

PANS DE BOIS INTÉRIEURS.

Les pans de bois intérieurs ont à supporter une charge aussi grande que celle des pans extérieurs, mais ils ont un remplissage moins épais ; ils sont moins éprouvés par les agents atmosphériques, sont percés d'ouvertures moins nom-breuses : aussi fait-on ces pans de bois intérieurs plus légers, et leur épaisseur va même en décroissant à mesure que l'on s'élève.

La *fig.* 45 donne l'élévation de l'étage d'un pan de bois intérieur. P sont des poteaux qui s'assemblent sur une solive, à l'aplomb de laquelle ils doivent se trouver ; S est la sablière, A les poteaux auxiliaires espacés entre eux d'une quantité égale à leur largeur, ce qui constitue la claire-voie ; O est le chapeau inférieur qui supporte les solives de deux travées voisines : les solives sont écartées entre elles de quantités égales à leur largeur afin que les abouts des solives de l'autre travée puissent s'engager dans les intervalles. JJ sont des tournisses, D une guette, T une traverse, G une décharge, destinée à reporter les pressions sur la file de poteaux O ; L est un linteau. On fait le remplissage des trumeaux avec de la maçonnerie légère, qui affleure les faces des pièces de bois, et là-dessus on vient faire un enduit ou ravalement : il faut laisser appa-rentes les pièces d'huisserie.

Cloisons légères. Enfin, la division est achevée par des cloisons légères assises en un point quelconque du plancher (*fig.* 46).

Les poteaux P sont assemblés dans les solives pour être invariables, et les sablières S ainsi que les traverses T s'assemblent dans les poteaux ; on peut encore consolider par des écharpes F. Le remplissage peut se faire soit en briques ou carreaux de plâtre B posés de champ, soit en bâtons Z entourés de foin et engagés dans les rainures des poteaux puis recouverts d'un enduit de plâtre ou de torchis, soit en planches M bien dressées et assemblées à rainure et languette, soit en planches brutes Q recouvertes d'un lattis avec enduit.

Pour compléter ce qu'il y a à dire des pans de bois, nous aurions à parler des planchers mais nous aurons lieu d'y revenir en architecture.

COMPOSITION D'UN COMBLE.

Un comble est une construction en charpente destinée à supporter la couverture d'un édifice (*fig.* 47), et formée de plusieurs plans inclinés.

Les pièces de bois principales, dirigées suivant les lignes de plus grande pente du toit, sont les chevrons (*a*), qui s'engagent au sommet dans le faîte *d* et à la base dans la sablière *b*; les pièces (*e*) destinées à rejeter les eaux pluviales à l'extérieur sont des coyaux; sur le bas des coyaux, on cloue souvent une petite planche taillée en biseau qu'on appelle chanlatte. La charge par unité de surface ne varie guère d'un toit à l'autre, aussi les chevrons sont-ils ordinairement distants de 0^m,40 à 0^m,45; leur équarrissage est de 0,11 sur 0,11.

Les chevrons, lorsqu'ils ont trop de longueur, seraient exposés à prendre un ventre en leur milieu; on les soutient par des cours de pièces horizontales (*f*,*f*) appelées pannes (*fig.* 48, 49, et 50). Les pannes elles-mêmes sont soutenues par des pans de bois plus ou moins espacés qu'on appelle fermes (*fig.* 48, 49, 50.) La ferme se compose de pièces inclinées parallèles aux chevrons, qui sont les arbalétriers (*h*,*h*), et qui s'assemblent à tenon et mortaise avec embrèvement dans une pièce horizontale (C) ou tirant qui repose sur les murs de l'édifice. On voit que la charge du toit se transmet aux arbalétriers; la pression des arbalétriers à leur rencontre avec le tirant a deux composantes, l'une horizontale qu'annule la résistance du tirant, l'autre verticale qui comprime le mur. De la sorte, le mur n'est soumis qu'à des efforts verticaux, ce qui est le principe indispensable d'une construction stable. A leur point de rencontre, les arbalétriers s'arc-boutent à tenon et mortaise avec embrèvement, contre une pièce verticale (*g*) ou poinçon, et le poinçon se relie au tirant soit par un tenon, soit par un étrier. Sous l'influence de la charge les arbalétriers tendent à relever le nez et à soulever le poinçon : celui-ci ne s'appuie donc pas sur le tirant, au contraire il peut servir à le consolider et à en empêcher la flexion si l'on réunit le poinçon au tirant par un fort étrier en fer. A l'endroit où l'arbalétrier porte un cours de pannes, on le consolide par une contre-fiche (*ii*): les pannes elles-mêmes sont fixées par des taquets cloués sur les arbalétriers. Quel est l'effet d'une contre-fiche ? La panne transmet à l'arbalétrier une pression transversale, mais cette pression se décompose en deux, l'une suivant l'axe de l'arbalétrier, l'autre suivant l'axe de la contre-fiche. Cette dernière est en partie détruite par la pression de la contre-fiche symétrique, il ne reste en somme que les composantes verticales exerçant sur le poinçon un effort de tension, et le poinçon réagit à son tour pour comprimer longitudinalement les arbalétriers. On voit que tout est disposé de manière à ce que les pièces de bois ne soient soumises qu'à des efforts longitudinaux. Les pièces (*ll*) sont des jambes de force. Si l'on considère le plan vertical qui passe par le faîte (*d*), ce plan contient ce qu'on appelle la ferme sous faîte qui se compose (*fig.* 49) de la pièce horizontale (*d*) qui forme le faîte, des poinçons (*g*) et de contre-fiches (*j*), qui quelquefois forment des croix de Saint-André, ou qui sont réunies par des traverses horizontales parallèles au faîte, comme on le voit sur la *fig.* 51. On voit par ce qui précède que le poids et la charge de la toiture se transmettent horizontalement sur les tirants et verticalement sur les murs à l'aplomb des tirants : il est donc de toute nécessité d'asseoir les fermes à l'aplomb des parties les plus solides de la maçonnerie,, et jamais au-dessus des portes ou fenêtres.

La *fig.* 52 représente une ferme plus compliquée que la précédente, et qu'on emploie lorsqu'on veut faire un grenier d'une hauteur convenable. La pièce horizontale (c) qui reçoit les extrémités des arbalétriers (h) s'appelle entrait; elle repose sur les deux pièces (s) qu'on appelle faux arbalétriers ou jambes de force, dont les extrémités inférieures s'assemblent à embrèvement dans une forte pièce horizontale à laquelle on réserve le nom de tirant. La jambe de force est réunie à l'entrait par un aisselier (u) sur lequel la jambette verticale (l) reporte la pression due à la panne (f). Enfin, des pièces horizontales (y), appelées blochets réunissent la jambe de force à la sablière (b) : le blochet est assemblé à queue d'hironde avec clef dans la jambe de force. On remplace souvent le blochet par une tige de fer. Comme exemple de ferme plus compliquée nous donnerons encore la ferme de la *fig.* 53 où l'on retrouve les différentes pièces que nous avons énumérées jusqu'ici.

Pente des combles. C'est quelque chose d'excessivement variable suivant le climat du pays et les matériaux employés. Dans les pays chauds, où il ne tombe pas de neige, on fait des terrasses : dans nos climats tempérés, la pente varie suivant la largeur de l'édifice et le mode de couverture.

Toutefois, si on emploie des ardoises, la pente varie de 33° à 45°, et si l'on emploie des tuiles plates la pente varie de 36° à 51°. On distingue les différentes faces inclinées d'un toit par le nom d'égouts : on saisit immédiatement ce qu'est un égout de long pan, et un égout de croupe. L'égout de croupe correspond au plus petit côté du quadrilatère à recouvrir.

Il faut donner à l'égout de croupe une inclinaison supérieure à celle de l'égout de long pan, car il ne possède que des demi fermes, et la poussée horizontale des arbalétriers contre le mur est mal équilibrée par la résistance de la ferme sous faite.

Des croupes. Le plus difficile à exécuter dans une toiture est la charpente de la croupe. Quelquefois les murs latéraux sont élevés en triangle jusqu'à ce qu'ils rencontrent les égouts de long pan : les murs latéraux forment alors un pignon, que l'on prenait quelquefois pour façade principale de l'édifice (pignon sur rue). Lorsqu'il n'y a qu'un seul égout dans un édifice, cet édifice est un appentis. Le plus souvent on termine le comble par deux égouts triangulaires, ou croupes. La croupe est droite ou biaise suivant que le mur latéral est perpendiculaire ou oblique sur les murs de long pan. Dans la *fig.* 54, les égouts *bd*, *fg*, *kh* sont des croupes droites; les égouts *b'd'*. *f'g'*, *k'h'* sont des croupes biaises. Une demi ferme de croupe, telle que *sd*, *s'd'*, est une ferme arêtière : Si l'angle d'intersection de deux égouts est rentrant, la ferme dirigée suivant l'intersection, telle que (*ac*. *a'c'*) est une ferme de noue ; et, si les combles ont des hauteurs inégales, les noues prennent le nom de noulets ou nolets.

Dans les épures de charpente, comme les dimensions transversales sont souvent fort petites par rapport aux dimensions longitudinales, on a l'habitude d'adopter deux échelles dans les dessins, l'une petite pour les longueurs, l'autre grande pour les largeurs.

Dans une croupe droite, telle que la représente la *fig.* 55, on appelle : poinçon de croupe le poinçon (q), on voit en *w* le dernier chevron de long pan et au dessous le dernier arbalétrier de long pan, en *a''*, *a''* les chevrons d'arêtiers et au-dessous les arbalétriers d'arêtiers ; *o* est le chevron de croupe et au-dessous la demi ferme de croupe ; *a'*, *a'* sont les empanons de long pan ou chevrons incomplets, *o'o'* les empanons de croupe. Les pièces *p* sont des goussets qui rejoignent les tirants.

Dessin d'une croupe droite (fig. 56, 57 et 58) :

Pour simplifier l'épure, nous ne nous occuperons que des chevrons; les constructions sont les mêmes pour les arbalétriers. Prenons un plan vertical parallèle à la dernière ferme de long pan, et soit AOA' la ligne de terre : le plan horizontal de projection est la face supérieure du tirant t de long pan et de la sablière f. Les murs se projettent suivant les lignes fe, ec, cb et les abouts des chevrons dans les sablières sont sur des lignes (1,3), (3,4), (4,2) parallèles aux précédentes. Déterminons d'abord la projection horizontale du sommet c de l'angle trièdre formé par la croupe : il sera évidemment sur la ligne médiane FC de l'édifice, et on achève de le déterminer par la condition que la pente de la croupe soit supérieure à la pente du long pan (nous avons déjà vu qu'il y avait à cela une raison de solidité, mais il faut ajouter qu'on se propose en outre de ne pas donner aux chevrons d'arêtier une longueur exagérée). Généralement, on s'arrange de telle sorte que la distance CF du poinçon à la sablière de croupe soit les $\frac{2}{3}$ de la distance CE du poinçon à la sablière de long pan ou le tiers de AE. Le point C est donc déterminé ; on en déduit les arêtes CB3, CD4, CAE qui sont les lignes de voie des pièces qui composent la croupe : la ligne de voie d'une pièce est la direction de cette pièce et la plupart du temps la projection de son axe : lorsque la ligne de voie ne coïncide pas avec l'axe, on dit que la pièce est dévoyée. Ici le poinçon est dévoyé : pour en construire la section, on prend de chaque côté de C des longueurs Cu, Cv égales à la moitié de l'équarrissage nécessaire pour la solidité du poinçon ; les parallèles à CF menées par (u) et (v) rencontrent les arêtes CB , CD aux points 5 et 6 ; la ligne (56) parallèle au petit pan est la limite du poinçon. On complète l'équarrissage en prolongeant les lignes 6u, 5v jusqu'aux points 7 et 8, et la section du poinçon est 5.6.7.8. La ferme de long pan AE est aussi dévoyée dans le même rapport que le poinçon. Il n'y a pas de nécessité de dévoyer la ferme de croupe CF; les arêtiers sont dévoyés : pour construire leur projection, on élève au sommet 4 par exemple une perpendiculaire à l'arête C4, et sur cette perpendiculaire, on prend une longueur égale à l'équarrissage de l'arêtier, puis par l'extrémité de cette longueur on mène une parallèle à la ligne de croupe (4,3) qui rencontre la ligne des abouts au point u : par ce point u on mène la perpendiculaire uw à C4, et les parallèles (18, 19) (20, 21) à l'arête C4, parallèles menées par les points u et v, limitent l'arêtier.

La partie gauche de la figure 57 représente l'enrayure, c'est-à-dire le pan de bois horizontal qui supporte la charpente de croupe et qui comprend des pièces déjà étudiées telles que le tirant de long pan CA et le tirant de croupe CF : il faut aussi un tirant pour la ferme d'arêtier, et ce tirant est le coyer (r), destiné à recevoir le pied de l'arbalétrier d'arêtier et dévoyé comme ce dernier. Régulièrement, il faudrait prolonger le coyer jusqu'au tirant de la ferme de long pan; mais ce tirant se trouverait affaibli par une profusion d'assemblages, et l'on termine le coyer à une pièce transversale (p) appelée gousset : le gousset s'assemble à embrèvement avec les tirants de croupe et de long pan; sur la figure, on suppose que cet assemblage est à tenon et mortaise, mais par là, on rend plus difficile l'ajustage des pièces lorsque les deux tirants sont déjà placés. L'arêtier dont C4 est la ligne de voie, s'assemble à la partie inférieure dans le coyer au moyen d'un tenon et d'une mortaise avec embrèvement, ainsi que le montrent la projection horizontale et les projections sur un plan parallèle au plan d'arêtier, projection que représente la *fig.* 59, on a donné quartier à la pièce en (h') : ce n'est que sur la figure, en la construisant lui-même avec soin, que le lecteur peut suivre les pro-

jections des diverses faces de la pièce et de l'assemblage ; les hâchures indiquent
les parties du bois dont les fibres sont coupées. On a représenté en même temps
que l'arbalétrier d'arêtier, l'empanon de croupe (æ, œ') dont l'assemblage avec
la sablière se fait par un simple embrèvement dont le triangle (54, N', p') est le
profil. La mortaise de l'empanon est indiquée aussi sur l'arbalétrier (h), fig. 59 ;
sur cette figure, on voit aussi le coyer (r) et son assemblage avec le gousset. A
la partie supérieure, l'arbalétrier d'arêtier va s'assembler dans le poinçon ; mais
là, il rencontre les arbalétriers de ferme et de croupe ; il faut donc le déjoûter,
c'est-à-dire le limiter aux plans verticaux (C, 18) (C, 20) : ce mode de déjoutement est dit en tour ronde. Quelquefois on emploie le déjoutement de pavillon
que l'on remarque sur la pièce (h') de la fig. 58 : l'arbalétrier d'arêtier est pro-
longé un peu au delà des points où il rencontre les arbalétriers de ferme et de
croupe, puis on retourne ses faces latérales parallèlement aux arêtes de ces arbalétriers ; les lignes 32, 33, 34 montrent cette disposition en plan. L'arbalétrier
de la fig. 57 est déjouté en tour ronde, et il touche le poinçon par les faces verticales (15, 30) (15, 31) qu'on appelle faces d'engueulement. Entre les points 5 et 15
(fig. 56) règne une petite face horizontale par laquelle l'arbalétrier s'appuie
contre le chapeau du poinçon. La fig. 59 montre les projections de l'assemblage
du poinçon et de l'arbalétrier, et si l'on donne quartier à ce dernier en (h'), on
voit très-bien la disposition du déjoutement et de l'engueulement. Nous invitons
le lecteur à exécuter soigneusement cette épure, qui n'offre aucune difficulté
théorique, puisqu'il s'agit simplement de rapporter des points d'une figure sur
l'autre au moyen de projetantes. Il est à remarquer que les arbalétriers sont dé-
lardés à leur partie supérieure parallèlement aux pans de long pan et de croupe,
afin de permettre de poser les pannes sur les arbalétriers sans encastrement ;
la section de cet arbalétrier est pentagonale.

On appelle pièces délardées ou débillardées celles dont les faces ne sont pas à
angle droit les unes sur les autres : le type de la pièce délardée est la pièce à
section parallélogramme.

L'arbalétrier de long pan, dont CE est la voie, n'a pas lui-même la forme ordinaire ; il possède une face de déjoutement ; (a) en est la projection verticale, et
en (a'), on lui a donné quartier afin d'en bien montrer les dispositions (fig. 56).

Croupe biaise (fig. 60 et 61).

Les pièces sont dévoyées comme dans la croupe droite, et on construit de
même la section du poinçon ; seulement cette section est un trapèze au lieu d'être
un carré. On construit comme plus haut les projections des arêtiers et des arbalétriers de long pan. Pour les empanons, il y a deux solutions à adopter : 1° on
peut, comme on le voit sur la fig. 61, conserver à l'empanon son équarrissage, mais alors la face supérieure étant dans le plan de l'égout de croupe, les
faces latérales seront perpendiculaires à cet égout, mais elles ne seront pas perpendiculaires au plan horizontal et en projection les quatre arêtes de l'empanon
seront distinctes, ainsi qu'on le voit en æ ; 2° on peut, au contraire, comme le
montre la fig. 63, délarder l'empanon æ sur ses faces latérales, les quatre arêtes
ont alors deux à deux même projection horizontale, mais la section de la pièce
est un parallélogramme. Dans le premier cas, l'empanon est de devers, il
est déversé, dans le second cas, il est délardé.

Épure de l'empanon déversé (fig. 61) :

Supposons que (pr) soit la projection de la ligne médiane de la partie supérieure de l'empanon. Par la verticale C menons un plan perpendiculaire au toit
de croupe et rabattons ce plan dont CQ est la trace horizontale sur le plan hori-

zontal : on connaît la hauteur CZ, il en résulte que QZ ligne de plus grande pente de la croupe est connue : par le point p passe un plan parallèle au plan CQ, et ce plan a pour trace horizontale la ligne (pq) ; d'autre part, le point p, appartenant à l'égout de croupe, se projette en P sur le plan de profil CQ. Si l'on rabat le plan de croupe projeté horizontalement sur le triangle (3C4) sur le plan horizontal, le point Z vient en Z′, la distance QZ′ étant égale à QZ ; la perpendiculaire en P à la toiture est PS, et le point S est sa trace horizontale sur le plan de profil. Donc la perpendiculaire menée au toit par le point (p) a sa trace en S′ sur le prolongement de (pq). Le plan mené par la droite (pr) et par la perpendiculaire $pS′$ au toit est parallèle aux faces latérales de l'empanon, et a pour trace horizontale la droite S′r (joignant les traces de deux droites qu'il renferme).

Le point $(p′)$ de Z′4 est le rabattement de (p) sur le plan horizontal, et $(p′r)$ est le rabattement de (pr) ; prolongeons $(p′r)$ et en un de ses points x menons-lui une perpendiculaire sur chaque partie de laquelle nous prenons des longueurs xz, xy égales au demi équarrissage ; par les points z et y menons les parallèles $(z$-51), $(y$-52) et ramenons le plan (3Z′4) dans sa vraie position : les points 51 et 52 se trouvant sur la charnière ne bougent pas, et les deux arêtes de l'empanon situées dans le plan du toit sont (51-51′) (52-52′).

Les faces latérales de cet empanon rencontrent le plan de la sablière suivant les droites (52-53) (51-54) parallèles à S′r, et par les points 53 et 54 passent les deux autres arêtes de la pièce. Pour avoir le tenon, on divise les intervalles (52′-53′) (51′-54′) en trois parties égales et le tenon occupe la division du milieu ; à droite, la face latérale du tenon est parallèle à la face de l'empanon dont elle est le prolongement ; à gauche, la face du tenon et par suite ses arêtes sont normales à la face verticale de l'arêtier. Le tenon est limité au plan vertical dont la ligne pointillée (56-57-55-58) est la trace. La *fig.* 62 donne la projection de l'arêtier et de l'empanon sur le plan d'arêtier ; on rapporte les points sur les génératrices correspondantes au moyen de projetantes. Sur cette *fig.* 62, l'about (57-58) du tenon, about normal à l'arêtier et passant par la ligne (51′-54′) se projette sur cette ligne même. On voit, par cette explication un peu longue, combien cette épure de l'empanon déversé, qui paraît si complexe au premier abord, est simple et facile à comprendre.

Cet empanon s'engage à embrèvement dans la sablière, et l'embrèvement a pour profil perpendiculairement à la croupe un triangle rectangle dont (51-54) est la base et dont l'angle droit est au point 51. La *fig.* 64 représente la projection (α) de l'empanon sur le plan du toit rabattu en (Q4Z′) et transporté parallèlement à lui-même. Si du point f de la *fig.* 61 on abaisse fh perpendiculaire sur QZ, la distance Qh est égale à la distance qui sépare le point 51, de la projection du point 54 sur le toit. On peut donc par là construire la projection (51-52-53-54) de la base de l'empanon sur la *fig.* 64. On prend de même les longueurs $(4w, 4n′)$ que l'on trouve en vraie grandeur sur la *fig.* 61, le point n vient sur la *fig.* 64 en un point n tel que $n′n = Qh$. On a donc la projection de la ligne (53′-54′). D'autre part, en projetant la ligne (51′-54′) de la *fig.* 61 sur la ligne QZ, on obtiendra une longueur que l'on portera en (51′-54′) sur la *fig.* 64 ; on divisera cette longueur en trois parties égales et par des parallèles à (54′-53′), on aura la base du tenon.

On obtient de même les points (55, 56), par lesquels on mène des parallèles à (1-3, 2-4), et on prend les longueurs (55-57) (56-58) que l'on trouve en vraie grandeur sur la *fig.* 61. Sur la figure 64, la hauteur (q6) de l'embrèvement se trouve projetée.

Sur la *fig.* 64, on a encore représenté la projection de l'empanon sur un plan de profil tel que CQZ.

Epure de l'empanon délardé.

Les *fig.* 63 et 65 représentent une croupe biaise pour laquelle on a biaisé aussi la dernière ferme de long pan. La *fig.* 63 montre comment on peut dévoyer l'arbalétrier (C-4) ; on porte sur la perpendiculaire (4-*q*) à la ligne de voie une longueur (4-*q*) égale à l'équarrissage de l'arbalétrier, on mène ensuite la droite (*qu*) parallèle à (4-3) et (*u, w*) limite l'arbalétrier.

L'empanon délardé a pour projection horizontale de ses faces latérales les droites (51-55) (52-58), il s'engage à embrèvement dans la sablière et à tenon et mortaise dans l'arbalétrier d'arètier. La *fig.* 66 donne en *æ* la projection de l'empanon sur un plan parallèle à ses faces latérales. La ligne MG est la trace du plan supérieur des sablières ; le point 4 se projette en M, et si au point G on élève GH = CZ (hauteur du poinçon), la ligne MH est la projection de l'arète C4 sur le nouveau plan de projection, et les arêtes (55-58) (55'-58') de la face de contact de l'empanon avec l'arbalétrier sont parallèles à MH. Si on imagine le plan vertical CK et qu'on le rabatte, le sommet du poinçon viendra sur la ligne CS à une distance connue en un point *x*, et la droite K*x* représentera l'intersection du toît de croupe par un plan parallèle aux faces latérales de l'empanon. Cette droite K*x*, non marquée sur l'épure, sera la direction des arêtes de l'empanon sur la *fig.* 66. Les points (51-52-53-54) se projettent sur la ligne MG ; aux points 51 et 52 on élève des perpendiculaires (51-51') (52-52') égales à l'about de l'embrèvement, et la face de cet embrèvement se trouve projetée sur le parallélogramme (51'-52'-53-54). Les points 55 et 58 s'obtiennent par des lignes de rappel. On construit de même les arêtes du tenon. La *fig.* (*æ'*) est la projection de l'empanon sur le toît de croupe ; on la construit comme nous avons fait pour l'empanon déversé.

Cintres et ponts. Bien que nous n'ayons donné que quelques exemples de combles, nous ne saurions aller plus loin sans dépasser les bornes qui nous sont imposées. Les cintres et les ponts en charpente sont des formes de combles particulières ; nous nous réservons d'en exposer les principes dans le cours de ponts.

ESCALIERS.

Composition d'un escalier. Un escalier réunit les divers étages d'un édifice : on appelle marche un plan horizontal où l'on pose le pied ; la partie antérieure d'une marche s'appuie sur la partie postérieure de la marche précédente au moyen d'un plan vertical appelé contre-marche. Le giron est l'espace libre sur lequel on peut poser le pied. L'échappée d'un escalier est la distance d'une marche à l'intrados de la volée supérieure. Un escalier est dit à repos lorsqu'il est formé de marches implantées dans deux murs ; il est dit en vis à jour, lorsque les marches ne sont engagées que par un bout dans le mur de la cage : par l'autre bout elles sont réunies au moyen de pièces en charpente qu'on appelle échiffres.

A chaque étage existe un palier ; dans les escaliers courbes on réserve de place en place une marche palière, plus large que les autres. La marche qui accède à un palier est la marche d'arrivée, celle qui part d'un palier est un remontoir. La partie droite d'un escalier est une volée ; la partie courbe est un quartier tournant. Dans les quartiers tournants les arêtes des marches ne sont pas parallèles : on maintient toutefois la largeur du giron constante sur la ligne de foulée, située à environ 0ᵐ,50 de la rampe : la ligne de foulée s'appelle aussi courbe de gironnement. Le collet d'une marche est sa largeur près de l'échiffre.

La hauteur des marches est d'ordinaire 0ᵐ,16; les limites extrêmes sont 0ᵐ,13 et 0ᵐ,19; dans les petits escaliers, où l'on a peu de place pour gravir une grande hauteur, la marche a jusqu'à 0,20 et 0,22 et même près de 0,30 dans les escaliers de ports de mer.

Lorsque la hauteur des marches augmente, il faut diminuer le giron, afin que la fatigue ne soit pas augmentée. Si l'on admet que la fatigue pour avancer de L est la même que pour monter de $\frac{L}{2}$, on peut admettre que la hauteur de marche et le giron sont liés par la relation :

$$G + 2H = 0^m,64,$$

qui est établie en partant de ce fait que nous parcourons sans fatigue 0ᵐ,64 en plan, et 0ᵐ,32 seulement en élévation. Cette formule donne une compensation satisfaisante : mais généralement on lui préfère la formule $G + H = 0^m,48$ à cause de sa simplicité.

Escalier anglais (*fig.* 67). On nomme escalier anglais un escalier sans limon : les marches sont massives et s'appuient les unes sur les autres comme des voussoirs; nous avons déjà vu un exemple de cet escalier dans la coupe des pierres, et nous avons dit pourquoi il n'était pas solide. Construit en bois, il est encore moins propre à recevoir de fortes charges, vu la flexibilité des marches qui, se trouvant encastrées dans le mur de la cage, travaillent toujours en porte à faux; la *fig.* 67 montre un escalier de ce genre : la moulure de la marche est continuée en retour, et l'on voit que les marches s'emboîtent les unes sur les autres.

C'est pour avoir l'aspect de cet escalier que l'on a construit quelquefois le limon en crémaillère de la *fig.* 68; c'est une pièce de bois qui est taillée en redans (*mke*), contre lesquels viennent s'appliquer les marches et contre-marches que l'on fixe au limon par des clous ou des vis, et qui généralement sont garnies de moulures.

L'escalier anglais s'emploie encore quelquefois comme le représentent les *fig.* 69 et 70 : les marches massives sont réunies deux à deux par des boulons qui les traversent, et dont les têtes sont noyées dans le bois comme l'indiquent les lignes pointillées.

Aujourd'hui, par mesure d'économie, on ne fait plus les marches massives : la *fig.* 71 montre comment la contre-marche est assemblée à rainure et languette dans les deux marches adjacentes. L'épaisseur des marches est généralement de 0ᵐ,05 ; à leur partie antérieure elles portent une moulure formée d'un quart de rond de 0ᵐ,03 et d'un filet de 0ᵐ,01, ce qui fait une saillie totale de 0ᵐ,04. L'épaisseur de la contre-marche est de 0ᵐ,03, celle de la languette de 0ᵐ,015. Lorsqu'il faut donner aux marches une grande solidité, elles ont jusqu'à 0ᵐ,08 et 0,09 d'épaisseur; mais l'excès d'épaisseur est dissimulé derrière la contre-marche.

Balancement des marches. Sans nous arrêter aux combinaisons d'escaliers droits, nous prendrons immédiatement le cas d'un escalier formé de volées droites réunies par des quartiers tournants, et nous nous proposerons de faire l'épure des marches et du limon de cet escalier (*fig.* 72).

Soit ABDE le rectangle qui limite la cage d'un escalier; l'arête de la première marche, comme aussi celle du palier du premier étage est à l'aplomb de la ligne AE. Nous prenons le centre C du cercle tangent aux trois côtés de la cage; l'axe du quartier tournant se projettera en C. S'il s'agit d'un escalier, dont la largeur ou emmarchement est ordinaire, la ligne de foulée sera à 0ᵐ.50 du limon : dans un escalier de large emmarchement on place la ligne de foulée au milieu, car alors on ne se sert guère de la rampe. Soit donc (1, 2, 3, 4... 19, 20...) la ligne de foulée. Les faces verticales du limon seront comprises entre deux cylindres verticaux parallèles entre eux et parallèles au cylindre de la ligne de foulée : la face intérieure du limon se projettera donc en (3', 4', 5'... 20', 21'). Si on donnait aux arêtes des marches du quartier tournant les directions aa', bb'... qui passent par le point C, les collets des marches près du limon tournant seraient trop étroits pour qu'on pût y poser le pied, et de plus on passerait brusquement du collet large de la volée au collet très étroit du quartier tournant, ce qui produirait un effet disgracieux. On change donc la direction des arêtes d'une manière insensible en répartissant le passage de la direction (4-4') des marches de la volée à la direction Pp' (milieu du quartier tournant), en la répartissant, disons-nous, non seulement sur les marches du quartier tournant, mais aussi sur les dernières marches de la volée. On obtient ainsi une transition insensible, et cette opération s'appelle le balancement des marches, voici comme on l'effectue :

Développons (*fig.* 73) le cylindre intérieur du limon; en supposant que le balancement ne soit pas fait, de 3' en m, les arêtes des marches rencontreront le limon suivant la droite qui, dans le développement est (3'm') : on a sur la *fig.* 72 la projection horizontale (3'm) de cette droite, et la hauteur mm' est déduite du nombre des marches qui existent entre le point 3' et le point m'. Les arêtes des marches du quartier tournant rencontrent le limon sur une hélice qui, dans le développement, est la droite ($m'p'n'$) : cette droite est plus rapprochée de la verticale que la droite (3'-m'); en effet, la tangente de l'inclinaison de celle-ci est le rapport de la hauteur d'une marche à sa largeur, tandis que la tangente de celle-là est le rapport de la hauteur de la marche à la largeur du collet, et le collet est moindre que la marche. Sur la *fig.* 73, la droite ($n'o'$) est parallèle à (3'm') et correspond à la seconde volée droite.

On voit d'après cela que le profil du limon aurait pour développement la ligne brisée (3'$m'p'n'o'$), ce qui produirait un aspect déplorable : élevons en p' une perpendiculaire ($p'l$) à $m'n'$, et en (u), point où commence le balancement, une perpendiculaire uz à (3'-m'); ces deux perpendiculaires se rencontrent en un point d'où l'on décrit l'arc de cercle ($um''p'$) que l'on prend pour profil du limon : pour la partie symétrique, on prend l'arc égal ($p'n''o'$) dont la courbure est en sens contraire. Comme les plans horizontaux des marches sont marqués sur le développement, on les prolonge jusqu'à la rencontre de l'arc ($p'm''u$) par exemple, on a donc les largeurs successives des collets des marches, qu'il suffit de porter à partir de p' sur la *fig.* 72 pour obtenir les points (11'-10'-9'...); les points (11-10, 9...) de la ligne de foulée n'ont pas varié. Nous avons donc construit les arêtes (9-9', 10-10'...) des marches balancées.

Ce que nous venons de faire est une construction graphique très-simple : on a donné des formules s'appliquant à tous les cas de balancement, mais il vaut mieux les laisser de côté. On emploie quelquefois le balancement arithmétique : appelons (l) la longueur du limon sur laquelle on veut faire porter le balancement, (c) le plus petit collet qu'on veuille admettre, (r) l'accroissement constant d'un collet au suivant, les collets successifs seront c, $c + r$, $c + 2r$, $c + 3r$...

$c + (n-1)r$, et si G est la largeur du giron, on aura les deux équations

$$l = c + (c + r) + (c + 2r)\dots + (c + (n-1)r) \qquad G = c + (n-1)r.$$

De ces deux équations on déduit (r) et (c) : si l'on trouvait pour (c) une valeur trop petite, on augmenterait (l) et par suite le nombre (n) des marches balancées. Cette méthode, qui nécessite l'addition de quelques centimètres d'un collet à l'autre, est une cause d'accumulation d'erreurs, et elle est toujours inférieure à la méthode graphique. Il faut prendre garde, pour vouloir trop bien faire, de répartir le balancement sur un trop grand nombre de marches : la vue de marches convergentes en une partie de volée droite, où l'œil n'en saisit pas la nécessité, est toujours d'un effet choquant.

La *fig.* 74 est la projection de l'escalier sur le plan vertical BD ; on voit bien la forme du limon : les marches de l'escalier considéré sont massives. La *fig.* 75 est la vue de face du limon de volée : on a marqué en pointillé l'encastrement des marches dans le limon ; la pièce B est le patin de l'escalier, que l'on rattache encore au limon au moyen de la jambette E. Le patin B pénètre dans un prolongement R de la première marche et y est énergiquement maintenu. Généralement, la volute qui termine le limon au-dessus de la marche palière ou remontoir R (*fig.* 72) est taillée dans le bloc du patin B (*fig.* 75) et le limon vient s'appuyer sur cette pièce B par le joint brisé (*mon*).

Le remontoir est généralement taillé dans une pierre dure, et se termine par une courbe régulière (la spirale d'Archimède, ou la spire logarithmique, ou la développante du cercle).

La *fig.* 74 donne la projection du limon dans le quartier tournant : pour la construire, on a sur la *fig.* 72 la distance d'une extrémité de l'arête d'une marche au plan vertical PQ, et d'autre part, on a l'ordonnée verticale du même point d'après le numéro de la marche à laquelle il appartient ; on a donc les deux coordonnées du point et on peut le construire. En ajoutant aux verticales les distances verticales qui séparent une arête de marche des faces inférieure et supérieure du limon (distances données par la *fig.* 75), on construit définitivement les quatre arêtes du limon.

Nous avons déterminé, sur la *fig.* 73, le développement $(um''p'n''o')$ de la ligne du limon qui passe par les extrémités des arêtes des marches : les arêtes du limon sont parallèles à cette ligne, et ses faces inférieure et supérieure appartiennent à une surface gauche engendrée par une droite horizontale qui s'appuie sur les arêtes tout en restant normale au cylindre vertical des faces latérales du limon. On voit que cette surface gauche, quoique ayant même directrice que la surface gauche à laquelle appartiennent les arêtes des marches, n'est pas la même puisque les arêtes des marches ne sont pas normales au cylindre de jour. Pour chacune des génératrices Cm, Cn, il y aura donc des jarrets sur les faces du limon ; mais le charpentier a soin de laisser un excès de bois en cet endroit afin de faire le raccordement.

Théoriquement, on devrait prendre pour les surfaces inférieure et supérieure du limon des surfaces parallèles à la surface gauche qui contient les arêtes des marches ; mais on trouve plus de facilités à opérer comme nous venons de dire plus haut, sans qu'il en résulte grand inconvénient.

Le joint projeté en $(abcd)$ de la *fig.* 74 se projette en $12''$ de la *fig.* 72, où il est représenté par des lignes ponctuées et des hâchures. Le joint représenté en $(aelk)$ sur le développement (*fig.* 73) est représenté en plan au point Z de la *fig.* 72.

Des joints du limon. Pour les joints de volée, on adopte des plans normaux aux faces latérales du limon et passant par le profil (*uvxy*) (*fig.* 76); mais généralement, pour obtenir plus de fixité, la partie A possède un tenon qui s'engage dans une mortaise de B, et B à son tour possède un tenon qui s'engage dans A. Les joints dans les parties courbes sont composées comme il suit (*fig.* 77 et 78); par le milieu de la hauteur (*b'b''*) du limon, on mène la normale (*bd*) à la surface latérale du limon; par le centre du rectangle générateur du limon (rectangle projeté sur *b'b''*), on mène la tangente à l'hélice engendrée par ce centre, et le plan qui contient la droite (*bd*) et cette tangente est le plan de joint projeté en (*vx*), il est limité aux horizontales (*v*) et (*x*), par lesquelles on mène les plans (*xy*), (*vu*) normaux à *vx*. Ces plans de joint coupent les faces inférieure et supérieure du limon suivant des courbes qui diffèrent peu d'une ligne droite.

Projections d'une pièce de limon courbe (*fig.* 79, 80, 81, 82). Considérons un escalier à quartier tournant circulaire et supposons, pour plus de facilité dans l'exécution de l'épure, qu'on n'a pas fait le balancement. Les arêtes des marches rencontrent le cylindre intérieur du limon aux points (1.2.3.4.5.6...) et les plans horizontaux des marches se projettent verticalement suivant des parallèles à la ligne de terre (*oo*), parallèles équidistantes (1-1, 2-2, 3-3...). Si par les points (1.2.3.4...) des marches, on imagine des verticales, elles rencontrent l'arête intérieure supérieure du limon à une hauteur constante qui est connue, ce qui permet de construire les projections verticales (1'-1', 2'-2', 3'-3'...) des génératrices de la surface gauche de la courbe rampante. L'arête intérieure supérieure du limon a ses points à l'intersection de la ligne (5'5') avec la verticale élevée au point 5 du plan, par exemple, 5'' est un de ces points. On peut donc construire cette arête. On construit en même temps l'arête supérieure extérieure, en ramenant sur les horizontales les points tels que 1' du plan. Les arêtes inférieures sont à des distances respectives des précédentes égales à la hauteur du limon, il est donc facile de les construire; on a alors les quatre hélices engendrées par le rectangle qui est la section verticale du limon. Supposons que l'axe d'un joint soit dirigé suivant le rayon CZ, et faisons une projection auxiliaire sur un plan vertical perpendiculaire à ce rayon. Prenons le point (*b*) de la *fig.* 81 comme centre du joint; la hauteur du limon étant *fd*, les quatre arêtes du limon donneront en projection une figure identique à la partie médiane de la figure 80. Pour déterminer le plan de joint projeté sur *vx*, il faut trouver la tangente à l'hélice médiane du limon au point (*b*); traçons l'horizontale (*mt*) (*fig.* 80) par le centre (*c*) du rectangle générateur du limon, la sous-tangente (*mt*) de l'hélice correspondant au point (*b*) est, comme on sait, égale au développement de l'arc de cercle (*rz*) compris entre le point *b* et l'origine de l'hélice, donc (*tb*) est la tangente, que l'on peut rapporter en (*t''b*) sur la *fig.* 81. Le joint sera (*vx*) et se retournera suivant les faces *xy*, *vu*, normales à la première. En (*x* et *v*) sont projetées des horizontales, (*yy*) et (*uu*) sont des courbes : on déduit de la *fig.* 81 la projection du joint en plan, et de la projection du joint en plan, on déduit la projection sur la *fig.* 80, en remarquant que le point *x* par exemple est à une certaine hauteur au-dessus de l'arête inférieure du limon. On fera de même pour le joint CZ', et le morceau du limon est complètement connu.

Nous engageons le lecteur, dans une première épure, à laisser de côté les tenons et mortaises, bien que les projections en soient faciles à déterminer.

Taille d'une partie de limon. La pièce de laquelle il faut faire sortir le limon est un parallélipipède droit, soigneusement dressé et équarri, qui se projette verticalement sur le rectangle DED'E' (*fig.* 80) et horizontalement sur le rectangle

(AEB'D') : les faces latérales DE, D'E' se projettent horizontalement sur les rectangles ABDE, A'B'D'E' dont on a couvert les contours de hâchures.

Pour plus de clarté, nous transportons la projection horizontale parallèlement à elle-même de la *fig.* 79 à la *fig.* 84 et la projection verticale parallèlement à elle-même de la *fig.* 80 à la *fig.* 83.. Sur la *fig.* 83, nous rabattons les faces rampantes AEA'E', BDB'D' de chaque côté de la pièce autour de leurs côtés extérieurs. Les cylindres latéraux du limon rencontrent ces faces suivant des ellipses parallèles qu'il est facile de construire par points : par les points (*mm*) de la *fig.* 84 on mène les verticales jusqu'en *ff'* à la rencontre de la face EE'; si l'on rabat cette face, les points (*m*) et (*n*) des ellipses viendront sur des perpendiculaires à EE' à des distances *fn = qm, f'm = pm*; on détermine les sommets *dd'* des petits axes par la verticale des points (66') qui rencontre EE' en (*r*); en prolongeant (*d'r*) d'une quantité (*ro = r'*C) le point *o* sera le centre des ellipses; (*ab*) (*a'b'*) projections des diamètres (1-11) (1'-11') sont les grands axes; on peut donc si l'on veut tracer les ellipses et construire les panneaux AEA'E', BDB'D', que l'on appliquera sur la pierre; on a marqué sur chaque ellipse les points correspondants à une même verticale, de sorte qu'avec une règle, il sera facile de faire apparaître les faces latérales du limon. On détermine de même les ellipses d'intersection de ces cylindres avec les plans d'about DE, D'E' de la pièce de bois (quelquefois on se dispense de ces ellipses qui se trouvent formées par la taille et ne sont guère qu'un moyen de vérification). Ceci fait, on détermine exactement sur les deux cylindres la position de la verticale (*rc*) et celle du milieu de cette droite. D'autre part, on a construit (*fig.* 85) le développement des cylindres concave et convexe; (*mGm'*) est la demi-circonférence extérieure, *nGn'* la demi-circonférence intérieure : sur *mb'* on prend quatre hauteurs de marche, sur (*mf*) quatre largeurs de collets extérieurs et sur (*mg*) quatre largeurs de collets intérieurs, les droites *b'f*, *b'g* sont parallèles au développement des hélices qui forment les arêtes du limon : les parallèles menées par les points (66') à ces droites sont donc les développements des hélices. Sur ces hélices on détermine par des horizontales les projections des marches et aussi les lignes de joint (*uvxy*). On a donc deux panneaux que l'on applique sur les cylindres en faisant coïncider la droite (66') avec (*rc*), et l'on trace à la craie toutes les lignes limitant le limon, qu'il est alors facile de tailler au moyen de règles qui joignent les points correspondants.

ÉQUARRISSAGE DES PIÈCES DE CHARPENTE.

« Les arbres de plaine, qui reçoivent de tous côtés l'air et le soleil, ont une forme conique très-prononcée, et l'on n'utilise que la partie du tronc qui s'arrête aux grosses branches : les arbres venus en forêt ont une forme presque cylindrique, et ont une hauteur sous branches souvent très-grande : on ne peut donc avoir aucune incertitude sur la portion à employer.

L'arbre, une fois abattu et dépouillé de ses branches, est placé sur des chantiers, pièces de bois entaillées à leur partie supérieure et espacées à des intervalles·suffisants pour que l'arbre n'éprouve pas de flexion par son propre poids (*fig.* 86 et 87). On consolide l'arbre à l'aide de coins, on donne ensuite un trait de scie à chaque extrémité perpendiculairement à la longueur de l'arbre, et pour cela on place à chaque extrémité un fil à plomb passant à peu près par l'axe de la pièce, on dirige le côté d'une équerre dans le plan des deux fils, et le plan vertical passant par le côté perpendiculaire indique la direction du trait de scie : la trace de la section est marquée sur l'arbre au moyen du fil à plomb.

Pour établir l'équarrissage, on trace dans la petite base un rectangle le plus grand possible en tenant compte de certaines conditions qui peuvent exclure une partie du bois; on tâche d'introduire dans ce rectangle le moins d'aubier possible; on en détermine le centre et on y fixe une règle parallèlement à l'un des côtés. (Remarquons en passant que les couches concentriques du cœur d'un arbre sont généralement circulaires, que par suite le plus grand rectangle inscrit dans la section sera généralement un carré (abcd)). Vers le centre de l'autre section on place une seconde règle et on la fait tourner autour du clou qui la fixe à l'axe jusqu'à ce qu'elle devienne parallèle à la première. Sa direction est celle du côté d'un rectangle égal au premier que l'on inscrit dans cette base. Soit (abcd) le rectangle inscrit dans la première (fig. 88); on prolonge les côtés verticaux jusqu'en (m) et (n) à la surface; on en fait autant à l'autre extrémité; on bat le cordeau entre m et m', entre n et n', et on a ainsi les traces des plans verticaux contenant les faces (cd) et (be) sur la surface du tronc. Il faut avoir soin de nettoyer la surface de l'arbre sur laquelle on doit battre le cordeau et de le débarrasser de son écorce. Il faut aussi placer les côtés (ad) et (be) verticalement au moyen du fil à plomb, et soulever le cordeau lui-même verticalement. Quand la pièce est très-longue, on place des clous sur l'alignement mm', et l'on bat le cordeau entre deux clous successifs. Ce cordeau est imprégné d'une encre noire et laisse une marque très-nette sur l'écorce. On répète la même opération en (p) et (o) après le retournement de la pièce, et on procède à l'équarrissage qui se fait à la scie ou à la hache.

L'équarrissage à la scie permet d'utiliser les segments de bois appelés dosses que l'on enlève sur toute la longueur de l'arbre; mais il coûte plus de temps et de main-d'œuvre, aussi ne l'emploie-t-on que dans les environs des grandes villes où le bois est rare et où il faut en tirer le meilleur parti possible. La scie est manœuvrée (fig. 89 et 90) par trois ouvriers appelés scieurs de long; l'un est placé sur la pièce convenablement élevée, il donne la direction à la scie et la relève; deux autres placés sur le sol attaquent le bois en abaissant la scie. La scie mord alors le bois, non pas comme on pourrait le croire, à priori, suivant une droite, mais suivant une ligne courbe, de sorte que la scie, n'attaquant jamais le bois que sur une faible longueur, y pénètre facilement. Cette circonstance a empêché les premières scieries mécaniques établies de donner les résultats avantageux qu'on en attendait, car la scie y était dirigée verticalement.

On imagina de donner à la scie, à un moment donné, un mouvement de bascule, qui la met dans de meilleures conditions, ce qui a donné à la scierie mécanique les avantages ordinaires du travail mécanique sur celui des hommes. Au bout d'un certain temps, les deux parties de l'arbre se resserrent, et, en comprimant la scie, empêchent son mouvement; il suffit d'écarter ces deux parties par un coin pour éviter cet inconvénient.

Quand on équarrit à la hache, on commence par faire perpendiculairement à la longueur de la pièce des entailles atteignant en profondeur le plan de face qui doit rester après l'équarrissage, et l'ouvrier monté sur l'arbre s'assure avec un fil à plomb (kg) (fig. 91) que la ligne d'intersection des faces de l'entaille est une verticale s'appuyant sur la ligne tracée au cordeau; puis l'ouvrier, d'un coup de cognée, et par un tour de main où l'adresse fait plus que la force, fait sauter un éclat de bois d'une entaille à l'autre. Cette première opération laisse des surfaces assez brutes et irrégulières, on les polit un peu avec l'herminette ou la doloire. On fait apparaître les deux autres faces latérales en donnant quartier à la pièce (*fig.* 92).

Il s'agit ensuite de ligner et contreligner la pièce, c'est-à-dire de faire apparaître sur les faces les projections de l'axe de la pièce.

On commence par tracer les lignes médianes de deux faces adjacentes; pour cela on place horizontalement la face sur laquelle on veut opérer; et on prend les milieux à chaque extrémité en observant la pollène, c'est-à-dire en prenant le milieu, non pas à partir des faces latérales, mais à partir de deux règles qui s'appuient sur ces faces latérales et qui font disparaître l'effet des inégalités de leurs plans; puis on bat le cordeau à la craie entre les milieux (*a, a*) ainsi déterminés (*fig.* 93). On trouve de même la médiane (*e, e*) de la face adjacente (*fig.* 94).

Il s'agit maintenant de faire passer par les deux droites ainsi déterminées deux plans rectangulaires qui détermineront l'axe, et de trouver les intersections de ces plans avec les deux faces opposées. Pour cela, sur la face horizontale qui est lignée, on dresse à la varlope un petit plan (*zy, zy*), appelé plumée, sur lequel on trace une perpendiculaire (*bd*) à (*aa*) au moyen de deux arcs de cercle décrits des points (*x, x*) de la ligne (*aa*). Puis on met la pièce de niveau et de devers, c'est-à-dire qu'on cherche à rendre horizontales deux droites rectangulaires tracées sur deux faces adjacentes de la pièce; ces deux droites rectangulaires sont (*ee*) et (*kb*); pour cela, on applique une règle le long de la ligne médiane (*ee*) tracée sur la face actuellement verticale, sur l'arête supérieure de cette règle on place un niveau de charpentier et l'on cale l'une des extrémités de la pièce jusqu'à ce que la règle et par suite la ligne (*ee*) soient horizontales; la pièce est alors de niveau. Pour la mettre de devers, c'est sur la ligne *kb* de la plumée qu'on appliquera le niveau et on opérera alors d'une manière analogue. Il ne s'agira plus alors que de mener une horizontale et une verticale par les extrémités de chaque ligne médiane. La verticale (*ai*) se mène au moyen du fil à plomb (*fig.* 95) et l'horizontale (*eo*) au moyen d'un compas en prenant *vo = se*, (*fig.* 96). On opère de même à l'autre bout de la pièce, et le lignage et contrelignage s'achèvent en battant le cordeau.

Tracé des assemblages. Épures d'exécution. Il reste à tailler les assemblages des diverses pièces de charpente. Lorsqu'il s'agit d'une ferme simple, on fait sur le sol l'épure linéaire de la charpente dans laquelle les pièces ne sont représentées que par leur ligne de voie. Cette épure linéaire, représentant les dimensions naturelles de la construction est ce qu'on appelle l'ételon ou étalon. On réunit les diverses épures nécessaires à l'exécution d'une charpente sur un seul ételon.

On monte alors, sur des chantiers, chacune des parties de la charpente, de niveau et de devers (comme nous l'avons fait pour le lignage des pièces), de manière que la projection de sa ligne de voie coïncide avec la ligne correspondante de l'épure. Pour cela une petite règle (*p*), *fig.* 97, étant placée suivant la ligne de la pièce de manière à la dépasser un peu, on promène contre elle et à son extrémité un fil à plomb C dont la pointe doit constamment rester sur la ligne (*mm*) de la projection linéaire. Une première pièce étant ainsi placée, on dispose la suivante au-dessus de sa ligne dans l'épure et l'on élève ainsi toutes les parties de la charpente, de façon que chaque pièce soit parfaitement de niveau et de devers.

On procède alors au piqué des bois, opération qui consiste à marquer sur chaque pièce B l'occupation de la pièce supérieure A en supposant qu'il n'y ait aucun assemblage. Soient par exemple A et B deux pièces devant s'assembler à tenon et mortaise : un ouvrier placera le fil à plomb F dans l'angle (*x*) et, l'écartant un peu, le fera battre contre les deux pièces jusqu'à ce qu'il frappe exactement à l'angle qu'elles forment : on fera alors sur A, avec la pointe d'un compas, deux piqûres indiquant la trace du fil à plomb : deux piqûres seront pareillement faites sur la pièce B. On fera ensuite battre le fil à plomb dans l'angle (z) et on marquera encore quatre piqûres, et, les deux pièces A et B étant enlevées, on passera au piqué de celles qui sont au-dessous.

Un maître charpentier procède au relevé des piqûres, les réunit par des lignes droites et donne, par des marques connues, les indications nécessaires pour chaque assemblage : ce sera, par exemple, dans un assemblage à tenon et mortaise, la largeur et la profondeur du tenon et de la mortaise. Des chiffres inscrits sur les pièces qui doivent être assemblées montrent les points correspondants de celle-ci. Dans toute la France, le chiffrage adopté par les charpentiers est :

$$I, \ II, \ III, \ IV, \ V, \ \acute{V}, \ \overset{\shortparallel}{V}, \ \overset{\shortparallel\!\!\!\shortmid}{V}, \ VV, \ X, \ \acute{X}, \ \overset{\shortparallel}{X}, \ \overset{\shortparallel\!\!\!\shortmid}{X}. \ . \ . \ . \ . \ . \ XX, \ XXX,$$

qui signifie

$$1, \ 2, \ 3, \ 4, \ 5, \ 6, \ 7, \ 8, \ 9, \ 10, \ 11, \ 12, \ 13. \ . \ . \ . \ . \ 20, \ 30$$

Dans la plupart des charpentes peu compliquées, la simple mise sur lignes des pièces qui les composent, suivie du piqué, suffit parfaitement pour déterminer ce qui est nécessaire à la taille des pièces. Ces dessins linéaires ou ételons ne suffisent plus lorsque les pièces sont compliquées ; il faut une seconde épure sur laquelle sont tracés tous les détails de la pièce, et après avoir mis celle-ci sur ligne sur le tracé linéaire avec un fil à plomb, on relève les divers points, et, à partir des lignes milieux de la pièce, lignes que le lignage et le contrelignage ont déterminées, on porte des longueurs indiquées sur la seconde épure. Enfin, si l'assemblage est encore plus compliqué, on pratique la coupe sur trait ; on ne se sert que d'une épure, et on relève les points à mesure qu'on taille les différents plans de la pièce.

Souvent une même pièce fait partie de plusieurs pans distinctifs ; elle doit alors être mise sur la ligne avec chacun d'eux ; il faut savoir la replacer toujours à la même distance dans le sens de sa longueur, et pour cela, on trace, perpendiculairement à celle-ci, un trait de ramènement, appelé trait ramèneret, répété sur l'ételon. » (Mannheim, *Cours de l'École polytechnique*.)

Paris. — Impr. Arnous de Rivière et C⁴, rue Racine, 26.

www.ingramcontent.com/pod-product-compliance
Lightning Source LLC
Chambersburg PA
CBHW071846200326
41519CB00016B/4264